커피바리스타 마스터

Coffee Barista Master

머리말

개정 13쇄 발행에 즈음하여…

2024년 국내 외식산업의 트렌드 키워드는 '공존'이다. 국내 트렌드와 해외 트렌드의 공존, 짠테크와 플렉스, Mini & Big의 공존, 기성세대와 신세대 소비행태의 공존, 외식과 외식비즈니스의 공존 등이 대표적이라고 한다(식품외식경제, 2023. 11. 21.)

커피 산업 역시 고급 커피 전문점(스타벅스, 투썸플레이스, 할리스커피, 공차, 커피빈 등)과 가성비커피 전문점(이디아커피, 메가커피, 컴포즈커피 등)의 공존, 프랜차이즈 전문점과 개인커피전문점의 공존, 카페 경영자과 종사원의 공존이 숙제일 수밖에 없다.

2022년 커피(생두+원두) 수입액이 13억 달러를 기록하며 역대 최초로 10억 달러를 돌파했다. 이는 전년대비 42.4% 증가한 것이다. 수입량 또한 역대 최고치인 20만톤에 도달하여 전년대비 9.5% 늘었다. 2022년 국가별 수입량은 브라질(18.7%), 에티오피아(13.7%), 미국(12.6%) 증감률을 보였다. 코로나 펜데믹 이후 건강에 관한 관심이 높아지는 가운데 디카페인 커피가 높은 수입증가세를 보였다. 그러나 2023년 3분기까지 국내 커피소매점 매출은 1조 9500억원으로 전년(2조 6184억원)대비 200억 감소한 것으로 나타났다.

이는 비대면의 사회적 경향이 가정에서 커피를 많이 마시는 것으로 보인다. 주당 평균 6.5잔의 커피를 가정내에서 마시고 있으며 그중 인스턴트 커피(54%)를 가장 많이 마시고 있다. 이어 캡슐커피, 캔커피, 핸드 드립 순으로 나타났다. 인스턴트 커피 중 믹스커피(43.8%)를 가장 많이 마시며 블랙커피(40.1%)도 대등하게 나타났다.

2023년 1월 기준 전국 커피전문점은 93,414개에 달한다. 소비자가 선호하는 브랜드로 1위는 고급 커피전문점이며 대형 고가브랜드인 스타벅스(65.6%)이다. 2위는 가성비 커피전문점이며 소형 저가브랜드인 메가커피(35.5%)이며 3위는 고급 커피전문점이며 대형 고가브랜드인 투썸플레이스(30.2%)이다. 이용금액기준으로 매장 내 음용(49.4%)과 테이크 아웃 음용(50.6%)은 각각 절반으로 거의 유사하다(카페 트렌드 리포트 2023).

이와 같이 한국의 커피시장은 급변하는 내·외부 환경과 트렌드의 변화에 생존하고 나아가 성장하기 위하여 소비자의 경험 스펙트럼을 확장하고 편리성과 아울러 인력블랙홀을 극복하는 전략을 수립하지 않으면 안 된다.

본 저서는 그동안 독자 분들의 과분한 사랑과 애정으로 베스트 셀러와 스테디 셀러라는 큰 영광을 누려왔다. 이에 자만하지 않고 부단한 노력으로 드디어 개정 13쇄라는 경이로운 출발점에 섰다. 부족한 본서를 구입하여 필독해 주신 모든 분들께 이 영광을 돌린다.

이번 개정판에는 캐맥스 커피 추출, 콜드 브루 커피 추출, 모카포트 커피 추출 등을 추가하였으며 좀 더 세밀하게 최근 정보를 삽입하였다.

항상 든든한 버팀목이 되어 주시는 한올출판사 임순재대표, 난삽한 원고를 옥고가 되도록 다듬어 주시는 편집국 최혜숙 실장님과 여러 선생님들께도 따뜻한 감사의 마음을 전한다.

끝으로 사랑하는 독자 분들께 오늘도 커피 한잔으로 웃음을 잃지 않으시고 행복하시길 빈다.

조 영대

CONTENS

PART 01 커피 이론

CONTENS

C O N T E N S

PART 02 예상 문제

PART 03 기출 문제

Coffee Creation

Coffee Brewing

Tea Creation

커피(Coffee)란 무엇인가?

1 커피의 역사

- 서양지역의 커피역사는 약 3세기 정도이다.
- 중동에서는 고대 이후 사회의 모든 계층에서 커피가 소비되었다.
- 커피경작은 서기 575년부터 시작되었다고 추정한다.
- 커피에 관한 초기의 문헌은 10세기의 아라비아 내과의사 라제스(Razes)가 기록한 문헌이다.
- 에티오피아에서 11세기 때 아라비아의 예멘으로 전파되어 처음 재배가 시작되었다.
- 12~16세기에 메카에서 카이로·아덴·페르시아·튀르키예로 전파되었다.
- 17세기 때 미국은 영국으로부터의 독립운동 일환으로 홍차 대신 커피마시기를 권장하였다.
- 18세기 때 브라질은 아프리카 노예를 이용하여 대규모 농장에서 커피 재배를 시작하였다.

② 커피의 일반적인 정의

- 커피란 커피 나무의 열매 속에 들어 있는 씨앗을 가공하여 만든 음료 이다.
- 커피 원두를 가공한 것이거나, 이에 식품 또는 식품 첨가물을 가한 기호 성 식품을 말한다.

(1) 넓은 의미의 커피로는

상 태	명 칭
커피 나무의 열매	커피의 열매(체리: Cherry)
커피 나무의 열매 씨앗	파치먼트(Parchment: 생두를 감싸고 있는 단단한 껍질의 내과피)
씨앗을 박피 건조한 것	생두(그린 커피 빈: Green Coffee Bean)
생두를 볶은 것	원두(홀빈: Whole Bean, Roasted Coffee Bean), 배전두
원두를 분쇄한 것	분쇄 커피(Grinding Coffee Bean), 분말 커피, 커피 가루
분쇄된 커피의 성분을 물로 추출한 음료	커피

(2) 한국에서의 커피

- 우리나라는 일반적으로 인스턴트 커피와 원두 커피로 나누어서 커피를 구분하고 있다. 이는 인스턴트 커피가 먼저 대중화되었기 때문이다.

③ 인스턴트 커피(Instant Coffee)란?

(1) 인스턴트 커피와 그 생산방식

- 인스턴트 커피는 볶아서 분쇄한 원두 커피를 액상상태로 추출한 뒤 각종 첨가제와 향미 성분을 섞어 동결 건조시킨 것이다.

🫘 1901년 뉴욕 버펄로에서 개최된 범아메리카 박람회(Pan-American Exposition)에 처음 등장하였는데 일본계 미국인 화학자 사토리 가토(Satori, Kato)에 의해 처음 발명되었다.

🫘 물에 녹는 커피라는 뜻으로 솔루블 커피(Soluble Coffee)라고 불려졌다.

증기 건조 방식

생두 선별(이물질 제거 및 석발기 과정) → Screen 분리(각 사이즈별 원두 분리) → 싸이로 이송(저장탱크) → 배합 → 배전 → 분쇄 → Coffee Oil 추출 → 추출 → 냉각 → 분무건조 → 포장

냉동 건조 방식

생두 선별(이물질 제거 및 석발기 과정) → Screen 분리(각 사이즈별 원두 분리) → 싸이로 이송(저장탱크) → 배합 → 배전 → 분쇄 → Coffee Oil 추출 → 추출 → 농축액 투입 → 냉각 → 냉동 → 가스 압력 → -5℃ 이하 쿨링(3단계로 단계별 진행) → 고체 상태 → 분쇄(가루) → Screen 분리 → 완제품

🫘 1938년 스위스 네슬레가 '네스카페(Nescafe)'라는 이름으로 상품화하면서 인스턴트 커피의 대명사가 되었다.

🫘 이처럼 상업화된 인스턴트 커피 시장은 품질과 양적인 면에서 수십년 동안 놀라울 만큼 성장하였고 이제는 어디에서나 쉽게 품질 좋은 인스턴트 커피를 맛볼 수 있다.

🫘 인스턴트 커피는 커피 원액을 추출한 다음 수분을 제거하는 과정을 거친 뒤 고체 가루로 만들어 놓은 것이다.

🫘 인스턴트 커피는 분무 건조 방식(Spray Dried Process)과 냉동 건조 방식(Freeze Dried Process)의 두 가지 방법으로 생산된다.

🫘 분무(증기)건조 방식은 커피 원두를 분쇄하면서 커피 엑기스를 농축한 뒤, 이를 증기로 분무하여 가루 상태로 만드는 원리로 커피가 가지고 있는 고유의 맛과 향이 감소한다는 단점을 가지고 있다. 이러한 단점을 보완하기 위해 만들어진 것이 냉동 건조 방식이다.

🫘 냉동 건조 방식은 네슬레 컴퍼니(Nestle Company)에서 1960년에 개발하였다. 농축한 엑기스를 0℃까지 낮춰 커피만 추출해 낸 다음 영하 60℃까지 냉각시켜 커피 원액을 과립으로 만들어 낸다. 이 공정은 증기 건조 방식보다 커피의 맛과 향을 충분히 살려낼 수 있긴 하지만 가격이 비싸다.

커피의 기원

커피의 기원을 찾아 나서면 대륙과 역사를 뛰어넘어 거의 수 천년을 거슬러 올라가게 된다. 어떻게 그 빨갛고 달콤한 열매가 세계에서 가장 널리 소비되는 음료의 원료가 될 수 있었을까. 분명한 기록이나 고고학적 증거가 거의 없기 때문에 커피의 기원과 전래에 대한 이야기는 사실과 허구가 얽혀 재미있는 이야기 거리로만 전해지고 있다.

- 16세기 이전의 커피의 역사에 대해서는 여러 설이 있으나 뒷받침할 만한 확실한 문헌이 없지만, 알려져 있는 몇 가지 설은 다음과 같다.
- 커피의 기원에 대한 설은 크게 두 가지이다. 에디오피아 발견설과 오마르의 발견설(1558년 아브달 가딜 「커피유래서:커피의 정당성에 관한 결백 주장」)이 있는 데, 에디오피아 발견(칼디의 전설)설이 거의 정설로 받아들여지고 있다(1617년 레바논 언어학자 파우스트 나이로니 「잠들지 않는 수도원」).

☕ 에디오피아 발견설

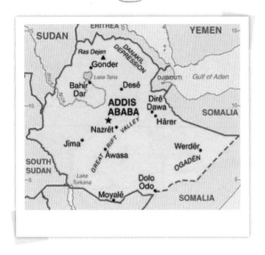

칼디(Kaldi)의 전설이라고도 하는데, 7세기 경 에디오피아 고원 아비시니아(Abyssinia)에서 전해지는 이야기다. 칼디라는 목동이 있었다. 소년은 염소떼를 몰고 산기슭으로 나갔다. 그날은 산속 깊숙한 곳까지 들어갔다. 문득 염소들이 춤을 추듯 활기차게 뛰어 논다는 것을 느끼게 된 소년은 염소들이 먹던 어떤 나무의 빨간 열매를 먹곤 자신도 들판을 가로질러 마구 춤을 출 것 같은 느낌이 들었다. 이 사실을 수도원 원장에게 알려 열매를 따서 끓여 먹어보니 전신에 기운이 솟는 것을 느꼈고 다른 제자들도 같은 경험을 하게 되었다. 그 후 소문이 각지에 퍼져 동양의 많은 나라들에게 전파되고 애용되어 오늘에 이르렀다는 설이다.

쉐이크 오마르(이슬람 국가인 아라비아)의 전설

❶ 아라비아에서 전해지는 이야기로 오마르는 아라비아 모카의 수호성주 세크 칼디의 제자로 중병에 시달리는 모카국 성주의 딸을 치료한 후 그 공주를 사랑하게 된다. 그러나 그것이 발각되어 아라비아의 오자브라는 지방으로 유배당하는데 그곳에서 우연히 커피를 발견한다. 그후 오마르는 이를 의약제로 사용하여 큰 효과를 발휘, 이로 인하여 면죄를 받아 고향에 돌아간 후 커피를 널리 전파하였다는 설이다.

❷ 이슬람 승려 '쉐이크 오마르(Sheikh Omar)'가 문책을 당한 뒤 아라비아의 오사바산으로 추방당했다. 배고픔에 못이겨 산속을 이리저리 헤매고 다니다가 우연히 한 마리의 새가 빨간 열매를 쪼아 먹는 모습을 보고 그 역시도 열매를 먹었다. 오마르는 이 열매가 피로를 풀고 심신의 활력을 되살아나게 한다는 사실을 알아냈다. 그뒤로 그는 이 열매를 사용해 많은 환자를 구제하는

데 성공하여 결국 그 동안의 죄가 풀리고 성자로서 존경받게 되었다고 한다. 유럽에 커피가 전해지면서 만병통치약으로 잘못 알았다는 설이 '오마르 커피 발견설'을 뒷받침해 주었다.

커피의 어원

(1) 커피란 이름의 유래

- 커피의 식물학상 속명은 Coffea다. 영어로는 Coffee(커피), 이탈리아어로는 Caffe, 프랑스어로는 Café, 독일어로는 Kaffee라고 표기한다.

- 커피 열매를 처음으로 먹기 시작한 사람들은 발효된 커피로 술을 만들어 먹었다는 이야기가 전해진다.

- 커피(Coffee)를 뜻하는 아랍어 카와(Qahwa)가 원래 술(Wine)이란 뜻인데 10세기 이전, 커피의 과육을 발효시켜 와인을 만든 기록이 있다고 한다. 다른 아랍어 쿠와(Quwwa)에서 비롯된 오해도 있다. 그 단어는 힘 또는 강함이라는 뜻인데 이것은 기운을 돋우는 커피의 효과를 연상시키므로 커피의 어원으로 여겨지기도 한다.

- 그밖에도 커피가 처음 발견된 에티오피아의 지명 카파(Kaffa)에서 유래했다는 설, 커피 나무를 처음으로 이용했던 에티오피아 여인의 이름에서 따왔다는 설 등 여러 가지 주장이 있다.

- 커피라는 말의 뿌리는 에티오피아의 카파(Caffa)라는 '힘'을 뜻하고 커피 나무가 야생하는 곳의 지명이기도 한 아랍어에서 유래되었으며, 이 말은 힘과 정열을 뜻하는 희랍어 'Keweh'와 통한다.

- 후에 이것이 아라비아에서 'Gahwa'(와인의 아랍어)가 되고 튀르키예에서 '카베(Kahve)'로, 유럽에 건너가 카페(Cafe)로 불리게 되어 영국에서 '아라비아 와인'으로 불리다가 1650년경 헨리 블런트 경(Sir H. Blount)이 커피라고 부른 것이 계기가 되었다는 것이 가장 유력한 커피의 어원이라고 할 수 있다.

- 에티오피아 커피를 번(Bun)이라하고, 커피 추출액을 번컴(Bunchum)이라 한다. 독일에서 보흔(Bohn). 영국에서 빈(Bean)의 어원이 되었다고 한다.

- 커피는 모카(Mocha)라고 불리는데 이는 홍해의 커피를 운반하던 모카항에서 유래되었다.

🔹 커피는 이슬람 수도승들이 수양 중 잠을 쫓고 원기회복의 식품으로 인식하여, 성스러운 것으로 취급하였다. 한때 커피는 사라센제국의 이슬람사원 독점물이었다.

🔹 제국의 쇠락(약 13세기말경)으로 재정적 어려움에 봉착하자 일반인들에게 판매하기 시작하였다. 16세기 전후 오스만제국의 수도 이스탄불에는 커피마시는 장소 카프베가 등장하였다.

🔹 로마 교회지도자들은 사탄의 음료로 배척하여 클레멘트 8세 교황(Pope Clement Ⅷ)에게 커피음용금지 청원을 하였다. 그러나 교황은 커피에 세례를 주었다.

☕ 최초의 커피하우스 카프베

16세기의 한 시인은 그의 시집(詩集)에서 "거품이 가득한 뜨거운 커피를 마시고 있는 지성인, 그만이 진리를 깨닫는다"라고 커피를 예찬했다. 그는 또 "그녀는 나로 하여금 잔 가득히 커피를, 아니 차라리 사랑의 열병을 마시게 하였다"라고 하면서 자신의 큰 잔에 담긴 첫 커피의 효과를 이렇게 회상했다.

"나는 말을 탄 40명의 기마병을 충분히 물리칠 수 있고, 50명의 여자라도 거느릴 것 같은 기분이었다."

이런 사회적 분위기에서 카프베가 생긴 것은 자연스러운 일이었다. 1475년의 최초의 카프베 '키바한(Kiva Han)'이 문을 열었다. 또한 1530년에는 다마스커스에, 1532년에는 알레포에 카프베가 생겼다. 특히 다마스커스의 카프베 '로즈'와 '구원의 문'은 오랜 명성을 떨쳤다.

카프베는 오스만 제국(Ottoman Empire, 오늘날 튀르키예공화국)의 여러 곳에 조금씩 생겨나 지식인들의 사랑을 받아왔다. 특히 이 해에는 특기할 만한 사건이 하나 발생했는데, 만일 남편이 아내에게 하루라도 커피 끓여주는 일을 거르면 아내는 남편에게 이혼을 청구할 수 있다는 것이 법으로 승인된 것이다.

커피가 오스만에 완전히 정착한 이후인 1553년에는, 수도 이스탄불에 알레포 출신의 하켐과 다마스커스 출신의 셈스가 콘스탄티노플 최고의 상업지역에 커피 상점을 냈고 1554년에는 카프베 '카네스(Kanes)'가 콘스탄티노플에 문을 열면서 카프베의 새로운 장을 열게 된다.

인기를 누린 커피에는 몇 번 금지령이 내려졌다. 금지령 이유는, 첫째, 커피가 가지고 있는 일종의 흥분작용이 술이나 담배처럼 종교적 견지에서 문제가 된 때문이었다.

둘째, 화재가 많았던 이스탄불에서 카프베가 화재의 원인이 된 예가 적지 않았기 때문이었다.

셋째, 카프베가 정치적 불온분자의 온상이 될 위험성이 있다고 판단되었기 때문이었다.

어떤 때는 몇 번의 주의에도 불구하고 번번이 이 금지령을 어긴 사람을 가죽가방 속에 꿰매서 보스포로스 해협에 던져 버리기도 했다. 그러나 커피와 카프베에 대한 금지령은 대부분 오래 가지 않았고 철저하지도 못했다. 카프베는 과세 대상으로서 정부의 좋은 수입원이기도 했고, 금지령을 철회시킬 정도로 커피는 사람들의 생활에 깊숙이 침투해 있었던 것이다.

한 예로, 1511년 메카의 총독 카이르 베이(Khair Bey)는 어느 날 밤 망루에 올라 시가지를 바라보다 카프베마다 불빛이 밝혀진 것을 보곤 다음날 아침 곧바로 '커피 음용 금지, 카프베의 폐쇄, 위반자는 추방'이라는 법을 공표하고 실행에 옮겼다. 카프베에 모인 시인들이 정치를 비판하고, 부패한 자신을 풍자하는 시를 만든다고 믿었기 때문이었다. 베이의 커피금지령 소식을 접한 카이로의 술탄(황제)은 자신도 커피애호가였으므로 커피금지령의 해제를 명했다.

메카의 시인들은 이런 조치를 열렬히 환영했고 베이를 잡아 처형했다. 그리곤 "커피는 우리들의 황금이다. 사람들은 커피를 대접하는 곳이면 어디에서나 가장 고귀하고 관대한 사람들과 사귈 수 있다"라고 노래했다.

커피와 카프베에 대한 오스만 인들의 집착은 단순히 커피의 풍미를 즐겼다는 말만으로는 충분히 설명할 수 없다. 커피가 누린 인기는 오히려 커피를 마시는 장소인 카프베가 가졌던 사회적 기능에서 찾을 수 있다. 카프베는 오스만 제국의 남성 사회에 필수적인 사교장이었던 것이다.

각각의 카프베에서는 사람들이 커피를 마시며 환담하였다. 또한 물담배를 피우며 문예를 논하고 책도 읽었다. 체스 등에 몰두하는 이도 있었다. 카프베는 음유 시인들이 시를 읽기에 딱 맞는 멋진 장소였다. 만담이나 그림자 연극도 사람들을 즐겁게 했다. 구석에 이발소를 만들어 사람들이 면도를 하거나 머리를 다듬기 위해 이발소에 가는 수고를 줄인 곳도 있었다. 콘스탄티노플(이스탄불)을 특색 있게 만든 크고 작은 카프베의 수는 16세기 말 600개를 넘었다. 경치가 아름다운 금각만(Golden Horn, Halis)*이나 보스포루스(Bosphorus) 해협 연안의 산뜻한 카프베에서부터 길모퉁이의 작은 카프베, 혹은 이동식 카프베까지 다양했다.

지금도 카프베는 있지만 화려한 문예의 장으로서의 카프베는 없어지고 길거리의 지역성이 강한 카프베만이 남아 있다. 커피를 좋아했던 민족 오스만 제국인들, 그래서 그들은 "한 잔의 쓴 커피에는 많은 추억이 있다"라는 말을 유달리 잘 쓴다.

 이탈리아의 커피 하우스

이탈리아에 커피가 처음 소개되었을 때에는 레모네이드 가게에서 커피를 판매하였다. 그러다 1645년, 유럽 최초로 이탈리아의 베니스에 커피하우스가 문을 열었다. 커피하우스는 점차 사회계층 여하를 막론하고 누구나 드나드는 만남의 장소로 자리매김했다. 아침에는 상인, 변호사, 의사, 각종 중개인과 노동자, 행상들이 몰려왔고, 오후부터 밤늦은 시간까지는 귀부인들을 포함한 유한계층이 찾았다. 초창기 이탈리아 커피하우스는 대체로 천정이 낮고 창문이 없었던 탓에, 가늘게 흔들리는 촛불로 겨우 밝혀진 수수하고 장식 없는 실내는 어둑어둑하기 짝이 없었다. 하지만 그 안에 모인 다양한 옷차림의 사람들은 남녀가 한데 섞여 신난 얼굴로 이리저리 오갔고, 여기저기에서 삼삼오오 즐겁게 담소를 나눴다. 그리고 웅성거리는 소리 너머로 귀가 솔깃한 갖가지 소문을 들을 수 있다는 점도 사람들이 커피하우스를 찾지 않고는 못 배기는 이유 중 하나였다(『All about Coffee』, p. 30, 『더 커피 북』).

 영국의 커피하우스

영국에서 커피의 붐은 커피의 의학적 효험과 커피하우스에서 비롯되는 사교의 기회가 주된 동기였다. 1650년, 옥스퍼드에 야곱(Jacob)이란 유태인이 최초의 커피하우스를 열었다. 대학도시인 만큼 학생들의 인기를 끌면서 만남의 장소로 자리를 굳혔다. 그리고 1652년, 파스카 로제(Pasqua Rosee)가 런던에 커피하우스를 열었다. 다니엘 에드워즈(Daniel Edwards)라는 상인의 하인이었던 그가 대접하는 커피로 이곳은 대성공을 거두고, 영국에 커피하우스 열풍이 일어났다. 1715년에 런던에만 2,000여 개의 커피하우스가 있었다고 하니 커피 사랑이 대단했음을 알 수 있다.

영국에서도 사회 각계각층의 사람들이 커피를 마시며 사회 현상에 대한 공론을 하는 자리가 되었다.

 프랑스의 커피하우스

프랑스의 커피 열풍은, 1669년에 프랑스 궁정에 머물렀던 오스만의 사자(튀르키예 대사) 슐레이만 아가(Suleyman Aga)에서 시작되었다. 그는 고국에서 많은 커피를 가져와서 파리 사람들에게 튀르키예식으로 끓인 커피를 대접했다고 한다. 파리에서는 유행에 민감한 사람들의 심리가 큰 작용을 했다고 볼 수 있다. 그리하여 파리에도 커피 원두를 파는 여러 커피 가게가 생겼는데, 현존하는 프랑스 최초의 카페는 카페 르 프로코프(Cafe Le Procope)이다. 이탈리아 출신의 프로코피오 데이 콜텔리(Procopio dei Coltelli)가 1686년, 파리에 문을 연 이 카페는 당시의 프랑스 국립극장 코메디 프랑세즈(Comédie Française)의 바로 맞은 편에 있었다.

극작가들은 연극이 상영된 후 신문을 읽는 척 하며 카페 손님들의 반응을 살폈고, 배우와 소설가, 음악가들이 모이는 장소가 되었다. 그 외에도 사람들은 정치 현안을 두고 뜨거운 토론을 펼쳤다. 지금은 레스토랑으로 변했지만, 이곳의 벽에 걸린 '명예의 전당 리스트'에는 라퐁텐, 볼테르, 마라, 나폴레옹, 발자크 등 유명인들의 이름이 새겨져 있다고 한다.

 미국의 커피하우스

북아메리카에서 커피를 마셨다는 기록은 1668년에 등장했다. 미국에서 커피 판매 허가를 처음으로 받은 사람은 보스턴에 살았던 도로시 존스(Dorothy Johnes)이다. 이후 17세기 말에는 북아메리카의 주요 도시마다 커피하우스가 있었고, 최초의 커피하우스라 할 수 있는 런던 커피하우스(London Coffeehouse)와 거터리지 커피하우스(Gutterige Coffeehouse)가 이미 성업하고 있었다.

미국의 커피하우스도 사교, 정치, 상업 거래의 중심지였다. 특이한 점이 있다면 미국의 커피하우스들은 공공기관과 밀접한 관계에 있어서 법정 대신 커피하우스 안의 집회장에서 재판이 열리거나 특별한 정치 모임이 이루어지는 경우가 많았다고 한다. 뉴욕 최초의 커피하우스는 킹스암스(King's Arms)였고, 이후 금융지구가 새롭게 형성되던 1737년에는 머천트 커피하우스가 문을 열었다.

우리나라의 커피하우스

우리나라에 커피가 최초로 소개된 것은 1890년 전후로 추정된다고 한다. 공식 문헌의 기록에 따르면 1896년 당시 아관파천 때 고종 황제가 러시아 공사관에 머물면서 커피를 마셨고, 이후 덕수궁에 돌아와서도 커피를 종종 마실 만큼 그는 커피 애호가였다고 한다. 다도문화가 주류였던 시대에 황제가 커피를 좋아했으니 그것만으로도 큰 의미가 있다.

우리나라 최초의 커피숍은 '정동구락부(貞洞俱樂部)'였다. 이는 러시아 공사관 근처의 손탁호텔 1층에 있었는데, 일반인들이 쉽게 드나들 수 있는 곳은 아니었다고 한다. 그러다 일제 강점 기간에 일본식 다방들이 생겨나 문화, 예술, 문학, 철학의 중심 역할을 했다. 영화인들이나 문학인들이 직접 경영하는 다방들은 예술인들의 모임 장소가 되기도 했다(참고: 그레고리 디컴, 니나 루팅거, 『더 커피 북(The Coffee Book)』, 사랑플러스, 허형만, 『허형만의 커피스쿨』, 팜파스, 고형욱, 『파리는 깊다』, 사월의 책).

고종 황제

나라별 커피의 역사

1 아랍

🔖 아비시니아(에티오피아의 옛 이름)의 고원 지대에서 발견된 커피는 곧 예멘의 땅에 이식되어 경작이 시작되었다.

🔖 초기에 커피는 온갖 병을 치유하는 만병통치약이나 자양강장제로 사용되었다. 나중에서야 유럽인들은 약효 때문이 아닌 향을 즐긴다는 것을 알게 되었다.

🔖 천년에 가까운 세월 동안 커피는 아라비아 반도를 벗어나지 못하게 된다. 그만큼 철통 경비를 하였다는 말이다. 커피 농장 관광 시 관광객들이 커피 나무를 몰래 가져가지 못하게 감시를 하였다. 그들은 그들의 커피를 지키기 위해 싹이 터서 발아할 수 있는 종자의 반출을 막고 심지어 열매를 끓이거나 볶아서 유럽행 배에 선적했다. 열매를 끓이거나 볶으면 경작할 수 없기 때문이다.

🌱 유럽인들이 커피를 알게 된 것은 아마도 십자군(11세기 말~13세기 말)때 일 것이다. 십자군 전쟁은 중세유럽의 기독교도가 이슬람교도를 정벌하고자 일으킨 전쟁이므로 커피는 이교도의 음료이기에 그때 알게 되었을 것이다.

🌱 이슬람 세계의 최고의 성지 메카의 총독 카이르 베이(Khair Bey)는 사회비판과 정치비판의 소굴이며 불온한 여론 형성의 온상인 커피하우스의 폐지와 커피의 음용을 금지시키겠다는 내용을 오스만 제국(지금의 튀르키예)의 군주인 카이로(Cairo)의 술탄(Sultan)에게 이 사실을 보고하였다.

🌱 그러나 술탄 그 자신이 커피애호가이기에 카이르 베이의 커피 금지령을 취소하게 된다. 이 사건은 발생, 즉시 입을 통해 아라비아 전역으로 퍼져나가고, 커피를 완전한 대중음료로 만드는 계기가 되었다.

🌱 이슬람 사원을 중심으로 이미 아라비아 전 전역으로 전파되었던 커피는 오스만 제국이 시대에 들어서면서 사원과 특권층의 음료에서 대중적인 음료로 확산 보급되어 가며, 커피하우스라는 상업적 커피 판매점의 등장으로 이어진다.

🌱 1475년 최초의 커피하우스 '키바한'이 생겼다. 그 뒤 많은 커피하우스가 문을 열게 된다. 당시 커피하우스는 예술, 철학, 문학의 만남이 장소였으며 여론이 형성되는 곳이었다.

🌱 오스만 제국의 초기 14세기 초에 튀르키예식 커피의 추출법이 사용되었고, 강한 맛과 독특한 향으로 전 세계인의 사랑을 아직도 받고 있다.

🌱 튀르키예식 커피는 제즈베라는 금속용기에 물을 끓인 후 곱게 분쇄한 커피와 설탕을 넣고 약한 불에 커피 거품이 일어나도록 다시 끓인다. 그리고 커피 거품이 일어나면 불에서 내려 커피를 조금 따르고 다시 불에 올려 거품이 일도록 끓인 후 불에서 내려 잔에 붓는다.

🌱 1700년대 후반, 북미 스웨덴의 국왕인 구스타브 3세의 경우 커피가 사람을 서서히 죽게 만드는 독약이라고 생각하였다. 자신의 생각을 증명해 보이려고 그는 살인죄로 사형을 선고받은 죄수 둘을 택하여 이들에게 한 사람은 평생 동안 커피만을, 그리고 또 한 사람에게는 평생 동안 차만을 마시게 하였다. 그리고 이들이 명령을 정확히 이행하는지 각각 의사 한 사람씩을 붙여 감시하도록 하였다.

누가 먼저 죽었을까? 죄수의 감시를 맡았던 의사들이 먼저 죽었다. 그리고 실험의 결과도 보지 못하고 구스타프 3세가 먼저 46살의 나이에 스톡홀름의 극장에서 암살되고 말았다. 그 이후 오랜 세월이 흘러, '차'를 마시도록 되어 있는 죄수가 죽었으며, 마지막으로 '커피'만을 마시도록 명령받는 죄수가 83세의 나이로 죽었다. 결과적으로 오히려 커피가 독약이 아닌 것으로 증명되었으니, 그 후로 스웨덴에서 커피가 널리 유행하였다.

- 커피에 세례를 준 교황은 클레멘트 8세이다. 유럽에서는 초기에 커피가 이교도의 음료라고 거부되었으나 이교도만 즐기기에는 너무 훌륭한 음료라고 해 커피에 세례를 줌으로써 기독교인도 마실 수 있는 음료로 만들었다고 한다.

- 13세기 말부터 아라비아를 중심으로 한 이슬람 국가에서 처음으로 커피 원두를 볶아 쓰기 시작하였다고 전해진다. 당시 아라비아에서 커피라고 하는 음료는 하루하루를 엄격한 계율을 따르며 생활해야 하는 이슬람교도에게 유일한 위안거리였다. 그렇기 때문에 커피는 자기들만이 즐기는 신비의 약으로 아주 오랫동안 간직하다가 나중에야 일반대중에게 공개하였다.

🏆② 모카

- 예멘의 홍해 남단에 있는 무역항
- 한때(1660~1730년) 세계 무역의 중심지였다. 이는 곧 황금작물인 커피의 무역중심지를 의미했다. 세상의 모든 커피가 모이는 곳, 그래서 당시 커피는 곧 모카였다. 이 세상의 모든 커피는 모카라는 통일된 단어로 불리게 된다.
- 우리가 자주 마시는 모카커피는 예멘의 모카항에서 유래되었다.
- 커피의 원산지는 에티오피아인데 이곳에서 재배된 커피가 예멘의 모카항구로 건너와 다시 이곳에서 세계의 여러 곳으로 수출되었기 때문에 모카커피라는 이름이 생겼다.

🫘 모카항에서 선적되던 커피종에서 유난히 초코향이 남으로 해서 시간이 지나 지금은 초코향이 나는 커피의 대명사가 되었다.

🏆 오스트리아

🫘 오스트리아의 수도 빈(Wien, 비엔나, Vienna)에서 유럽 커피 문화의 시작을 알리는 사건이 발생한다. 오스만의 전사들은 전장에 나갈 때에는 항상 커피가 함께 했다.

🫘 1683년 헝가리를 정복한 오스만의 전사들은 그 여세를 몰아 오스트리아의 수도 빈을 향해 진격을 계속한다. 그러나 이 빈에서 오스만 전사들은 대패한다. 대패한 오스만 전사들은 엄청난 물량의 군수 물자를 챙기지도 못하고 황망히 퇴각하게 된다. 이 군수물자 중에는 20만 대군이 마실 엄청난 양의 커피가 섞여 있었다.

🫘 그 당시 용도를 알 수 없는 수많은 물건들은 불속에 던져졌다. 커피 가루가 불속에 던져지는 순간 사람들은 천지를 매혹적인 향에 잠시 주춤하게 된다. 그때 게오르그 콜시츠키(Georg Kolschizky)가 그것이 커피라는 것을 알게 되고 자신이 모두 회수하게 된다.

🫘 1685년 비엔나 최초의 커피하우스는 요하네스 테오다트(Johannes Theodat)가 열었다.

☕ 비엔나 커피

🫘 매끄러운 커피에 우유와 꿀을 가미하여 부드러운 커피를 만들어 내니 이 커피는 곧 사람들에게 사랑을 받게 된다. 부드러운 커피와 우유, 도넛 등을 판매하는 커피하우스가 탄생된다.

🫘 300년이 넘는 유명한 비엔나 커피의 역사가 시작된다. 비엔나에는 비엔나 커피가 없다. 그렇다면 우리나라에서 비엔나 커피라는 이름으로 판매되고 있는 커피의 정체는 도대체 무엇인가? 라는 의문이 생기는 것은 당연하다. 비엔나 커피의 정체는 아인슈패너(Einspanner) 커피로 정의할 수 있다.

🫘 아인슈패너 커피는 카페로 들어오기 어려운 마부들이 한 손에 말고삐를 잡고

다른 한 손으로 설탕과 생크림을 듬뿍 넣은 커피를 마차 위에서 마시게 된 것이 시초이다.

🍂 우리나라에 비엔나 커피가 알려진 아인슈패너 커피가 처음 소개된 것은 일본에서 건너왔다는 설과 1980년 '더 커피 비너리(The Coffee Beanery)'를 설립한 미국인 조안 샤우가 내한하면서 커피에 생크림과 계피가루를 얹은 아이스크림 형태의 커피를 선보인 것이 효시라는 두 가지 설이 있다.

🍂 아인슈패너는 사전적 의미로도 한 마리의 말이 끄는 마차와 마부를 뜻하고 있어 당시 비엔나의 사회상과 분위기를 짐작해 볼 수 있는 중요한 단서가 된다.

☕④ 프랑스

🍂 17세기 프랑스 커피는 일종의 약이었다. 의사의 처방전이 있어야 마실 수 있는 음료인 것이다.

🍂 프랑스는 오스만 제국과 동맹관계를 지속하게 된다. 오스만의 사자로 슐레이만 제독이 파리에 오게 되고 화려한 저택에 머물면서 은밀한 외교활동을 하게 된다. 슐라이만의 정보수집 방법은 귀족 여인들에게 은근히 그의 저택을 공개하며, 소문으로만 듣던 쓰디쓴 오스만 커피를 금 쟁반에 받쳐서 대접했다고 한다.

🍂 시실리아 출신의 프란체스코 프로코피오 데이 콜텔리(Francesco Procopio dei Coltelli)가 파리에 자신의 이름을 붙여 최초의 근대적인 유럽식 대형 카페인 '카페 프로코프(Cafe Le Procope)'를 열게 된다 (1686). 젤라또를 발명하였다. 그 후 여러 카페가 문을 열었다. 당시 카페는 정치, 경제, 사회, 문화, 예술의 중심이었다.

🍂 17세기의 유럽 커피가 일종의 약품이며 특권층의 음료였다면, 18세기의 커피는 지성의 음료이며 대중의 음료였고, 19세기의 커피는 휴식과 감성이 음료이며 생활필수품이었다.

프랑스에 커피 나무가 전래된 것은 1714년 암스테르담 시장이 루이 14세에게 커피 나무를 선물할 때였다. 프랑스의 왕립 식물원에서 커피 나무가 열매를 맺어 이 적은 양의 커피를 왕이 즐겼다고 한다.

1720년 서인도 제도인 마르티니크(Martinique) 섬에 주둔하고 있던 연대장 가브리엘 마띠외 드 끌레외(Gabriel Mathieu de Clieu)는 그 섬의 기후와 토양이 아라비아의 커피 산지와 비슷하다는 것을 알아내고는 왕립 식물원의 커피 묘목을 그 섬으로 가져와 이식하는 데 성공한다. 마르티니크 섬의 커피 나무는 다시 멕시코, 도미니카 공화국 등으로 전파된다.

🏆 네덜란드

유럽제국들 중 제일 먼저 커피 나무를 경작하기 시작한 것은 네덜란드였다. 유럽 중 제일 먼저 커피가 전파된 나라는 베니스이다. 베니스의 무역상인들로 인해 커피가 처음 유럽에 소개되었다.

1616년 인도에서 커피가 생산된다는 것을 알게 된 네덜란드인은 인도에서 커피 묘목을 훔쳐내 식물원의 비밀지에 이식하는 데 성공한다. 1658년 스리랑카(Ceylon)에서 커피재배를 시도하지만 병충해(커피잎 녹병)로 실패하게 된다.

네덜란드 선원이 예멘에서 커피묘목을 빼내오고 이 또한 암스텔담의 온실에서 이식에 성공하자 이 묘목을 인도네시아의 자바(Java)로 이식시켜 1699년 본격적인 커피재배를 시작하게 된다. 네덜란드에는 레이덴식물원(1587), 위트레흐트식물원(1639), 암스테르담식물원(1682)이 각각 세워졌다. 드디어 1706년 자바커피가 생산되기 시작한다.

6 영국

- 1650년 유럽 최초의 커피하우스가 옥스퍼드에 문을 연 후, 1714년 그 절정을 이루어 8,000여 개까지 생기게 되었다.
- 커피하우스에선 사설 신문사, 사설 우체국, 주식 거래소 등 다양한 근대화 기구가 생겨났다. 영국은 커피하우스에서 모여진 정보를 통해 훗날 세계 최강의 국가로 거듭나는 역사적 계기를 맞이 하게 된다. 그러나 생업에 종사해야 하는 남성들이 커피하우스에서 수다 떨기만 하는 것으로 인식한 여성들이 강력한 반기를 들고 각자의 자리로 돌아가기로 촉구했다.
- 여성들의 수다 장소인 티 카페가 성업을 이루면서 홍차의 나라가 되어 갔다.
- 18세기 말에 이르러서는 음식과 같이 커피를 마시는 식사 위주의 클럽으로 바뀌었다.

7 브라질

- 1720년 프랑스의 가브리엘 마띠외 드 끌레외(Gabriel Mathieu de Clieu)가 마르티니크 섬으로 커피 나무를 이식한 후에 커피 나무가 전파된 나라이다.
- 프랑스의 커피 나무를 브라질로 빼내오기 위해 프란시스코 데 멜로 팔헤타(Francisco de Melo Palheta)라는 관리가 중재에 나섰다. 총독의 부인에게 접근하여 커피 나무를 보며 영원히 부인을 사모하겠노라는 달콤한 말에 총독 부인은 커피 묘목과 함께 종자씨까지 건네주게 된다. 그 묘목은 콜롬비아에 뿌리를 내리게 되었고, 이어서 브라질로 퍼져나갔다. 커피가 본격적으로 생산된 것은 1822년 브라질이 포르투칼로부터 독립된 이후이다.
- 이런 커피는 많은 예술가로부터 사랑을 받았는데 특히 프랑스의 문호 발자크(Balzac)는

오노레 드 발자크

『인간희극(La Comedie Humaine)』등 대작을 남긴 유명한 작가인데 매일 12시간씩 글을 쓰는 동안 약 80잔의 커피를 마셨다고 한다.

🌰 베를린에서는 커피 수입에 돈이 많이 쓰이자 나라가 커피 마시기를 금지시켰는데, 결국 "아~ 맛있는 커피, 천 번의 키스보다 황홀하고, 무스카텔(Muscatel) 포도주보다 달콤하다"라는 즉, 커피가 먹고 싶다라고 외치는 바흐의 '커피 칸타타(Coffee Cantata)'가 작곡되었다. 베토벤은 작곡 전에 커피를 준비할 때 커피 원두를 꼭 60알을 넣어서 만들었다고 한다.

🏆8 일본

🌰 에도시대(1603~1868) 나가사끼데지마(長崎出島)에 상관(商館)을 설립(1641) 이후 네덜란드 상인들에 의해 커피가 전파

🌰 에도시대에 노점(水茶屋)이 있었으며 메이지 때 밀크홀, 신문열람소 등이 생겨났다. 1878년 코베·모토쵸의 호코도(放香堂)에서 커피를 파는 것과 동시에 노점 내에서 커피를 마셨다는 기록이 있다.

🌰 1986년 도코·니혼바시에 센슈테이(洗愁亭)란 이름의 커피점이 생겼다. 1988년 도쿄·쿠다타니 쿠로몬쵸에 개점한 고히찻칸(可不茶館)이 근대적 깃사텐(喫茶店)으로 최초이다. 타이쇼시대의 깃사텐의 수가 늘어나 코베에는 커피 포장마차(屋台店)도 생겨났다.

🌰 쇼와(昭和) 40년대(1965년)에 들어서면서 인스턴트 커피의 보급으로 깃사텐의 성장이 둔화한다. 쇼와 40년대 후반에 들어서면서 커피전문점이 급속히 성장하였다. 그리하여 1981년 깃사텐의 총 매장 수는 16만개나 되어 외식업계에서 제1위가 되었다. 1982년 매장간 경쟁이 치열하여 성장도 한계점에 도달하게 된다. 이러한 상황을 극복하기 위하여 푸드메뉴를 강화하게 된다.

🌰 쇼와 50년대 후반에 셀프서비스 방식을 채택한 저가격 커피 매장이 생겨나서 2000년에는 2,500점 이상으로 성장했다. 이러한 커피 매장과는 반대로 종래의 깃사텐에서 품질 중심의 커피전문점 또한 발전하였다. 이와같이 일본의 커피시장은 셀프서비스의 저가격 매장과 중소도시 중심의 푸드메뉴를 강화한 레스토랑 형태의 카페와 커피전문점으로 대별된다.

한국의 커피 역사

🥄 고종·순종실록에 의하면 커피를 '가배차'라고 기록하고 있다.

🥄 아관파천(아관은 러시아 대사관)으로 인하여 1년간 러시아공사관 생활을 하게 된 고
종은 러시아 공사인 베베르(Karl Ivanovich Veber)에 의해 커피를 소개받고 그후 커
피 애호가가 된다.(1896.2.11~1897.2.20)

🥄 당시 소개된 커피는 각설탕 속에 커피 가루를 넣은 것으로 그대로 뜨거운 물
을 넣고 저어 마셨다. 일종의 초기 인스턴트 커피인 것이다.

🥄 광무 4년(1900)에 고종은 덕수궁 내의 동북쪽 좋은 곳에 '정관헌'이라는 우리
나라 최초의 양관을 짓게 된다. 이곳에서 고종은 대신들과 커피와 다과를 즐
겼다.

🥄 손탁호텔(Sontag Hotel)은 1902년 10월 서울 중구 정동 이화여고 자리에 들어선 최
초의 서양식 호텔이다. 1895년에 손탁이라는 독일계 러시아인 여성에게 고종이
정동의 건물 한 채를 하사한다. 이 호텔의 1층에 '정동구락부'라고 불렸던 커피
숍이 등장하게 된다.

🥄 그 후 왕실의 커피가 백성들에게 알려지며 '가배차'의 존재를 알게 된다. 1905
년 을사조약과 1910년 국권피탈(한일합방)을 거치면서 손탁호텔은 1918년 문을
닫게 된다.

정동구락부

출처: http://blog.naver.com/PostView.nhn?blogId=papapal&log
No=120142176008

- 1888년 인천 중구 중앙동에 '대불호텔'이라는 우리나라 최초의 현대식 호텔이 문을 열었다. 선교사 아펜젤러(H. G. Appenzeller) 선교단 보고서: 대불호텔에서 커피가 판매되었다. 곧바로 맞은편에 '스트워드 호텔(Steward Hotel)'도 들어서게 된다. 두 호텔에는 모두 부속 다방이 있었다.

- 당시 호텔의 고객 대부분이 인천항을 통해 들어온 서양인이었다는 점을 고려해 볼 때 이곳에서 커피를 팔았을 것이라 충분히 짐작할 수 있다.

- 1885년, 커피에 대한 최초의 기록은 미국 유학생이었던 유길준의 『서유견문록』, "우리가 숭늉을 마시듯 서양 사람들은 커피를 마신다."

- 1909년 남대문 정차장(남대문역 정거장)내에 깃사텐(일본식 다방)이 개설되었다.(황성신문 1909.11.3, 중앙일보, 2012.10.26)

- 1927년 종로 관훈동 입구(현 안국동 네거리 부근)에서 문을 연 다방 '카카듀'(영화감독 이경손이 경영)

- 해방 후 미군의 시레이션 속에 든 인스턴트 커피

- 1970년 동서식품이 국내최초 인스턴트 커피 생산

- 1976년 동서식품에서 세계 최초 커피, 크림, 설탕 배합의 커피믹스 개발, 1978년 커피 자판기 등장

- 1979년 7월 난다랑(커피 전문점, 프랜차이즈 시초)

- 2011년 커피전문(음료)점 수 1만2천3백8십여 개이며, 매출액은 2조4천8백억원

의 거대산업으로 성장(한경닷컴 bnt news, 2012. 2. 29.)

- 2012년 말 커피전문(음료)점 1만5천 개 추산(2012 한국유통연감 및 한국기업콘텐츠진흥원)

- 일인당 연간 커피소비량 1.8kg으로 세계에서 57번째로 커피를 많이 소비하는 국가(한국경제, 2012. 3. 1.)

- 일인당 연간 커피소비량 룩셈부르크 20kg, 핀란드 12kg, 미국 6kg, 일본 5.0kg(인스턴트 50%, 원두 50%), 우리나라 2.1kg(인스턴트 65%, 원두 35%) - IOC(국제커피기구), 2011년 기준

- 2007~2011년 사이 커피 수입량 9만1천톤에서 13만톤으로 143% 증가, 커피 수입액은 2억3천1백만 달러에서 7억1천7백만 달러로 310% 증가

- 커피 수입 규모: 2014년 1~9월 생두와 원두 등 커피(조제품 제외) 수입 중량은 99,372t으로 2013년 같은 기간(83,693t)보다 18.7% 늘었다. 금액으로 살펴보면, 수입된 커피는 약 3억8천200만 달러 규모로 2013년 같은 기간(3억1천520만 달러)보다 21.2% 늘었다(관세청 수출입무역통계, 2014. 10. 21.).

- 2015년 수입된 커피는 약 4억 1천 600만 달러로 연말까지 총수입 예상금액은 6억 달러 추정(http://mnb.moneyweek.co.kr)

- 주당 소비빈도가 가장 많은 음식(12.2회/주), 하루에 약 2잔

- 2016년 커피류 수입 현황은 전년대비 생두(10.3%), 원두(23.2%), 인스턴트(5.9%), 커피조제품(26.8%) 금액 기준으로 증가, 수입 원두의 53.1%가 미국에서 수입

- 커피 소매시장 매출규모: 2015년 2,231,623. 2016년 2,380,696. 2017년 2,429,428(단위: 백만원) (식품산업통계정보시스템, 2018년 7월 2주)

- 2017년 국내커피시장규모 약 11조 7,397억원

- 커피 원두수입량 2013년 11만 4,532톤, 2014년 13만 3,732톤, 2015년 13만 7,795톤, 2016년 15만 3,030톤, 2017년 15만 9,309톤(6억 5,534만 달러) (관세청)

- 2020년 커피 수입량 17만 6,000톤(전년대비 28%증가) 커피 수입액 7억 3,780만 달러(전년대비 11.5%증가)

- 2020년 국가별 생두수입중량: ① 브라질 1만 3,325톤(25.5%), ② 베트남(22.7%) ③ 콜롬비아(17.4%)

- 전국커피전문(음료)점 수 2018년 5만 1,696개/12월, 2019년 6만 1,548개/12월, 2020년 7만 1,233개/12월(국세청 국세 통계포털, 연합뉴스, 2021.6.16)

- 커피 생두수입중량: 2018년 14만 3,784톤, 2019년 15만 185톤, 2020년 15만 6,941톤(관세청 수출입무역통계, 2021.6.16)

- 커피류 매출규모는 2018년부터 2021년 까지 연평균 6.6%의 성장률을 기록하였다(식품의약안전처). 2021년 인스턴트 커피와 조제 커피의 시장규모는 전년대비 각각 0.3%와 4.9% 감소했으나 원두 커피와 액상 커피는 각각 50.3%, 6.7% 증가하였다. 원두 커피는 커피시장의 35.3%를 차지 꾸준히 증가추세이며 코로나19 펜데믹으로 홈카페 유행이 지속되고 고급화 되어 카페커피의 가격인상에 영향을 끼쳤다.

- 관세청에 따르면 2022년 커피수입액은 13억 달러로 2021년 대비 42.4% 증가, 수입량은 20만t으로 역대 최대치에 달한다.

- 가정용 커피머신 수입도 2020년 대비 32.2%로 증가하여 2021년 1억 6000만 달러에 달했다.

- 남성(42%)보다 여성(58%)이 20대~30대 대비 40대~50대에서 커피를 더많이 소비하는 것으로 나타났다(2022 커피 매장 U&A 및 연말프로모션 관련조사).

- 디카페인 원두 수입량은 2020년 3,712t에서 2021년 4,737t으로 25% 증가했다.

- 원두 커피의 수요가 늘고 물가상승의 여파로 상당수가 카페에서 편의점 커피로 옮겨갔다.

- 2021년 국내커피류* 매출규모는 3조 1168억원이다(식품외식경제, 2023. 3.20).

- 2023년 1월 기준 국내 커피전문점 93,414개

- 2023년 3분기 국내 커피 소매점 매출 1조 9500억원으로 2022년 2조 6184억원 대비 200억 감소

> **※커피류**
> - 커피는 커피 원두를 가공한 것이나 또는 이에 식품 또는 식품 첨가물을 가한 것으로 볶은 커피, 인스턴트 커피, 액상 커피, 조제 커피를 말한다.
> - 볶은 커피: 커피 원두를 볶은 것 또는 이를 분쇄한 것
> - 인스턴트 커피: 볶은 커피의 가용성 추출액을 건조한 것
> - 액상 커피: 유가공품에 커피를 혼합하여 음용하도록 만든 것
> - 조제 커피: 별도의 정의가 없으나 주로 인스턴트 커피에 설탕, 크림 등의 첨가물을 넣은 것
> (「식품공전」 식품의약안전처)

커피의 산지와 품종

- 커피 존(Coffee Zone)과 커피 벨트(Coffee Belt)란 세계적으로 커피가 생산되는 지역으로 적도를 중심으로 남위 25°부터 북위 25°사이에 있다.

- 커피의 원산지는 아프리카의 에티오피아이며, 커피의 품종으로 아라비카(Arabica), 로부스타(Robusta), 리베리카(Riberica) 3가지 품종이 있다.

- 현재 리베리카(교배종)는 거의 생산이 되지 않고, 아라비카종과 로부스타종만 생산되며 아라비카종의 전체 생산량은 약 70%이상이며, 로부스타종은 약 25% 이상으로 전체 생산량의 약 95%를 넘는다.

- 아라비카종 커피의 주요 생산지 중, 전 세계 생산량의 25%를 차지하는 브라질이 1위이며, 2위는 콜롬비아이다. 로부스타종 커피의 경우는 인도네시아가 1위이며 베트남, 아이보리 코스트가 2위의 생산국이다.

- 커피는 고지대일수록 고급품종의 커피가 생산된다.

- 해발 600m 이하의 지역에서는 '로부스타(Robusta)'라는 저급한 품종의 커피가 생산되며 주로 인스턴트 커피와 공업용 원료로 사용된다.

- 해발 800m 이상의 지역에서는 '아라비카(Arabica)'라는 원두 커피 용도의 양질의 커피가 생산되며, 해발 1,500m 이상의 고지대에선 최상급의 커피가 생산된다.
- 지역적 품종을 살펴보면 중남미 지역은 브라질, 콜롬비아, 과테말라, 자메이카에서 가장 많은 양의 커피 원두를 생산한다. 중급 이상의 아라비카를 생산한다.
- 중동·아프리카 지역은 에티오피아, 예멘, 탄자니아, 케냐 등이며 커피의 원산지이다, 일부 최상급 아라비카를 생산한다.
- 아시아·태평양 지역은 하와이, 인도네시아, 인도, 베트남 등이며 소량의 최상급 아라비카 커피와 다량의 저급 로부스타 커피가 생산된다.
- 하와이, 인도네시아 일부 지역에서 최상급의 아라비카가 생산된다. 인도네시아의 대부분 지역과 인도, 베트남은 저급 로부스타가 생산된다.

🏆 1 식물학으로 본 커피

(1) 커피 나무

- 1753년 식물학자 린네(Linnaeus)는 커피 나무를 꼭두서니(Runiaceae)과 Coffea 속에 다년생 상록 쌍떡잎식물로 분류했다.
- 최적의 수확량을 얻을 수 있는 나무모양을 유지하기 위해 3~5m정도로 관리하며 콜롬비아는 2m정도로 재배한다. 심어진 지 2~4년이 지나면 달콤한 내음(자스민향)의 흰 꽃을 피우는데 아라비카의 경우 꽃잎이 5장이다. 로부스타는 5~7장, 리베리카 7~9장이다.
- 꽃이 떨어지면 2~3일 후 열매가 열리는데 빨갛게 익은 열매를 체리(Cherry)라고 한다. 열매 속의 두 개의 씨앗을 생두라고 하며 커피 나무는 심은 지 10~15년 동안 수확이 가능하다.

- 아라비카종은 3~4년 만에 꽃이 피고 5년생부터 정상 수확이 가능하고 로부스타종은 2년 만에 상당량의 수확이 가능하다.
- Coffea - Eucoffea(유코페아) - Erythrocoffea(이리트로 코페아)- Coffea Arabica(코페아 아라비카) - Coffea Canephora(코페아 카네포라) (=로부스타)

① Coffea Arabica

- 세계 커피 생산량의 70% 이상을 차지하고 있는 대표적 품종이며, 에티오피아가 원산지이다.
- 15세기 즈음부터 중동 지역을 중심으로 전 세계로 퍼져나갔다.
- Coffea Arabica는 자가수분을 하는 나무이며 원형을 유지하려는 습성이 있다.
- 여러 품종 중 두 가지 대표적인 품종으로 구분되는데 Coffea Arabica Arabica(=Typica)와 Coffea Arabica Bourbon이 있다.
- 아라비카종에 가까운 품종인 티피카(Typica)는 라틴 아메리카와 아시아에서 경작된 품종이며, 신맛을 가지고 있고 콩이 긴 편이다. 아라비카 원종에 가깝다 보니 아라비카의 문제점 중 하나인 녹병에 취약하다. 대표 계통은 유명한 블루마운틴, 하와이 코나 등이 있다.
- 돌연변이 종으로 유명한 것으로 1870년 브라질에서 발견된 Coffea Arabica Maragogype(코페아 아라비카 마라고지페)가 있는데, 잎과 열매, 생두 모두 크며, 흔히 코끼리 원두라고도 부른다.
- 버번(Bourbon)은 티피카의 돌연변이이다. Bourbon은 남아메리카를 거점으로 동부 아프리카로 전파된 품종이다.
- 이름은 버번섬(현재이름은 Reunoin 레위니옹섬)에서 발견되어 버번인데, 콩이 작고 둥근 편이며 티피카보다 수확량이 20~30% 더 많다.
- 버번의 돌연변이는 카투라(Carturra)이다. 돌연변이답게 크기는 작지만 수확량이 많은 편이다. 풍부한 신맛이 나며 나무 키는 작은 편이다.
- 티피카와 버번의 자연 교배로 만들어 종은 문도노보(Mundo Novo)이다. 환경 적응력이 높고 특징은 티피카와 버번의 중간형태이며, 나무의 키가 큰 것이 단점이다.
- 문도노보와 카투라의 억지 교배로 만들어진 카투아이(Catuai)이다. 나무의 키는 작고 생산성은 높고 병충해와 강풍에 보다 강하다. 매년 생산이 가능하지만 생산 기간이 타 품종에 비해 10년 정도 짧은 것이 단점이다.

❷ Coffea Canephora(Robusta)

- 자가 불임성이다 보니 자연히 많은 변종이 생겨났다. 이 변종을 구분하는 방법은 일반적으로 두 가지가 있다. Coffea Canephora Canephora와 Coffea Canephora Nganda로 전자는 나무의 모양이 위로 올라가는 모습이며, 후자는 옆으로 퍼지는 모습이다.

- 흔히 로부스타라고 부르는 이 품종은 1898년 아프리카의 콩고에서 발견되었다. 아리비카종에 비해 병충해에 강하고 재배방법도 까다롭지 않지만 그만큼 맛에서는 뒤떨어져 값싼 커피의 블렌딩이나 인스턴트 커피의 재료로 많이 사용된다.

- 아라비카와 로부스타를 자연 교배한 Hibrido de Timor(HdT)종과 HdT와 Caturra(카투라)를 교배시킨 Catimor(카티모르)가 있다. 카티모르는 커피녹병에 특히 강하고 다수확 품종이다.

(2) 아라비카종(Arabica): 에티오피아 원산지

 커피 나무의 생육 조건

- 하루 2~3시간 정도의 짧지만 강한 햇볕, 햇볕을 가리는 키 큰 나무나 적당한 구름, 서늘한 바람, 계절의 변화가 적은 온화한 기후,

- 적당히 큰 일교차, 물이 고여 있지 않는 촉촉하고 비옥한 토양, 화산재가 덮여 있는 배수가 잘 되는 고지대의 토양,

- 우기와 건기의 구분이 있어야 하지만, 집중호우와 강한 바람은 좋지 않다.

- 경작 고도는 800m이상이여야 하고 서리가 내리지 않는 지역.

- 연간 15~24°C 기온이 유지되는 고지대일수록 좋다. 고지대이지만 서리는 없고 일교차가 커야 한다. 일교차가 클수록 커피 열매는 야물게 숙성되며 생두의 밀도도 높아 깊은 맛과 향을 지니게 된다.

- 병충해에 약하며 섭씨 30도 이상 올라가면 불과 며칠 사이에 해를 입는다.

- 이식된 곳의 환경에 따라 제각기 다른 특징을 지니는 장점이 있다.

- 생두의 모양은 납작하고 길며, 위가 오목하고 표면에 파진 홈이 굽어 있다 (센터 컷이 S자 형태).

- 카페인 함량이 로부스타종 보다 적으므로 주로 스트레이트 커피로 사용된다.

아라비카 커피 중에서도 해발 1,500m 이상의 고지대에서 생산된 커피는 SHB(Strictly Hard Bean), SHG(Strictly High Grown)라고 구분하며 고급 커피로 분류된다.

스페셜티 커피(Specialty Coffee) 또는 고메이 커피(Gourmet Coffee)

- 고급 아라비카 커피로서 독특한 향미가 있고, 특정 지역 농원에서 재배된 최상등급의 커피콩이다.
- 특징
  - 단맛이 있으며 투명감이 있는 Acidity(신맛)가 있다.
  - 플레이버에는 초콜릿을 연상시키는 느낌이 든다.
  - 약배전의 경우에는 과일같은 인상을 받게 되며 마실 때 확연히 나타난다.
  - 바디에 관해서는 질감, 커피의 느낌, 양질의 커피 오일성분(크레마 같은 느낌)의 지속력이라고도 표현할 수 있다. 마시고 난 뒤 기분 좋은 커피의 질감이 계속하여 남는 커피를 바디가 있다고 말한다.
  - **예** 자메이카 블루마운틴 NO.1, 콜롬비아 수프리모, 브라질 산토스 NY2 엘도라도, 케냐 AA, 과테말라 SHB/안티구아, 코스타리카 SHB, 예멘 모카 마타리/사나니, 에티오피안 워시드, 킬리만자로(탄자니아 AA), 만델링 G1/토바코, 칼로시 토라자, 하와이 코나 NO.1

(3) 로부스타종(Robusta)

- 서부 아프리카의 콩고가 원산지. 가봉에서 발견되어 숲에서 자라는 커피라고 한다.
- 로부스타의 대부분은 중앙아프리카와 서남아프리카, 동남아시아, 남아메리카에서 생산되며 서로 다른 유전자를 가진 두 식물 사이에서 수분이 일어나는 자가불임성(自家不稔性) 나무이기 때문에 수많은 변종이 있다.
- 가장 대표적인 종으로는 Nganda(coffea canephora var. nganda)와 Canephora(coffea canephora var. canephora)가 있다.
- 이 외에도 Guatemala, Mocha, Columbia, Papua new gunia의 종류가 있으며 브라질 로부스타의 95% 이상을 차지하는 코닐론(Conilon)도 유명하다.

- 로부스타는 아라비카에 비하여 뿌리가 얕고 넓게 퍼져 있기 때문에 가뭄에 취약하다. 그러나 병충해에 강하고 고온 다습한 환경에 적응이 강하기 때문에 열대지방에서 많은 생산이 이루어지고 있다.

- 일부 로부스타는 2년 만에도 수확이 가능하나 일반적으로 심은 지 4~5년 정도가 수확 시기로 적당하며, 한 번 심어 놓으면 20년 이상 지속적인 수확이 가능하다.

- 로부스타는 아라비카보다 크기는 작지만 나무 한 그루당 채취 가능한 커피 열매의 양이 1년간 1~1.5kg 정도로, 단위 면적당 생산량이 높다는 이점을 지니고 있다.

- 아프리카의 코트디부아르에서는 1930년 프랑스인들에 의해 로부스타가 전해졌고 이후 해발 100~400m 사이의 초원에서 많이 재배되고 있다.

- 1877년 인도네시아에서는 아라비카 나무가 곰팡이 균에 의해 많은 피해를 입게 되었는데 이 때문에 1900년대 들어서부터 인도네시아인들은 네덜란드를 통해 로부스타종을 얻어 재배하게 되었다.

- 현재 아프리카, 남아메리카, 동남아시아 등 세계 3대 커피 생산지에서 재배되고 있으며 베트남, 인도, 마다가스카르 등 많은 국가에서 로부스타를 생산 중이다.

- 로부스타는 전 세계 커피 생산량의 30% 정도를 차지하며, 생두는 둥글고 진한 갈색이다.

- 아라비카에 비해 쓴맛이 강하고 향기가 약한데다 2배 정도 카페인 함량이 높기 때문에 주로 향기가 그다지 중요하지 않은 인스턴트 커피나 아이스커피를 생산하는 데 사용된다.

- 로부스타는 주로 인스턴트 커피로 활용되는데, 인스턴트 커피가 되기 위해서는 일반적으로 원두가 동결 건조되어 수용성 분말 또는 과립 상태의 커피화가 되는 과정을 거쳐야 한다.

커피 나무의 생육 조건

- 로부스타 커피는 아라비카 커피에 비해 덜 까다롭다. 웬만한 기후와 토양은 잘 견디어 낸다.

- 병충해에도 비교적 강하여 한마디로 강한 품종이다. 결빙엔 약하다.

- 연간 24 ~30℃ 정도의 기온이 유지되는 한 비교적 무난하게 경작될 수 있다.

- 고지대에서는 자라지 못하며 해발 600m 이하에 주로 재배된다.
- 카페인의 함량이 아라비카보다 많으며, 가격이 저렴하여 인스턴트 커피나 다른 커피와의 배합에 주로 사용된다.
- 생두의 모양은 아라비카종보다 볼록하고 둥글며 위가 평평하고 홈이 거의 일직선이다.

아라비카와 로부스타의 비교

구 분	아라비카	로부스타
연간기온	15 ~ 24℃	24 ~ 30℃
경작고도 (적정고도)	해발 800m이상 (1,000 ~ 2,000m)	해발 700m 이하 (0 ~ 600m)
연강수량	1,500 ~ 2,000m	2,000 ~ 3,000m
병충해	약하다	강하다
개화시기	비가 온 후	아무때나
뿌리	깊은 뿌리	얇은 뿌리
개화부터 수확까지 소요시간	8~9개월	10~11개월
수확량	1,500 ~ 3,000kg/Ha.	2,300 ~ 4,000kg/Ha.

(4) 리베리카 종(Riberica)

생두의 크기도 크며, 양끝이 뾰족한 모양을 하고 쓴맛이 강하며 교배종으로 생산이 거의 되지 않음.

2 묘목에서 수확까지

 커피 나무를 심는 두 가지 방법

- 땅에 씨앗을 뿌리기(로부스타)
- 모판에서 발아시켜 묘목을 만든 후 농원에 이식하기(아라비카)

- 심어진 지 3~4년이 지나면 꽃을 피운다. 이로부터 8~11개월 정도가 지나면 커피 열매를 수확하게 되고, 그로부터 약 10~50년간 계속 수확 할 수 있다.
- 커피 나무를 그대로 두면 나무의 키가 아라비카는 5~6m까지, 로부스타는 10m이상까지도 자란다.
- 많은 수확량과 수확 작업의 편의를 위해 지속적으로 가지치기를 하면서 2~2.5m 정도로 나무의 키를 유지시킨다.

3 생두의 가공(수확 후 처리 과정)

(1) 건식 가공법

- 자연건조. 열매를 나뭇가지에 그대로 건조하는 방법으로 과육과 함께 말리는 건조방식이다.
- 가장 오래된 간편한 가공법으로 대개 3단계(세척, 건조, 박피) 과정으로 나눈다.
- 익은 상태로 나무에 과육이 달려 있어서 햇볕에 의하여 발효되어 불쾌한 냄새가 발생하며 건조되면서 땅에 떨어진 열매는 벌레들에 의해 손상을 입게 된다.
- 손상을 막기 위해 열매가 익었을 때 수확하여 햇볕에 20일 정도 말린다.
- 제대로 건조 안 된 함수율 높은 생두는 부패하기 쉽고, 과다하게 건조된 함수율이 너무 낮은 커피 열매는 생두를 발라내는 박피과정에서 생두가 부숴지기도 하고 커피의 맛과 향이 떨어지기도 한다.
- 건조가 끝난 커피 열매는 도정공장으로 옮겨져 박피과정을 거쳐 생두 크기별로 등급 분류가 되어 마대자루에 담아지게 된다.
- 브라질, 에티오피아, 에콰도르, 파라과이, 인도, 아이티커피˚의 대부분이 이 방법으로 생산된다.

(2) 습식 가공법

- 일정한 설비와 기계장치, 풍부한 맑은 물이 있어야 한다. 적절하게만 작업 되면 커피 고유의 품질을 보다 더 좋게 보장하고 균일한 품질의 결점두가 적은 양호한 생두를 생산 보장한다.

🫘 씨만을 빼내서 건조하는 방법으로 잘 익은 커피 열매만을 손으로 수확하여 물통에 넣어서 물위에 뜨는 이물질과 불량열매를 제거한 후 세척한다.

🫘 다시 이물질을 제거한 뒤 기계를 이용하여 커피 열매의 외피와 과육(펄프)를 제거한다.

🫘 분리된 생두는 끈끈한 점액질과 내과피에 덮여 있는 상태로 다시 한 번 물세척을 한다. 아직 끈끈한 점액질과 내과피에 덮여 있는 생두는 물이 담겨 있는 발효 탱크에 옮겨져 자연 발효 과정을 거치면서 분해된 점액질은 생두로부터 분리되게 된다(발효: 펄프 제거후 남아 있는 과육을 발효조에서 효소를 사용하여 제거).

🫘 과도하게 발효된 생두는 부패하거나 시큼한 맛이 나고, 미달하게 발효된 생두는 내과피가 제대로 분리되지 않아 결국 낮은 등급의 생두가 되기 때문에 주의를 요하는 작업 과정이다.

🫘 발효 과정은 온도나 점액질의 두께 등에 따라 10~24시간 정도가 소요된다. 발효 과정이 끝난 생두는 깨끗한 물이 흐르는 탱크나 세척기에 완전히 세척한 뒤 적정 생두 함수율인 10~12%로 낮추기 위해 햇볕이나 건조기계나 혹은 이 두 방식을 혼합한 방법으로 생두를 건조한다.

🫘 건조는 햇볕으로 말리는 경우에는 날씨에 따라 6~10일 정도 걸리며 밤에는 비닐로 덮어 둔다.

🫘 고급 아라비카 커피를 비롯한 상당량의 아라비카 커피는 이 습식법으로 생산되고 있다.

🫘 콜롬비아, 하와이, 과테말라, 탄자니아, 케냐, 멕시코, 파푸아 뉴기니아, 코

스타리카 등이 이 방법을 사용하는 국가에 속한다.

🍒 건조법과 습식법의 차이점

커피 열매로부터 생두를 분리해 내는 시점에 있다. 건조법은 생두를 품고 있는 열매를 통째로 건조한 후 이 건조된 열매로부터 생두를 발라내는 방법이고 습식법은 수확된 커피 열매로부터 즉각 생두를 발라내어 이 생두를 건조하는 방법이다. 로스팅 후 원두 가운데의 선이 흰색을 띠면 습식법이고, 다른 부분과 같은 짙은 갈색이면 건식법이다.

☕④ 체리의 구성

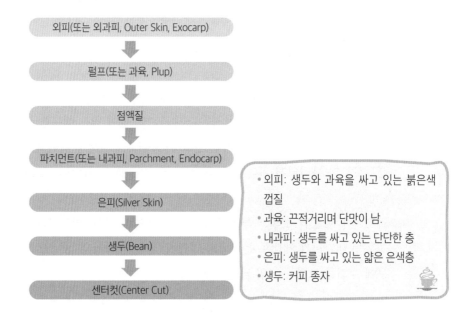

외피(또는 외과피, Outer Skin, Exocarp)
⬇
펄프(또는 과육, Plup)
⬇
점액질
⬇
파치먼트(또는 내과피, Parchment, Endocarp)
⬇
은피(Silver Skin)
⬇
생두(Bean)
⬇
센터컷(Center Cut)

- 외피: 생두와 과육을 싸고 있는 붉은색 껍질
- 과육: 끈적거리며 단맛이 남.
- 내과피: 생두를 싸고 있는 단단한 층
- 은피: 생두를 싸고 있는 얇은 은색층
- 생두: 커피 종자

☕⑤ 생두의 선별

(1) 등급 분류

🍒 목적: 같은 크기, 같은 밀도, 같은 함수율의 생두이어야 고른 로스팅이 가능하기 때문에 원만한 커피의 로스팅을 위해 등급을 분류한다.

🍒 시간이 오래 걸림: 크기나 밀도, 함수율이 균일하지 못한 생두(크기가 작거나 함수율이 높은 생두)

- 고급 생두 분류: 생두의 크기가 크고, 밀도도 높고, 색깔은 밝은 청록색이며 얼룩이 없고, 내과피가 완전히 제거되고 함수율은 10~12%를 지닌 생두
- 밀도를 따지는 이유: 밀도가 높을수록 그 맛과 향이 깊고 풍부하기 때문이다(해발 1200m이상의 고지대에서 재배된 커피 나무에서 밀도도 높고 알도 큰 고급 생두가 생산).

(2) 함수율(함수율이 높으면 생두의 무게가 무겁다는 의미)

- 생두의 함수율은 원만한 로스팅, 생두 보관 이동 중의 변질 가능성, 커피의 향미, 생두의 가격과 관계가 있다.
- SCA(Specialty Coffee Association)의 생두의 허용 함수율 기준: 9~13%
- 이유: 9% 정도면 너무 건조되어 향미도 부족하고 로스팅에도 문제가 있으며, 13% 정도면 조금만 습도가 높은 장소에 보관되어도 변질되기 쉽다. 하지만 일반적으로 10~12%를 적정 함수율로 평가한다.
- 생두는 항상 건조하고 통풍이 잘되는 상태에서 보관해야 함수율로 인한 생두의 변질을 막을 수 있다.

❶ 생두의 크기 분류(Screening)

- 일정한 구멍이 뚫린 판위에 생두를 올려 놓고 흔들어 큰 생두가 판 위에 남도록 하는 방법
- 크기의 기준은 '폭'이고, 1스크린 사이즈는 1/64인치이며 약 0.4mm이다.
- 16 스크린 이상이 되어야 괜찮은 생두로 분류

❷ 생두의 밀도 분류

- 경작 고도가 높을수록 밀도도 높고, 밀도가 높다는 것은 그 세포조직이 치밀하다는 것을 의미한다.
- 밀도가 높을수록 추출된 커피의 맛과 향이 풍부해진다.
- 생두의 밀도는 생두의 무게와도 관련: 밀도가 높을수록 무겁다.
- 생두의 밀도 분류작업은 습식 가공법에서 생두의 점액질을 제거하기 위한 발효 과정과 생두의 크기별 분류가 끝난 다음 밀도 분류 기계를 이용하여 분류하는 두 단계의 과정을 거치며 이루어진다.

❸ 함수율 분류

- 생두의 함수율은 생두의 건조 상태와 관계가 깊다.

- 함수율 측정 시 생두의 냄새도 맡아보는데 이는 건조가 덜 된 생두에서는 곰팡이 같은 냄새가 나기 때문이다.
- 생두의 함수율은 그 보관 상태에 따라 수시로 변화한다.

④ 생두의 색깔 분류

- 생두의 색깔이 다르다는 것은 품종이나 건조상태, 내과피의 제거상태, 생두의 성분에 차이가 있다는 것을 의미한다.
- 아리비카는 청록색, 로부스타는 황갈색을 띤다.

(3) 생두의 등급 분류 기준

① 브라질·뉴욕 분류법(The Brazil · New York Method)

- NY2, NY3: 샘플 생두 300g 안에 몇 개의 결점 생두와 불순물이 섞여있는가를 기준으로 등급 결정
- 블랙빈(Black Bean): 여러 형태의 결점 생두와 불순물을 블랙빈의 수량(계수)으로 환산하여 점수를 매김(블랙빈: 미성숙 생두가 나무에서 떨어져 검게 된 것이라는 결점 생두)

② SCA 분류법(Specialty Coffee Association)

- 다른 분류법보다 우수하다는 평을 받고 있는 분류법
- 외형적 결점 사항과 함께 Cup Quality(추출된 커피의 질)까지도 고려함
- 건조, 박피가 끝난 생두를 14~18 스크린을 이용하여 크기를 구분한 다음 각 스크린 위에 남아 있는 생두의 무게와 비율을 확인
- 생두의 크기, 불량 생두나 이물질, 함수율 등을 검사한 다음에 생두를 로스팅하고 분쇄한 후 컵테스트를 하면서 커피의 맛과 향까지 검사한다.

③ 케냐 분류법

- 인도 분류 기준을 기초로 하여 생두의 크기와 결점 생두, 이물질의 혼합율을 기준으로 생두의 품질을 분류하는 방법

④ 과테말라 분류법

- 생두의 경작 고도에 의해 품질을 분류하는 방법

⑤ 지역별 생두 크기 등급 비교

(4) 숙성 생두(Aged Bean)

- 숙성 생두는 일부러 어느 정도 기간 보관하면서 숙성시켰거나, 팔려나간 커피가 수입국까지 먼 여행을 하며 여러 기후조건을 경험하면서 자연스럽게 숙성이 되는 생두를 말한다.
- 원래 커피 생두는 팔려나가기 바로 전에 내과피를 벗겨 내는 게 원칙이지만 숙성 생두는 일부러 숙성을 위해 내과피를 그대로 둔 채 통풍이 잘되는 쾌적한 창고에 생두를 1~2년간 보관한다.
- 숙성 생두로 유명한 것은 인도의 몬순 커피이다.

(5) 묵은 생두(Old Bean)와의 차이점?

- 묵은 콩은 금방 팔려나갈 줄 알고 내과피를 벗겨냈는데, 그것이 2년 이상 팔려나가지 않고 창고에 쌓여 있는 생두
- 창고에 장기간 보관하게 되면 곰팡이도 생기고 부패하기도 하며 시간의 흐름과 계절에 따라 생두의 질이 안 좋게 변질된다.

돌연변이 생두

- 피베리(Peaberry): 커피 열매 속에 생두가 하나뿐인 경우로 모양이 둥글다. 고지대에서 생산된 피베리는 상급의 커피로 평가된다. 일반 콩(Flat Bean)은 생두가 마주보고 있는 면이 평평한 형태를 말한다.
- 마라고지페(Maragogype): 돌연변이 커피 나무에서 생산된 커다란 생두를 말하며 흔히 코끼리 원두라고 부른다.
- 롱베리(Long Berry): 에티오피아 하라 지방에서 생산되는 생두로, 모양이 길쭉하고 고급 커피로 평가받는다.
- 트라이앵글 빈(Triangular Bean): 한 개의 외피 안에 3개의 생두가 들어있는 경우

(6) 생두 개량의 목적

- 단위 면적당 커피 체리의 수확량을 늘리기 위해서 개량 품종을 개발한다.
- 원종과 비교하여 맛과 향이 더욱 뛰어난 품종을 만들기 위해서 개량 품종을 개발한다.
- 기후, 토양, 강우량, 일조량 등의 자연 조건에 강한 종을 만들고, 특히 서리에 강한 종을 만들기 위해서 개량 품종을 개발한다.
- 커피 나무의 키를 낮추어 재배와 수확의 용이성을 높이기 위해서 개량 품종을 개발한다.
- 원종은 모종 후 6~7년이 지난 후에야 수확이 가능하지만, 수확 시기를 2~3년으로 단축시켜 생산성을 높이기 위해서 개량 품종을 개발한다.
- 크기가 크고, 외견상 우수한 생두를 수확하기 위해서 개량 품종을 개발한다.

별난 발효 커피

- 인도네시아의 코피루왁(Kopi Luwak) 사향고양이 똥 커피
- 베트남의 다람쥐 똥 커피
- 예멘의 원숭이 똥 커피
- 태국의 코끼리 똥 커피: 2012년 태국에서 생산 시작, 블랙 아이보리(Black Ivory) 커피라고 한다.
  향은 밀크초콜릿과도 비슷하다.

06

세계의 커피

아메리카 지역

(1) 브라질(Brazil)

- 세계 최대의 커피 생산국

① 지역특성

- 1822년 포루투칼 독립 후 커피 생산 시작
- 1900년경부터 양에 치우친 생산증대 정책의 결과 오늘날의 브라질 커피는 중·저급의 아리비카 커피로 평가

② 재배 환경

- 비교적 낮은 고도의 대규모 농장에서 경작
- 생두의 밀도는 비교적 낮은 편, 코닐론(Conilon)이라는 로부스타 커피도 생산

③ 주요 산지

- 미나스 제라이스, 상파울루, 에스피리투산투, 파라나, 바니아
- 미나스 제라이스 40%, 상파울루·에스피리투산투 20% 생산, 에스피리투산투·바니아 로부스타 생산
- 산토스(Santos): 상파울루의 산토스 항구로 집결하여 수출되므로 흔히 브라질 커피를 산토스라고 한다.

④ 대표적인 커피

- Brazil Santos NY2, Brazil Santos Bourbon NY2, 중저급 Brazilian, Brazil Santos NY4~6
- 브라질 산토스 No2: 브라질이란 이름은 브라질 우드(Brazilwood)라는 나무에서 따온 명칭이다. 블렌딩용으로 많이 사용된다.
- 로브스타 AP1 G-3: 쓴맛이 강하고 향이 부족함. 블렌딩용으로 많이 사용된다.

(2) 콜롬비아(Colombia)

- 진하고, 넓게 퍼지는 향기를 갖고 있으며 부드러우면서도 균형 잡힌 신맛과 감칠 맛을 자랑한다.

① 지역 특징

- 1799년 경작 시작
- 최대가 아닌 최고의 커피 생산
- 마일드 커피(Mild Coffee) 대명사, 고급 커피
- 타이피카(Typica)와 카투라(Caturra) 품종

② 재배환경

- 절반 이상 안데스 산맥의 해발 1,400m 이상 고지대에서 경작
- 아라비카 커피만 생산, 수세건조법 가공
- '카페테로(Cafetero)'라고 불리는 농부들의 중소규모 자영 농장에서 생산한다. 품질이 우수하다.
- 비옥한 화산재 토양, 청명한 햇빛과 연중 고른 강수량, 습식 가공이 가능한 계곡의 풍부하고 맑은 물

❸ 주요 산지

🔸 뽀빠야, 아르메니아, 페레이라, 마니잘레스, 메델린, 부카라망가

❹ 대표적인 커피

🔸 17 스크린 이상의 콜롬비아 수프리모

🔸 14~16 스크린 사이의 콜롬비아 엑셀소

㉠ 엑셀소(Exclso)

🔸 콜롬비아 커피의 등급이 표준

🔸 약간 불균일한 커피,

🔸 블렌딩용으로 많이 사용된다. 진하고, 넓게 퍼지는 향기를 갖고 있으며 부드러우면서도 균형 잡힌 신맛과 감칠 맛을 자랑한다.

㉡ 수프리모(Supremo)

🔸 엑셀소에 비해 균일화된 크기(스크린 17등급)의 커피

🔸 크기가 균일하다는 것은 맛이 들쭉날쭉 하지 않고 정선되어 있다

🔸 다른 커피와 섞지 않고 그 자체를 즐기는 스트레이트용 커피

❺ 등급은 생두의 크기에 따라서 등급 결정

(3) 코스타리카(Costa Rica)

🔸 커피를 끓여 한 모금 마셨을 때는 입안을 꽉 찬 듯한 하면서도 구석구석 골고루 감아오는 풍미가 좋다.

🔸 부드러운 신맛과 구수한 콩 풋내, 과일의 상큼한 느낌까지 복합적으로 연출되는 이 커피는 코나 팬시(Kona Fancy)와 자마이카 블루마운틴(Jamaica Blue Mountain)에 근접하다는 평을 얻고 있다.

❶ 지역 특징

🔸 1779년 쿠바로부터 이식 경작

🔸 활화산이 여기저기에 있는 열대우림 지역(아열대 고지대의 화산지대)

❷ 주요 산지

🔸 라미니타(La Minita) 농장의 커피가 최상급

❸ 대표적인 커피

> **타라쥬(Tarrazu)**
> • 특징: 유기농법으로 경작, 생두의 크기는 크지 않으나 그 맛과 향은 최상급으로 평가
> • 완벽한 맛과 향의 조화, 너무나도 깨끗한 생두

(4) 과테말라(Guatemala)

❶ 지역 특징

　🖊 1750년경에 커피가 도입, 본격적인 커피 생산은 19세기 초

❷ 재배환경

　🖊 비옥한 화산재 토양

　🖊 그늘 경작법(Shade Grown), 과테말라의 상당부분은 그늘에서 경작

❸ 주요 산지

　🖊 대부분 시에라 마드레(Sierra Madre)산맥의 고원 지대에서 생산되며 주위에 33개의 화산이 있다.

　🖊 안티구아 과테말라시에서 안티구아 커피를 생산

❹ 대표적인 커피

　㉠ 안티구아(Antigua)

　🖊 특징: 쏘는 듯한 스모크향, 깊고 풍부한 맛, 살며시 느껴지는 초콜릿 맛

　㉡ 과테말라 SHB(Strictly Hard Bean)

　🖊 중남미 마일드 커피의 하나로 스모크한 맛이 독특한 커피이다. 일반인이 쉽게 눈치채지 못하도록 깊이 숨겨져 있는 맛이기도 하다. 초콜릿 같은 달콤함과 연기가 타는 듯한 향으로 인해 과테말라 커피는 스모크 커피의 대명사이다.

　🖊 고산지대에서 생산되었음을 의미하는 '과테말라 SHB'는 좋은 과테말라 커피로 널리 알려져 있다.

❺ 등급

　🖊 과테말라 SHB가 최고급 커피이다(재배지 고도 해발 1,400m 이상).

(5) 자메이카(Jamaica)

❶ 지역 특징

1725년 니콜라스 라웨즈(Nicolas Rawez) 경이 마르티니크 섬으로부터 커피 나무를 들여와 세인트 앤드류(St. Andrews) 지역에서 커피 경작을 시작했다.

❷ 환경

- 블루마운틴(Blue Mountain) 산맥의 고지대는 연중 짙은 안개가 덮여 있다. 안개가 강렬한 햇빛을 막아줘서(일종의 차단막 역할) 성장을 더디게 조절한다. 같은 고도의 타 지역 커피에 비해 높은 밀도의 커피 생산할 수 있다.
- 온화한 기후, 연중 고른 강수량과 빗물이 고이지 않는 비옥한 토양

❸ 특징

- 1969년 일본 자본의 자메이카 커피 산업 투자
- 일본인 특유의 생산 관리 기법 도입(고속 습식 가공법으로 가공)
- 수확량의 80% 일본 수출, 20% 나머지 국가 수출

❹ 대표커피

- 블루마운틴 해발 1,100m 이상 생산: 자메이카 블루마운틴(Jamaica Blue Mountain)
  해발 1,000m 이하 생산: 하이 마운틴(High Mountain)
- 저지대 커피(자메이카) 중·저급: 프라임 워시드(Prime Washed Jamaican)
  저급: 프라임 베리(Prime Berry)

❺ 원두 등급

- 17 스크린 이상 NO.1, 16 스크린 수준 NO.2, 15 스크린 수준 NO.3
- 로스팅 원두: JBM(자블럼, Jablum)

(6) 멕시코(Mexico)

❶ 지역 특징

- 1790년경부터 커피 경작 시작, 남부지방에서만 생산되며 화산지대가 형성되어 있음

❷ 재배환경

- 해발 1,700m 이상의 고원 지대

🔎 건식법과 주로 습식법 사용

③ 주요 산지

　　　🔎 베라크루즈, 오악사카, 치아파스

　　　🔎 리퀴담바 MS: 유명한 고급 마라고지페(Maragogype)

④ 대표커피

　　　🔎 멕시칸(Mexican): 멕시코의 아라비카 중저급

　　　🔎 코아테팩 지역에서는 '알투라 코아테팩'이라는 멕시코 최고의 커피생산

　　　🔎 오리자바 화산 지대에서 생산: 멕시코 고급 커피 '알투라 오리자바'

　　　🔎 특징: 미묘한 바디감, 상쾌한 신맛(오늘날은 향미를 찾을 수 없음)

(7) 푸에르토리코(Puerto Rico)

① 지역 특징

　　　🔎 1896년엔 세계 6위의 커피 생산량을 기록.

　　　🔎 두 차례의 엄청난 허리케인으로 커피와 설탕 농장 파괴

　　　🔎 커피 정책의 가장 큰 문제는 높은 생산원가(높은 임금)이다.

　　　🔎 미국의 52번째 자치주(미국 수준에 따라가려는 높은 임금)

　　　🔎 부드러우면서도 거친 듯, 과실의 달콤함으로 카브리해 최고의 커피로 평가

② 경작지 환경

　　　🔎 해발 1000m의 남서부 산악지대에서 생산되는 버본 품종의 커피

③ 대표적인 커피

　　　🔎 야우코 셀렉토(Yauco Selecto)

(8) 쿠바(Cuba)

① 지역 특징

　　　🔎 1748년 산토도밍고(도미니카)로부터 커피 나무 이식

　　　🔎 커피존의 끝자락 위치

　　　🔎 1830년대에는 2,000개가 넘는 커피 농장을 보유한 카리브의 커피 강국 이었다.

② 대표적인 커피

🌢 세계 최고급 커피인 터퀴노(Turquino)

(9) 도미니카 공화국(Dominican Republic)

① 특징

🌢 카리브해의 커피 중 가장 부드럽고 깔끔하다.

🌢 '산토 도밍고 바니(Santo Domingo Bani)'라는 상표로 유명하다.

🌢 미국에서 많이 소비된다.

🌢 짙은 바디와 부드러운 신맛의 '바라오나(Barahona)'커피도 있다.

(10) 엘살바도르(El Salvador)

① 지역 특징

🌢 천혜의 자연 조건을 갖추고 있으면서도 복잡한 정치 상황 등으로 어려움을 겪고 있다.

🌢 오늘날 전 국토의 12%가 커피 농장으로 조성

🌢 아라비카 커피만을 생산한다.

🌢 SHG(Strictly High Grown)가 전체 생산량의 약 35%를 차지한다.

🌢 중급 이상의 마일드 커피로 평가되며, 생두의 모두 습식 가공으로 처리되고, 대부분의 커피는 그늘 경작으로 생산되고 있다.

② 대표적인 커피

🌢 파카마라(Pacamara)

🌢 마라고지페 품종과 파카지방의 카투라 품종 파카스(Pacas)를 접목시킨 개량품종으로 생두의 크기가 크고 깊은 맛과 향으로 유명하다.

③ 등급

🌢 해발 1,200~2,000m에서 경작: SHG

🌢 해발 900~1,200m에서 생산: HG(High Grown)

(11) 온두라스(Honduras)

① 지역 특징

🌢 아라비카 커피만 생산: 습식 가공법

🫘 부드러운 신맛과 달콤함, 캐러멜향이 곁들인 쓴맛이 조화를 이룬다라는 높은 평가, 품질에 상응하는 가격을 받지 못함

온두라스의 커피 잔

❷ 주요 산지

🫘 산타바바라, 코판, 오코테페큐, 렘피라, 라 파즈

❸ 경작지 환경

🫘 주로 해발 1,500~2,000m의 고지대에서 경작

❹ 대표적인 커피

🫘 온두라스 SHG, 온두라스 HG

(12) 니카라과(Nicaragua)

❶ 지역 특징

🫘 생산량은 많지 않으나 고급으로 평가되는 커피이다.

🫘 중앙 아메리카의 많은 고원 지대 커피와는 달리 날카로운 신맛이 거의 없다.

🫘 풀시티(Full City)정도 이상의 강한 로스팅에 탁월한 맛과 향이 난다.

🫘 아라비카 커피만을 생산한다.

🫘 적당한 바디와 맛과 향의 조화로움이 고급 콜롬비아 커피를 능가

🫘 진한 맛과 깨끗한 향, 조화로운 맛으로 고전적인 커피 맛이라 표현

❷ 주요 산지

🫘 누에바 세고비아, 지노테가, 마타갈파

(13) 파나마(Panama)

❶ 지역 특징

🫘 "정말 좋은 코나(Kona) 커피는 파나마 커피다. 정말 좋은 코스타리카 커피, 자메이카 커피도 알고보니 파나마 커피다."라는 농담이 있다.

🫘 커피의 상당량은 SHB급의 고급 마일드 커피

- 무게는 가벼우나 달콤하고 알맞은 신맛, 균형 잡힌 깊고 풍부한 맛과 향을 가진 고급 커피로 평가
- 생산량은 그리 많지 않다.
- 아라비카 커피만을 생산하며 생두의 가공은 거의 습식법으로 이루어짐.

② 대표적인 커피
- 고급 커피로 '보큐테(Boquete)'가 있다.

(14) 페루(Peru)

① 지역 특징
- 아라비카 커피만을 생산
- 남아메리카 유기농 커피의 리더로 빠르게 부상하고 있다.
- 생산과 가공의 여건이 여의치 못해 불순물, 결점 생두가 많이 섞여 있는 커피를 생산
- 일반적으로 페루커피는 '페루비안(Peruvian)'이라고 부른다.
- 산뜻하면서도 깊이 있는 맛과 향, 커피가 거칠다.

② 대표적인 커피
- 쿠즈코, 찬차마요(Chanchamayo), 노르테

2 아시아, 태평양지역

(1) 하와이(Hawaii)

① 특징
- 세계적인 최고급 커피의 하나인 '코나(Kona)' 커피 생산지
- 낮은 고도에서 경작됨에도 불구하고 적당한 비와 그늘, 기온조절 효과로 고지대에서와 같은 고급품질의 커피 생산
- 철저히 손으로 한 알 한 알 수확, 습식 가공법
- 와인과 과실에 비유되는 단맛과 신맛, 산뜻하고도 조화로운 맛과 향을 가진 부드러운 커피로 평가

등급 Kona Extra Fancy: Screen Size 19, 결점두(300g당) 10개 이내

　　　Kona Fancy: Screen Size 18, 결점두 16개 이내

　　　Kona Prime: Screen Size 무관, 결점두 25개 이내

(2) 인도(India)

① 지역 특징

- 처음으로 아라비아에서 묘목을 가져온 나라.
- 인도의 이슬람 승려였던 바바부단(Baba Budan)이 메카로 성지 순례를 다녀 오는 길에 커피 종자를 숨겨와 인도 땅에 커피를 심었다.
- 아라비카 커피와 로부스타 커피 모두 생산, 전체 커피 생산량의 약 60% 로부스타
- 인도는 고급 로부스타 커피 생산
- 인도의 아라비카 커피는 일반적으로 깊으면서도 부드럽고 달콤한 맛, 낮 은 산도와 향신료나 초콜릿의 맛이 난다고 평가
- 짙은 바디와 달콤함으로 에스프레소 커피의 블렌딩에 많이 사용
- 습식법과 건식법 모두 사용
- 습식법 가공 아라비카: 플렌테이션(Plantation) 아라비카

　　　로부스타: 파치먼트(Parchment) 로부스타

몬순 커피(Monsoon Coffee)

옛날 커피를 보관할 때 공기가 들어가는 것을 막기 위해 꽁꽁 싸매서 보관을 했는데 어떤 사람의 실수로 바람이 들어갔다. 버리기 아까워 다려서 마셔봤는데 고소한 맛이 일품이었다고 한다. 그때부터 인위적으로 바람을 쐬게 하여 판매했다는 것이 바로 몬순 커피이다. 인도의 몬순이라는 계절풍에 노출시켜 숙성하여 만든 것으로 신맛을 줄여주고 독특한 향과 약간 쏘는 듯한 바디감을 가지고 있는 건식 가공 커피

인도 몬순 커피 원두

(3) 인도네시아(Indonesia)

❶ 지역 특징

- 아시아 최고의 커피 생산국
- 1696년 네델란드인에 의해 커피 나무가 이식
- 1877년 녹병균에 의해 전체 커피 농장들이 초토화되기 전까지는 세계의 커피 산업을 이끌었던 곳.
- 인도네시아 커피의 90% 이상은 로부스타: 병충해에 강한 로부스타 커피 대대적으로 경작

❷ 주요 산지

- 자바(Java), 수마르트(Sumatra), 슬라웨시(Sulawesi), 발리(Bali), 티모르(Timor)

> ### 코피 루왁(Kopi Luwak)
>
> 인도네시아의 자바(Java), 수마트라(Sumatra)와 슬라웨시(Sulawesi) 섬에만 사는 루왁이라는 사향 고양이가 먹은 체리가 체내에서 위산과 효소 작용으로 독특한 발효 과정이 진행되고, 소화되지 못한 커피 생두들이 배설물로 배출되게 된다. 이것을 수집하여 특수 가공 처리하여 만들어진 것이 바로 '코피 루왁'이다. 소화 발효되는 과정에서 커피의 쓴맛도 줄이고, 독특한 향이 가미된 풍부한 커피 향과 맛을 낸다.

(4) 파푸아 뉴기니(Papua New Guinea)

❶ 특징

- 자메이카 블루마운틴의 종자로 경작
- 양에 치우친 커피 산업 정책으로 인해 저급한 커피로 인식
- PNG커피 생산
- 인도네시아의 커피와는 달리 부드럽고 달콤한 맛과 향을 지닌 깔끔한 커피로 알려짐
- 시그리(Sigri) 커피와 아로나(Arona) 커피가 유명

③ 아프리카 지역

(1) 에티오피아(Ethiopia)

❶ 지역 특징

- 커피의 고향, 커피가 처음 발견된 곳
- 많은 에티오피아의 집에서 서너 그루의 커피 나무가 자람

에티오피아 전통추출 기구 제베나

- 커피를 '분(Bun, Buni)' 이라고 부름
- 거의 대부분의 커피가 전통적인 유기농법과 그늘 경작법으로 재배
- 고유한 본래의 아라비카 품종만 생산
- 90% 정도의 커피가 '가든 커피(Garden Coffee)' 라고 불려지는 소규모 커피 농가에서 생산
- 아라비카 품종은 원래 에티오피아 하라 지방의 고유한 커피 품종이다.
- 아프리카에서 유일하게 서구 열강의 식민지가 되지 않았던 나라이어서 커피의 경작에서도 전통이 그대로 살아 있다.

❷ 주요 산지
- 하라, 시다모, 이르가체페, 리무, 짐마(Jimma), 레켐프티, 베베카

하라(Harrar)
- '에티오피아의 축복'
- 거친 듯 깊고 중후한 향미, 감미로운 와인과 과실의 오묘한 산뜻한 단맛, 상쾌한 흙냄새 등이 어우러진 최고의 커피로 평가
- 세계 최고급의 커피 중 보기 드문 건식가공 커피

이르가체페(Yirgacheffe)
- 에티오피아의 가장 세련되고 매끄러운 최고급 커피
- 부드럽고 과실의 상쾌한 신맛과 초콜릿의 달콤함, 꽃과 와인에 비유되는 향미와 깊은 맛을 가졌다는 평가

시다모(Sidamo), 짐마(Djimmah), 리무(Limmu)
- 습식 가공으로 생산된 에티오피아를 대표하는 고급 커피
- 시다모: 부드럽고 상쾌함
- 리무: 중후한 맛
- 짐마와 시다모의 커피 크기는 작음.

(2) 예멘(Yemen)

❶ 지역 특징
- 세계 최초로 커피가 경작됨
- 한때 세계 최대의 커피 무역항이었던 모카(Mocha)항이 있다. 모카항으로 수출되었던 모든 커피를 모카라 부름

- 아라비카라는 말도 아라비아 즉 예멘의 커피에서 유래
- 꼴찌 그룹의 커피 생산국
- 대규모 농장이 거의 없음: 산악지대에서 계단식 커피 농장을 일구어 만든 소규모 농가에서 거의 자생적으로 재배된 커피 열매를 자연건조시켜 생산(자연건조방식).
- 상당한 고지대의 커피: 생두의 밀도 놓고, 깊고 풍부한 맛과 향이 있음.

② 생두 특징
- 모양도 작고 불규칙한 못생긴 타입의 생두는 가공 수준도 세련되지 못해 생두를 로스팅해 놓으면 원두의 색깔이 제각각이다. 하지만 못난 커피가 맛은 일품

③ 대표적인 커피
- 마타리(Mattari), 이스마일리, 히라지, 사나니

모카(Mocha)

- 예멘에서 생산되는 커피의 이름
- 예멘과 에티오피아에서 생산되는 커피의 이름
- 광의로써 아라바이 전 지역에서 생산 유통되는 커피라는 의미
- 예멘의 항구이름
- 커피라는 의미: 옛날 모카 항구의 전성기 시절 모든 커피는 모카항을 통해 수출되었고, 그 당시의 커피는 종류가 많지 않아 모든 커피를 그냥 모카라고 불렀다.
- 모카포트(Mocha Pot): 가정용 에스프레소 커피 추출 기구
- 초콜릿 혹은 초콜릿이 들어간 음료나 음식

(3) 케냐(Kenya)

① 지역 특징
- 가장 신뢰할 수 있는 최고급의 커피를 생산하는 아프리카 최고의 커피 생산국. 연구개발, 품질관리, 유통관리, 농업정책이 가장 우수한 커피 생산국
- 품질개발, 기술 교육 등으로 커피 산업을 육성시킴
- 오늘날 세계 최고의 가장 신뢰받는 커피 생산국
- 습식 가공법으로 아라비카 커피만을 생산
- 그늘 경작법으로 사용되지 않음
- 커피의 경작고도는 해발 1,500~2,000m 정도의 고지대
- 강하면서도 상큼한 커피: 짙은 향미와 강한 신맛, 과실의 달콤함과 와인과 딸기의 향미를 가진 커피라 평가
- 생산량을 늘리고자 병충해에도 강하면서 수확량이 많은 '루이루11' 품종의 커피 생산을 확대

② 주요 산지

🔸 케냐산(Mt. Kenya: 5,199m) 주변의 고원 지대와 우간다 접경 지역인 엘곤산 지역, 나쿠루의 동부 지역, 카시이의 서부 지역

(4) 탄자니아(Tanzania)

탄자니아AA

탄자니아 커피를 유명하게 만든 것은 헤밍웨이와 그의 소설들이었다. 그와 탄자니아 커피와 킬리만자로 산(Mt. Kilimanjaro: 5,985m)은 하나의 이미지로 연결된다. 유럽사람들은 탄쟈니아 커피의 그 맛의 특별함을 이렇게(블루마운틴을 '커피의 황제' 모카를 '커피의 귀부인' 그리고 탄쟈니아를 '커피의 신사') 예찬한다.

탄자니아 커피는 맑고 깔끔한 성격을 같고, 또 매우 섬세한 향기를 갖고 있으며, 입안 가득차오르는 풍미도 갖고 있다. 커피를 마시고 난 후 부드럽고 좋은 흙 냄새의 여운이 남고 드라이한 감각으로 남기도 한다. 야성적 또는 와일드함이라고 표현한다. 단순하게 탄자니아 커피를 설명하면 가장 아프리카 커피답다고 한다.

① 지역 특징

🔸 커피의 신사, 영국 왕실 커피

🔸 탄자니아 킬리만자로(Tanzania Kilimanjaro)

🔸 1893년부터 경작을 시작하였던 커피 산업은 아직 후진성을 면하지 못하고 있다.

🔸 천혜의 자연 조건을 갖추고 있으면서도 경작 방법을 제대로 알지 못하는 농부들은 토양의 성질을 모른 채 아무 곳에나 커피 나무를 심었다(1995년도까지의 상황).

🔸 대부분의 커피는 탄자니아인들의 식량인 바나나 나무와 함께 경작되어 자연스러운 그늘 경작이 이루어진다.

🔸 최고급의 아라비카부터 로부스타 커피까지 경작하며 피베리로도 유명하다.

(5) 우간다(Uganda)

① 지역 특징

🔸 로부스타 커피의 생산으로 유명하다.

② 대표적인 커피

🔸 엘곤산(Mt. Elgon)지역에서 '부기수(Bugishu)'라는 고급 커피 생산

🔸 와인과 과실의 맛, 깊은 향미를 지닌 아프리카의 전형적인 커피로서, 케냐 커피와 비슷하나 조금 더 거친 느낌의 커피이다.

(6) 짐바브웨(Zimbabwe)

① 지역 특징

- 상업적 커피의 생산은 1960년대 후반부터 케냐의 커피 산업을 모델로 하여 시작
- 아라비카 커피만을 습식 가공으로 생산

② 대표적인 커피

- 케냐의 SL-28품종
- 미국 시장에서는 짐바브웨 AA급의 고급 커피가 'Code53'이라는 이름으로 유통되고 있다
- 강한 신맛과 상큼한 과실의 맛, 조화롭고 깊은 맛으로 높은 평가를 받고 있지만 케냐 커피의 그늘에 가려져 있음.

(7) 잠비아(Zambia)

① 지역 특징

- 짐바브웨와 같이 케냐의 커피 산업을 모델로 하여 커피 산업 육성한 나라이다.
- 주로 대형 커피 농장에서 연간 6천 톤의 아라비카 커피를 습식 가공으로 생산
- 커피 맛은 케냐 커피와 비슷하지만 전반적으로 부드럽다는 평.

② 대표적인 커피

- 테라노바(Terranova), 카핑가(Kapinga)

07

로스팅(Roasting)

1 로스터(Roaster)의 위험 요소

- 화상: 생두는 200℃ 내외의 온도를 통해 볶는 과정을 거친다. 드럼 주위와 열원 주변, 배기관은 매우 뜨거운 상태, 로스팅이 끝난 이후에도 주의
- 화재: 로스팅 과정에서 실버 스킨과 먼지 등이 집진 장치(Collection Drawer)에 떨어지게 되고 이곳에 불이 붙게 된다. 로스트 머신은 정기적으로 집진 장치와 배기관, 쿨링모터 주변을 청소
- 가스안전: 로스터의 열원으로 도시가스나 LPG(Liguified Petroleum Gas) 이용이 일반적. 항상 안전 장치를 점검

2 로스팅이란

- 생두에 열을 가하여 볶는 것을 배전, 흔히 로스팅(Roasting)이라 한다.
- 로스팅은 커피에 새로운 생명을 부여하는 과정이다.

- 커피 콩(Green Bean) 그 자체는 풀 냄새가 나며, 아무런 맛과 향이 없는데 그것을 볶음으로서, 우리가 아는 그 향과 맛이 생성된다.
- 커피 생두는 섭씨 200~230℃의 온도에서 길게는 30분 내에 볶아야 한다.
- 커피 생두를 볶게 되면 우선 수분 증발로 인해 무게가 15~20% 감소, 그와 동시에 열로 인해 내부의 가스가 팽창하면서 콩의 부피는 증가하고 수분이 감소하며 부피가 증가함으로써 생두의 구조 또한 바뀌어 부서지기 쉽게 된다.
- 커피는 로스팅이 되는 과정에서 기름이 밖으로 배어 나오므로 별도의 기름을 첨가할 필요가 없다.
- 볶는 온도에 따라 커피의 맛도 달라지는데, 엷게 볶으면 신맛이 강한 커피가 되고, 진하게 볶으면 쓴맛이 강한 커피가 된다.
- 로스팅을 하기 전에 먼저 각 커피 생두의 특징에 따른 가장 적절한 방법이 결정된다.

로스팅이란 생두에 열을 가하여 생두 조직을 팽창시켜서 생두 고유의 맛과 향을 표현하여, 커피 원두로 변화시키는 일련의 작업(생두에 열을 가하면 물리적, 화학적 변화가 발생)을 말한다.

3 로스팅으로 인한 변화

(1) 원두 색깔의 변화

- Green → Yellow → Light Brown → Medium Brown → Dark Brown → Black

[Green]
- 생두가 열을 흡수함으로 해서 내부의 수분이 증발하면서 풀 냄새 같은 좋지 않은 냄새가 난다.

[Yellow]
1 약 4분정도가 지나 드럼온도가 140℃가 되면 엷은 노란색
2 은피의 분리가 서서히 일어나는 시점 원두가 지속적으로 수축
3 과자굽는 냄새가 난다.
4 후반부에 점차 엷은 계피색으로 서서히 신향이 난다.

⑤ 로스팅 진행상태를 중간 중간 샘플러를 통해 형태와 행을 확인한다.

[Light Brown]

⑥ 1차 크랙, 짙은 계피색, 강한 신향이 나면 1차 크랙이 임박한 징조

⑦ 180℃정도 크랙이 일어나는데, 탁~ 탁~하는 소리가 나면서 원두의 센터 컷이 벌어지고 원두 고유의 향이 나기 시작한다.

⑧ 캐러멜화

[Medium Brown]

⑨ 원두에서 연기가 나기 시작하면 2차 크랙이 임박한 시점

⑩ 강한 파열음, 2차 크랙이 진행

⑪ 수분이 거의 증발, 급격하게 로스팅이 진행

[Dark Brown]

⑫ 조직이 보다 다공질, 짙은 갈색

[Black]

⑬ 내부의 오일이 표면으로 이동(Oil Migration), 부피는 더 이상 커지지 않는다.

⑭ 원두의 부피가 생두에 비해 100% 정도 팽창, 무게는 18~23% 정도 감소

(2) 향의 변화

🌰 ❶ 생두 고유의 향 → ❷ 수분 증발 향 → ❸ 단향 → ❹ 단향 + 신향 → ❺ 신향 → ❻ 신향 + 고유의 향 → ❼ 고유의 향 → ❽ 향의 감소

(3) 형태의 변화

🌰 ❶ 생두 → ❷ 주름발생 → ❸ 주름의 변화 → ❹ 주름 펴짐 → ❺ 주름이 완전히 펴진 상태

(4) 무게의 변화

🌰 약볶음(Light Roast)　　: 12~14% 감소

🌰 중볶음(Medium Roast)　: 15~18% 감소　　　　1차 크랙 후 15~17% 감소

🌰 강볶음(Dark Roast)　　 : 19~25% 감소　　　　2차 크랙 후 18~23% 감소

4 생두의 품질 평가

🌱 로스팅 전 온도 설정, 예열 방법, 뜸 방법 등의 선택 기준

(1) 생두 외관

🌱 동일한 컬러, 균일한 크기의 생두일수록 좋은 품질

🌱 컬러

- 뉴 크롭(New Crop): 수확 가공한 지 1년 미만의 생두(Blue Green, Green)
- 패스트 크롭(Past Crop): 수확 가공한 지 2년 미만의 생두(Light Green, Greenish)
- 올드 크롭(Old Crop): 수확 가공한 지 2년이 지난 생두(Yellow, Yellowish)

(2) 크기

🌱 샘플 생두 300g 중 0~5개 정도의 크기가 다른 생두가 발견되면 우수한 등급으로 분류된다.

(3) 생두의 냄새

🌱 뉴 크롭일수록 신선한 풋향, 올드 크롭일수록 매콤한 향으로 변화.

❶ 생두 가공 방법에 따른 맛의 차이

🌱 생두를 샘플 로스터기를 통하여 약하게 로스팅한 후 컵핑을 통하여 맛과 향을 분석하는데, 이때 가공 과정이 원인이면 흙 향, 나무 향, 고약한 향이 나며 재배 또는 수확 과정이 원인이 되면 연기, 비린 향, 단 향이 난다.

❷ 청각을 통한 생두의 차이

㉠ 생두를 일정한 높이(약 30㎝)에서 떨어뜨려서 소리를 체크한다.

㉡ 뉴 크롭이 올드 크롭보다 무거운 소리 발생(수분함량 때문)

- 수분함량이 많은 생두(11% 이상), 적은 생두(9%)
- 조밀도에 따라 고지대 재배 생두가 저지대 생두보다 둔탁한 소리 발생
- 아라비카종 보다 로부스타종이 무거운 소리(동일 수분함량일 때)

🫖 5 로스팅 실전

(1) 초기 예열

❶ 로스팅 시 필히 예열(Pre Heating)과정을 거쳐야 한다.

❷ 로스터기 내부 원통 드럼을 회전시킨 후 약한 화력으로 천천히 골고루 드럼 내, 외부에 열을 전달하면서 약 30분 정도 공회전시킨다. 이때, 첫 번째 생두의 투입량은 로스터기 용량의 50% 정도가 적당하다.

(2) 생두 투입

❶ 예열 후 생두를 투입하면 처음에는 온도가 떨어지지만 전환점을 기점으로 생두는 본격적으로 열을 흡수한다.

❷ 생두의 투입량에 따라서 온도와 가스 압력을 적절하게 조절해야 한다.

❸ 투입량에 비해 높은 온도, 압력일 경우

생두의 내, 외부 조직에 열량 공급이 과하게 투입되어 너무 빠른 로스팅이 이루어져 원두 내부까지 충분한 열량 공급이 어려워진다. 이는 원두 내, 외부 조직의 벌어짐이 불일치되는 결과물을 낳아 커피의 맛과 향에 불안정한 영향을 준다.

❹ 투입량에 비해 낮은 온도, 압력일 경우

열량이 부족이여 원두 조직의 벌어짐이 충분히 이루어지지 않아 원두색보다 다소 어두운 색을 띠며, 맛과 향에 나쁜 결과를 초래하여 비릿한 풋 냄새와 좋지 않은 더티(Dirty)한 맛을 낸다.

(3) 1차 크랙 시 화력 조절

❶ 로스팅 시 Yellow 단계를 지나 단향이 끝이 나면 대부분 1차 크랙이 일어난다. 이때, 올드 크롭(수분함량 9%) 이내의 생두는 1차 크랙 후 바로 화력 조절이 필요하다. 수분 방출량이 상대적으로 적기 때문이다.

❷ 패스트 크롭은 올드 크롭보다는 조금 더 가열 후 화력 조절을 한다. 뉴 크롭은 수분이 증발하는 시기가 함량이 많기 때문에 비교적 길게 나타난다. 즉 화력 조절도 1차 크랙 후 충분한 화력을 공급해 준 뒤 화력을 조절한다.

❸ 1차 크랙 시 화력 조절 포인트

원두 조직이 70% 이상 벌어진 시점, 신향의 발산이 강하게 나기 전, 크랙 소리의 정도로 판단한다.

(4) 2차 크랙 시 화력 조절

❶ 이때는 원두 조직 깊숙한 곳까지 열이 전달되는 시점으로 원두 조직이 파괴되기 직전의 상태이다.

❷ 2차 크랙 시에도 1차 크랙 시의 화력 조절로 열을 공급한다.

❸ 2차 크랙 화력 조절 포인트

원두 표현의 주름 여부(퍼진 상태로 판단), 고유의 커피향이 강하게 나기 전 시점 크랙 소리의 정도

🏆 6 로스팅(배전) 단계

☕ 커피는 로스팅 단계를 걸치면서 진정한 커피로서의 가치를 가지게 된다.

☕ 이렇게 변화한 원두는 로스팅 시간에 따라 그 색깔과 맛이 결정된다.

☕ 로스팅은 아무 맛과 향이 없는 커피에 드디어 생명력을 불어넣는 단계라고 할 수 있다.

☕ 다음은 일본의 로스팅 8단계 분류법이다.

[약배전]

❶ 라이트 로스트(Light Roast): 최약배전

아직 생두가 부풀지 않은 상태로 새콤한 냄새보다는 퀴퀴한 냄새가 강하다. 향기가 없으며 커피 특유의 깊은 맛도 전혀 없기 때문에 실질적으로 사용할 수 없다.

❷ 시너먼 로스트(Cinnamon Roast): 약배전

아메리칸 로스트와 같은 의미로 사용된다. 생두가 부풀기 시작하면서 주름이 완전히 펴지지 않은 상태로 풋내가 난다. 엷게 볶은 시너먼색(계피색)을 띤다. 신맛이 강하고 커피향은 약하다.

❸ 미디엄로스트(Midium Roast): 약강배전

첫 번째 팽창(First Crack)이 있은 후부터 두번째 팽창(Second Crack)을 하기 전까지

의 단계로 생두는 충분히 부풀어 있는 상태이고 색상 또한 급격하게 변하기 시작한다. 커피의 특징인 신맛과 쓴맛 그리고 독특한 향기가 함께 나타나기 시작하여 많이 이용되는 볶기이다. 아침식사용 또는 우유와 설탕을 넣어 마시는 일반적인 커피에 좋다.

[중배전]

④ 하이 로스트(High Roast): 중강배전

두 번째 팽창을 시작한 후부터이며 미디엄 로스트보다 약간 더 진행된 상태를 말한다. 신맛이 약간 남고 쓴맛이 점점 강해지면서 감미로운 냄새가 난다. 높은 온도에서 볶을 경우에는 이때부터 프렌치, 이탈리안 로스트까지 빠른 속도로 진행된다. 표면에 미광이 돌며 보통 볶은 밤색이다.

⑤ 시티 로스트(City Roast): 중중배전

조금씩 기름기가 배어 나오기 시작한다. 신맛은 거의 없어지고 쓴맛과 달콤한 향기가 나는 것이 특징이다.

[강배전]

⑥ 풀시티 로스트(Full City Roast): 중강배전

어느 정도 강하게 볶은 것으로 기름기가 전체에 돌기 시작한다. 신맛이 없어지며 쓴맛이 증가하고 단맛이 서서히 감소된다. 좀 강하게 볶은 흑자색의 원두로 향기가 그다지 중요하지 않은 아이스 커피용으로 적당하다. 원두 표면에 기름이 돌기 시작한다.

⑦ 프렌치 로스트(French Roast): 강배전

기름기가 전체에 번져 흐르고 색상은 검게 된다. 쓴맛이 다른 맛을 압도하기 때문에 에스프레소용이나 아이스 커피에 사용한다. 풀시티에서 몇 초만 지나면 프렌치로스트 상태가 된다.

⑧ 이탈리안 로스트(Italian Roast): 최강배전

탄화할 정도로 볶은 까만색의 원두로 자극적이며 커피 특유의 향이 거의 없다. 매우 쓰고 크림처럼 걸쭉한 커피를 만드는 볶음이며, 콩의 다양성이 배전과정에 의해 약화되므로 볶은 후 원두의 형체나 맛을 전문가조차 감별하기 어렵다.

미국의 지역별 로스팅 단계 구분법의 명칭

① Cinnamon 1st Crack
② New England Cinnamon
③ Light New England
④ American Medium
⑤ Medium Medium-High City American 2nd Crack
⑥ Viennese Full-City Light French
⑦ Espress European High
⑧ French Italian
⑨ Italian Dark French
⑩ Spanish Dark French

내용과 나라별로도 다른 로스트 방법을 사용하지만 중요한 것은 어느 누가 로스팅을 하든 똑같은 로스팅을 할 수는 없다고 보는 것이 좋다. 미세한 모든 것에 따라 맛과 색이 변하기 때문이다.

로스팅 후 나온 실버 스킨

커피 블렌딩(Coffee Blending)

1 블렌딩(Blending)

- 상업적인 브랜더(Blender)는 품질을 좋은 상태로 유지하는 한편 비용을 낮추기 위해서 혼합을 한다.
- 블렌딩의 예를 소개하면 다음과 같다.
  - 예 콜롬비아 30%, 코스타리카 15%, 브라질 20%, 로브스타 35%
  - 예 콜롬비아 15%, 코스타리카 30%, 브라질 25%, 로브스타 30%

(1) 블렌딩의 의의

- 스트레이트 커피를 약간씩 배합하여 새로운 맛을 만들어 내는 것
- 단일 품종에서는 맛에 편향성이 있어 깊이와 원만함이 표현되지 않는다.
- 생두의 품질이 불안정하고 맛의 변화가 심할 때가 있다. 이를 블렌드하여 맛의 조정을 가할 필요가 있다.

- 커피 인구의 증가, 기호의 다양화에 대처한다.
- 맛에 대한 개성화, 반획일화를 꾀한다.

🏆 ② 블렌딩의 제고

- 보다 안정된 종류, 유통이나 가격이 일정한 생두를 선택한다.
- 가격 조정의 수단이 아니고, 저품질의 재료를 보람 있게 쓰기 위한 것도 아니다.
- 가능한 양질의 생두를 블렌드의 기본으로 한다.
- 생두의 품질과 같은 중요도로 그 배전에 충분히 유의한다.
- 생두의 맛의 고정 관념에 얽매이지 않는다.
- 배합률을 손어림으로 고집하지 않는다.

🏆 ③ 블렌딩의 규칙

① 생두의 성격을 안다(그 콩에 부족한 것 보충할 수 있는 것, 상반하는 성격, 어울리기 쉬운 종류, 효과의 대소).
② 입하된 개개의 생두를 그 때마다 반드시 테스트한 후에 사용한다.
③ 블렌딩의 기초에는 특히 그 품질이 안정된 것을 사용한다(브라질, 콜롬비아 등).
④ 맛의 '통계색'이 아니라 '배색'의 맛을 기본으로 한다.
⑤ 짙거나 개성 있는 생두를 주축으로 하고 거기에 보충하는 생두를 배분한다.
⑥ 기초가 되는 생두(예를 들어 산토스)를 우선 결정하고 2~3종류, 특징 있는 생두를 가한다.

🏆 ④ 생두의 미각적 특징

- 신맛: 모카, 하와이코나, 멕시코, 과테말라, 서반구 수세식 고급 생두
- 쓴맛: 자바 로부스타, 만데링, 앙골라, 콜롬비아, 보고타, 콩고, 우간다 외 각각 오래된 생두

- 단맛: 콜롬비아, 만델링(수마트라), 베네수엘라의 오래된 콩, 자메이카 고산지, 킬리만자로
- 중성맛: 브라질, 엘살바도르, 코스타리카, 베네수엘라
- 진하고 향이 있음: 콜롬비아, 만델링(수마트라), 모카 마타리
- 궁합이 잘 맞는(조화성이 좋은) 두 가지 종류 이상의 커피를 혼합하는 것
- 단종(스트레이트)커피가 가지고 있는 고유의 맛과 향을 강조하면서도 보다 깊고 풍부한 향미를 기대할 수 있다.

(1) 목적

- 각각의 특징적인 맛과 향을 지니고 있는 커피들을 적절한 비율로 혼합하여 맛과 향의 보완과 상승 효과를 얻고자 함
- 서로 다른 종류의 커피를 혼합하여 전혀 새로운 맛을 창출
- 오늘날은 원가 절감 차원이 목적

(2) 특징

- 상업적인 커피 블렌딩은 단종 커피로 즐기기에는 그 맛과 향이 부족한 커피를 다른 종류의 커피와 혼합하여 그 단점을 보완·완화시키고자 하는 취지에서 개발·발전
- 블렌드 커피를 만들기 위해선 스트레이트 커피의 맛과 향을 정확하게 알고 있어야 한다.

(3) 방식

- 값싼 저급 커피에 약간의 고급 커피를 혼합하여 우아한 맛을 창출하는 방식
- 저가의 여러 커피를 혼합하여 고가의 명품 맛의 특성을 모방하는 방식

(4) 대표적인 블렌딩 커피

- 예 모카 자바(Mocha Java), 블루마운틴 블렌드

(5) 브랜드 커피(Brand Coffee)와 블렌디드 커피(Blended Coffee) 차이

- 브랜드 커피(Brand Coffee)는 커피점이나 레스토랑을 대표하는 커피이다.

(6) 에스프레소 커피는 각각의 회사별로 블렌딩

- 블렌딩이란 커피 맛과 향의 보완과 상승 효과를 얻고자 함이 목적
- 에스프레소 커피에서는 항상 동일한 품질의 맛과 향을 유지하기 위하여 블렌딩이란 작업을 한다.
- 그런 이유로 매년 사용하는 생두의 작황과 더불어 생두의 품질을 테스트 하며 샘플 로스팅을 통하여 블렌딩을 결정한다.
- 항상 동일한 품질의 맛과 향의 유지는 제품을 선택하는 매우 중요한 요소 임을 명심
- 에스프레소 커피에서 블렌딩은 ECM(에스프레소 커피 머신) 시스템에서 가장 이 상적인 커피가 추출되는 것이 목적

5 스트레이트 커피(Straight Coffee)

- 동일한 지역에서 생산된 동일한 종류, 동일한 등급의 커피 생두를 동일한 정도로 로스팅한 커피
- 커피 본연의 맛을 느낄 수 있다.
- 개성 있고, 독특한 맛, 단맛의 부드러움, 독특한 향을 지닌 커피다.
- 자메이카 블루마운틴, 하와이 코나 팬시, 콜롬비아 수프리모, 과테말라 안 티구아, 케냐 AA, 탄자니아 킬리만자로 등의 최고급 커피가 대표적인 스 트레이트용 고급 커피

6 로스팅 전 블렌딩과 로스팅 후 블렌딩

(1) 로스팅 전 블렌딩

- 로스팅 과정에서 각각의 커피 맛을 중화시키면서 전체적으로 고른 색깔 의 커피 원두를 얻을 수 있다.
- 색깔은 균일할 수 있어도 진정한 의미의 고른 로스팅이라고 말하기 어렵다.
- 전제조건은 그린 커피빈의 품질 및 등급이 일정하다면 로스팅 전 블렌딩 도 긍정적인 방법

(2) 로스팅 후 블렌딩

- 각각의 생두를 피크 로스팅한 후, 이렇게 로스팅 된 원두를 혼합하는 것이다.
- 풀시티 이하의 로스팅이라면 '로스팅 후 블렌딩'이 바람직하다.
- 각 원두들의 로스팅 정도가 달라 균일한 색깔의 상품으로서의 커피에선 다소 약점이 될 수 있다. 하지만 일정한 맛과 향을 유지하는 방법으로는 효율적이라 할 수 있다.

(3) 로스팅 전 블렌딩을 선호하는 이유

- 색깔이 고른 커피가 일단 좋아 보이기 때문이다.
- 저급한 생두를 적당히 블렌딩해도 그 맛이 로스팅 과정에서 조금은 중화 될 수 있다.
- 각각의 생두를 로스팅하여 블렌딩할 경우 커피 원두의 재고 밸런스 등 여 러 가지 관리상의 문제 등이 뒤따르기 때문이다.

레귤러 커피와 향 커피

1 레귤러 커피

- 인공적인, 인위적인 가공을 하지 않은 순수한 커피
- 커피의 순수하고도 진정한 맛과 향을 즐길 수 있다.

2 향 커피

- 레귤러 커피에 특정한 향을 섞은 커피
- 브랜드 커피의 일종으로 두 가지 이상의 원두를 혼합한 브랜드 커피에 한 가지 이상의 향을 첨가
- 천연재료 또는 향 시럽을 첨가하는 방법과 커피를 볶는 과정에 첨가하는 방법이 있다.
- 로스팅 과정에서 인공적인 향이 첨가되는 방식으로 제조, 혹은 로스팅이 끝난 상태에서 인공향을 첨가하여 커피 자체에 향을 입히는 방법이 있다.

🍵 저급 커피를 사용하여 강한 향으로 커피 원두 본래의 품질을 일부 감출 수 있기 때문이다.

- 종류: 헤이즐넛, 아이리쉬, 초코 헤이즐넛, 바닐라 향커피
- 헤이즐넛: 개암나무 열매, 제빵에 주로 많이 사용

☕ ③ 발효 커피

🍵 커피 가공 방식의 하나로 혐기성 발효(Anaerobic Fermentation)를 거쳐 만들어진 커피, 탄산 침용(Carbonic Maceration), 젖산 발효(Lactic Acid Fermentation), 효모와 유산균을 활용한 발효종 등

🍵 커피를 가공할 때는 발효 과정을 꼭 거치는데 물속(습식법)이나 자연상태(건식법)에 존재하는 미생물이 당을 분해하는 과정이다.

🍵 당류 성분들이 분해되고 흡수되면서 특정 향미가 형성된다.

🍵 산소를 아예 통제하는 발효 방식으로 무산소 발효라고 하나 식품학적인 용어가 아니다

🍵 전혀 색다른 향미, 보다 투명하고 선명한 향미 표현이 가능

🍵 혐기성 발효를 위해 발효 탱크가 필요하며 한쪽으로는 이산화탄소를 주입하고, 다른 한쪽으로는 산소가 빠져 나가게 한다.

🍵 이산화탄소가 주는 압력 때문에 생두 속에 더욱 진한 향과 맛이 스며든다.

신선도

커피의 신선도

- 커피는 로스팅을 통하여 고온의 열에 노출되며 이때 화학적인 변화를 통하여 한 잔의 커피를 추출할 수 있는 원두가 된다. 하지만 원두에는 다량의 이산화탄소가 함유

- 이산화탄소의 함유량에 따라서 커피의 맛과 향은 변화하는데 이 함유량의 변화에 1차적으로 촉매제 역할을 하는 것이 산소

- 산소와의 결합이 결론적으로는 이산화탄소의 방출 시간의 중요한 요소인 것이다.

- 로스팅 후 1~2일 정도 방출시키는 것은 맛과 향의 안정화(숙성)라 볼 수 있으며 그 이후의 시간은 커피의 생명력이라 할 수 있다.

- 커피 신선도의 원인은 이산화탄소의 함유량이며 공기 중의 산소는 촉매제이다.

- 커피의 로스팅 시점에 의해 신선도 결정

🏆 2 신선한 커피를 사용할 수 있는 방법

❶ 로스팅된 지 일주일 이내의 커피를 원두 상태로 구입
❷ 구입한 커피 원두는 가능한 빨리 소비
❸ 커피 원두를 밀폐 상태로 어둡고 서늘한 곳에서 실온 보관
❹ 커피를 추출하기 직전에 적정량의 원두만 분쇄하여 사용

    🥄 커피 신선도의 가장 큰 적은 시간, 공기(산소), 습기 등이다. 그리고 로스팅의 강약 정도, 커피 원두의 분쇄 시점, 분쇄 입도, 개봉 후의 보관 상태에 따라 달라진다.

    🥄 신선도를 위한 포장 방법: 밀폐 용기, 특수 밸브, 진공 포장, 질소 충전 포장 (근본적인 해결책은 아님)

    🥄 진공 포장은 커피를 담은 봉투 안의 공기를 빼내어 진공 상태로 만들고 밀폐시키는 방법이다(산소와 습기를 차단하기 위한 방법).

    🥄 공기 포장의 밸브(One-Way Valve): 봉투 속의 커피를 방출되는 탄산가스를 내보내고, 산소와 습기의 유입을 막아주는 역할, 생명력은 약 1년

    🥄 로스팅이 강할수록 원두의 조직이 더욱 다공질 조직이며, 함수율이 낮고 (건조하고), 표면에는 기름이 배어나와 습기의 흡수가 더욱 빠르고, 산소와의 접촉에 의한 산패 과정이 빠르게 진행된다(원두표면의 기름은 산소와 접촉하면 더욱 빨리 산패가 진행된다).

    🥄 커피 원두가 미세하게 분쇄될수록 산패 과정이 더욱 빨라진다. 미세하게 분쇄될수록 분쇄 과정에서 마찰열이 발생되고, 공기 접촉 면이 증가하면서 커피향의 증발 현상과 산패가 촉진되기 때문이다.

🏆 3 개봉된 커피 보관 방법

    🥄 개봉된 커피 봉투는 공기를 최대한 뺀 후 테이프로 개봉 부위를 막고 꼭꼭 접어 보관

    🥄 밸브 봉투에 담긴 분쇄 커피는 구입 즉시 밸브 구멍 부위를 테이프로 밀봉

    🥄 신선한 커피를 보관하려면 오히려 밀폐 용기는 사용하면 안 된다.

밀폐 용기안의 커피를 꺼내 쓰면서 밀폐 용기의 공간이 점점 많아져서 산패가 진행될 수 있기 때문이다.

4 맛있는 커피를 즐길 수 있는 방법

- 로스팅한 지 일주일 이내의 커피를 원두 상태로 구입
- 밀봉 상태의 커피 원두를 햇빛이 차단된 실온에서 보관
- 커피를 추출할 때마다 필요한 양의 커피만 분쇄 사용
- 개봉한 커피는 일주일 이내에 모두 소비
- 냉장·냉동고에 보관된 원두는 사용하지 않는다.
- 가급적 찬물로 끓인다.
- 커피 잔을 미리 데운 다음 커피를 따른다.
- 경수보다 연수가 적당하며 냄새가 나는 물은 사용하지 않는다.(정수기 필터를 거친 물이 좋다)

11

커피 추출 방법

1 제즈베(Cezve) 커피 추출

튀르키예식 커피(Turkish Coffee) 추출 도구이며 긴 막대 손잡이가 달린 커피 주전자인 제즈베(Cezve)는 튀르키예(Türkiye)어로 '불속에서 빨갛게 달아오른 석탄'을 뜻하는 아라비어에서 유래한다(튀르키예 커피: Türk Kahvesi).

비여과 커피 추출법 중 하나로 가장 곱게 분쇄한 커피 원두와 설탕을 제즈베에 넣고 서서히 끓인다. 방법 원두 분쇄도는 밀가루, 말차 수준으로 가늘게 분쇄해야 제 맛이 난다.

(1) 제즈베 커피 추출 도구

제즈베는 커피를 끓일 수 있는 포트(pot)와 길게 뻗은 막대로 이루어져 있다.

비등점 직전의 온도를 유지해 주는 다시 말하면 끓어오르기 직전에 열원에서 잠시 내리고 가라앉으면 다시 열원에 올려 3~4회 가열한다. 끓이는(boiled) 것이 아니고 조림(simmered)을 말한다.

(2) 제즈베 커피 추출 방법

① 커피의 분쇄 입자는 에스프레소보다 가늘게 분쇄한다.

② 에스프레소잔 1컵 분량의 물 120ml를 제즈베에 담는다.

③ 제즈베에 원두 2티스푼(20g)과 설탕 한 티스푼(10~15g)을 넣는다.

④ 티 스푼 또는 바 스푼으로 잘 저어서 설탕을 녹인다.

⑤ 아주 약한 불에서 끓인다. 끓어 올라서 거품이 나기 시작하면 재빨리 제즈베를 열원에서 들어내어 거품이 가라앉도록 한다.

⑥ 3~4번 끓어 거품이 올라갔다가 가라앉았다 반복을 하면 좋은 커피향이 난다.

⑦ 서브(Serve)를 할 때 커피 찌꺼기까지 따른다(더 진하고 향이 강하다).

2 모카 포트(Moca Pot) 커피 추출

🥄 모카포트는 가압 추출법(Pressed Extraction)을 사용하여 추출한다.

🥄 분쇄된 커피 가루에 뜨거운 물을 압력[일반 모카포트: 1.9bar, 브리카(Brikka): 2.3bar, 최신형: 최대 4bar]을 가하여 통과(추출 시간 약 3분)시켜서 커피 액이 용해되어 나오게 하는 방법으로 에스프레소 커피 추출(추출 압력 9bar이상, 추출 시간 약 25~35초)이 대표적이다.

- 이 포트는 중동 지역에서 커피 문화가 자리 잡으면서부터 사용되었다. 1664년 프랑스로 전해져 유럽으로 전파되어 지금까지 사용되고 있다.
- 이탈리아 가정의 90%가 모카포트를 사용한다고 한다.
- 비알레띠(Bialetti)사에서 1933년 처음 발명한 모카 익스프레스(Moka Express)가 대표적이다.
- 알폰소 비알레띠(Alfonso Bialetti)가 개발

(1) 모카포트 커피 추출 도구

- 알루미늄 모카포트는 재질상 열 전도성이 높아 빠른 시간(3분 이내)에 추출이 완료되어 맛이 깔끔하다.
- 잘못관리하면 부동태의 피막(얇은 막에 부식과 녹을 방지)이 벗겨져 알루미늄이 체내로 들어오거나 녹이 슬어 시커멓게 변한다
- 세제와 수세미 사용금지
- 일 년에 한두 번, 보일러의 물에 식초나 구연산을 조금 넣고 커피 추출하듯 내리고 물로 씻어 준다.
- 실리콘은 소모품이다.
- 스테인레스 스틸 재질의 모카포트는 추출 시간이 길고(5분 이상) 커피에 특유의 금속 맛이 묻어 날 수 있다는 단점이 있으나 관리가 용이하다[최근 열원을 인덕션(Induction)나 하이라이트(High Light) 기구를 사용하므로 가스 냄새로부터 자유롭다].
- 커피를 담는 컨테이너, 가스켓(Gasket), 분쇄원두를 담는 바스켓, 물을 담는 보일러로 구성되어 있다.
- 뜨거운 물 사용을 권장하며 안전 밸브 아래까지 물을 채운다.
- 화상에 주의하며 추출시 절대 자리를 뜨지 않는다.
- 분쇄도는 설탕보다 작고 밀가루보다는 굵게(에스프레소용 보다 굵게: 0.3~0.4mm)
- 바스켓에 원두는 고르게 담고 탬핑은 최대한 약하게 한 다음 그 위에 종이 필터를 올려 확실하게 결합한다.
- 가스레인지 사용 시 불의 세기는 보일러의 크기를 넘지 않는 선에서 가장 강하게 한다.
- 강배전 원두를 사용하는 것이 진정한 에스프레소 맛을 볼 수 있다.

(2) 모카포트 커피 추출 방법

① 중앙에 있는 필터 바스켓에 분쇄된 원두를 넣고 살짝 탬핑한다.

② 하부 포트(물을 담는 보일러)의 안전 밸브 하단까지 뜨거운 물을 채운다.

③ 커피를 담은 필터 판넬 위에 종이 필터를 올리고 하부 포트에 끼워 놓고 상부 플라스크를 돌려서 꼭 잠그고 뚜껑을 닫는다.

④ 가스레인지(알루미늄 모카포트)나 인덕션(스테인레스 스틸 모카포트) 등 열원 위에 올려서 중불을 사용하여 3~5분정도 끓인다.

⑤ 뚜껑을 약간 열어두고 커피가 추출되면 불을 줄였다가 커피액이 다 올라오면 뚜껑을 덮고 열원을 완전히 끈다(항상 화상에 주의한다).

⑥ 커피를 잔에 따르고 상부 플라스크를 돌려서 분리한 다음 원두담은 바스켓을 분리하여 커피 찌꺼기를 버린다. 실리콘 가스켓까지 완전히 분해하여 세척 후 완전히 건조한다.

모카포트

🏆3 드리퍼, 사이폰 등을 이용한 커피 추출 방법 요약

☕ 드립 커피 드리퍼 종류별 추출 방법

내 용		Hot(1잔 기준)	ICED(1잔 기준)
카리타	입자	2.5(0.7~0.8mm)	2(0.5mm)
	투입량	10g	20g
	물	200㎖ 추출	200㎖ 추출 + 얼음
	방법	모기향모양 회전(안 → 밖 → 안)	모기향모양 회전(안 → 밖 → 안)
메리타	입자	2(0.5mm)	1.5(0.2~0.3mm)
	투입량	10g	20g
	물	100㎖ 추출 후 뜨거운 물 100㎖추가	100㎖ 추출 후 차가운 물 100㎖추가
	방법	모기향모양 회전(안 → 밖), 추출 시간: 3분	모기향모양 회전(안 → 밖) + 얼음
고노	입자	1.5(0.3~0.4mm)	1(0.2~0.3mm)
	투입량	10g	20g
	물	80㎖ 추출 후 뜨거운 물 120㎖ 추가	80㎖ 추출 후 차가운 물 120㎖ 추가
	방법	• 한 방울씩 인 퓨전 타임(안 → 밖) • 작은 모기향 모양(약 4바퀴) • 추출 시간: 4~5분	• 한 방울씩 인 퓨전 타임(안 → 밖) • 작은 모기향 모양(약 4바퀴) + 얼음
하리오	입자	1.5(0.3~0.4mm)	1(0.2~0.3mm)
	투입량	10g	20g
	물	100㎖ 추출 후 뜨거운 물 100㎖추가	100㎖ 추출 후 차가운 물 100㎖추가
	방법	고노와 동일	고노와 동일
주의점		• 물 줄기를 일정하게 유지하고 방법 준수 • 농도를 조절할 때는 입자 크기로 조절해서 만든다 • 커피 양을 핫, 아이스 모두 2잔까지는 같은 양, 3잔부터는 80%씩 추가	

☕ 사이폰을 이용한 추출 방법

내 용		Hot(1잔 기준)	ICED(1잔 기준)
사이폰	입자	2(0.5mm)	
	투입량	12g	24g
	물	130~140㎖ 하부 플라스크에 붓고 상부 로드와 결합, 추출	
	추출량	120㎖	120㎖ + 얼음으로 급냉
	추출 시간	2분 30초~4분	

콜드 브루 커피 추출 방법

콜드 브루	입자	2.5	방법 및 주의 사항	• 2~3초당 한(원두에 따라 다를 수 있다)방울씩 떨어지도록 조절 (추출 중간중간 시간 체크 할 것!) • 점적식과 침출식이 있다. • 추출 후 밀폐된 플라스크에 넣고 냉장 보관
	투입량	150g		
	물	1500㎖		

핸드 드립 추출

4 드립 커피 추출

🌱 드립 커피란? 기계를 이용하여 추출하는 것이 아니고 드립 포트와 드리퍼를 이용하여 사람의 손으로 커피를 추출하는 방법

🌱 통상 페이퍼를 이용한 메리타(Melitta), 카리타(Kalita), 고노(Kono), 하리오(Hario) 추출과 프란넬(Flannel)을 이용한 추출 방법을 말한다.

🌱 가장 순수한 커피의 맛을 즐길 수 있는 커피 추출 방법이라고도 함

(1) 프란넬 드립과 페이퍼 드립

❶ 프란넬 드립(Flannel Drip)

🌱 프란넬 드립이란 천으로 깔때기를 만들어 커피를 추출하는 방법

🌱 페이퍼 드립보다 커피의 맛과 향이 일반적으로 우수하게 추출되는 방식으로 알려져 있다. 페이퍼 드립의 여과지가 커피의 지방 성분을 흡수하기 때문

🌱 페이퍼 드립보다 관리가 까다롭고 번거로움이 있어서 일부 매니아만이 사용하는 방법

프란넬 드립 추출

❷ 페이퍼 드립(Paper Drip)

🌱 종이 필터(여과지)를 이용하여 추출하는 방식

🌱 깔때기에 여과지를 넣고 커피를 추출하는 드립 방식으로 간편하고도 위생적인 커피 추출로 한때 가장 많이 사용되고 있는 드립 커피 방식.

(2) 드립 커피 추출 시 사용되는 물의 온도 및 상태

❶ 물의 온도

🔹 추출 시 93~95℃ 정도의 물이 적당하다(강배전 원두의 경우 물의 온도를 더 낮추어 쓴맛 추출을 억제한다). 금방 끓인 물을 드립 주전자에 붓고 2~3회 흔들어 주면 대략 이 정도의 온도가 된다.

🔹 물의 온도가 고온(100℃)이면 카페인이 용해되어 쓴 맛이 높고, 저온(75℃ 정도)이면 탄닌 성분으로 떫은 맛이 형성된다. 물의 온도에 따라 쓴맛에서 신 맛 그리고 떫은 맛 순으로 변한다.

🔹 추출 과정에서 90~92℃ 정도의 물이 커피의 맛과 향이 풍부하게 추출된다.

❷ 물의 상태

🔹 정수된 물이 가장 좋다. 커피의 성분 중 96% 이상이 수분이다.

(3) 푸어 오버(Pour Over)와 핸드 드립(Hand Drip)

🔹 핸드 드립 방식은 일본에서 주로 사용하며 발전되어 왔다. 한국도 가까운 일본의 영향을 받아 널리 사용되고 있다.

🔹 푸어 오버 방식은 미국과 유럽 등 서양권에서 많이 사용하는 개념이다.

🔹 사전적인 의미의 드립(Drip)은 '방울 방울 흘리다'는 뜻이며 푸어 오버는 '쏟다, 엎지르다' 는 뜻이다. 이와 같이 물을 붓는 방식의 차이가 있다.

🔹 핸드 드립은 바리스타의 숙련된 기술과 경험을 통하여 섬세한 물줄기로 커피의 반응을 살피면서 2분30초~3분 이내에 추출한다.

🔹 푸어 오버는 물과 커피가 접촉하는 비율과 시간을 계산해서 균일한 맛을 표현하므로 드리퍼에 담긴 원두가 물에 잠기면서 침출될 수 있도록 계산된 양의 물을 전체적으로 부어준다, 따라서 핸드 드립처럼 물줄기가 섬세하지 않다. 분쇄한 커피 가루 위에 물을 쏟아 붓는 느낌의 브루잉 방법이라 할 수 있다(나선형 푸어와 센터 푸어 방식이 있다).

5 프렌치 프레스(French Press) 커피 추출

- 커피를 우려내는 추출법과 압력을 가하여 추출하는 가압 추출법이 혼합 된 방식으로 여과지 등의 필터를 사용한 커피 추출법보다 많은 커피 성분 이 커피 자체에 남아 있게 하는 방법

(1) 프렌치 프레스 커피 추출 도구

- 피스톤식의 필터로 이루어진 프렌치 프레스라는 커피 도구가 있다. 즉, 추 출 도구의 이름이 커피의 추출 방법이다.
- 추출 방법은 비교적 간단한데, 뜨거운 물과 적당량의 커피, 프렌치 프레스 (티포트)만 있으면 가능하다.

(2) 프렌치 프레스 커피 추출 방법

프렌치프레스

1. 커피 원두 1스쿱(10~12g)을 조금 굵게 분쇄한다. 분쇄한 커피 원두를 용기에 담는다(프렌치 프레스는 조금 강배전된 원두를 사용한다).
2. 92~96℃ 정도의 물을 약 4oz(약 113ml)를 용기에 붓는다(최소 한 2.5cm는 남긴다).
3. 약 1분 정도 나무 스푼을 이용하여 서너 번 휘저어서 혼합 한다.
4. 피스톤 필터가 있는 뚜껑을 닫고 3~4분 정도 기다린 뒤 필 터를 천천히 아래로 내려서 커피 찌꺼기를 분리한다.
5. 최소 10% 정도는 남기고 커피를 따른다.

자바 프렌치프레스 소재는 BPA-free SAN plastic

- SAN(Styrene Acrylonitrile Copolymers) 스티렌 아크릴 니트릴
- 긁힘에 강하고 열변형성, 투명성, 광택성, 내화학성, 온도 변화에 강하다. 비산방지(깨어져서 유리처럼 흩어지지 않음)
- 비스페놀A(Bisphenol A: 내분비 교란물질) 불검출 친환경 소재
- 주방용기, 화장품 용기 등

6 사이폰(Syphon, Sipon) 커피 추출

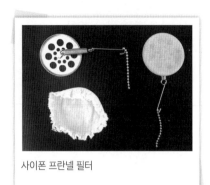
사이폰 프란넬 필터

벨기에 사이폰

- 1838년 프랑스의 리차드(Madame Jeanne Richard)에 의해 개발
- 1840년경 스코틀랜드의 네이피어(Robert Napier)가 사이폰의 원형인 진공식 추출 기구 밸런싱 사이폰(Balancing Syphon) 개발
- 1842년 프랑스의 배쉬(Madame Vassieux)가 두 개의 유리관으로 된 현대적 모습의 사이폰(French Balloon)을 개발, 특허를 냈다.
- 추출 원리는 증기 압력과 진공흡입 원리
- 커피를 추출하는 방법 중에 가장 화려한 방법으로 다양한 볼거리를 제공한다.
- 하부 플라스크에 뜨거운 물 최소 1/2 이상 담지 않거나 7/8 이상 가득 채우면 물을 밀어 올릴 압력이 부족하다.
- 하부 플라스크 겉면에 물기가 있으면 그을리거나 깨어질 수 있다.

(1) 사이폰 커피 추출 기구

- 상·하부 두 개의 플라스크와 열원은 알코올 램프가 대중적이며 최근 화력이 센 할로겐 빔 히터가 대세이다.
- 추출 시간: 2분 30초~4분 정도

(2) 사이폰 방식의 커피 추출 방법

1. 커피의 분쇄 입자는 핸드 드립용(0.5~1mm)보다는 곱게, 에스프레소(0.3mm) 보다는 굵게 분쇄한다.
2. 하부 플라스크에에 뜨거운 물을 붓는다(2인분 240ml 추출을 위해 물 260~280ml).
3. 알코올 램프 또는 할로겐 빔 히터 열원을 하부 플라스크에 중앙에 위치하도록 한다.
4. 필터에 여과지 또는 프란넬을 끼운다. 상부의 로드 아래로 줄을 내린다. 고정기를 유리관에 고정한다.

⑤ 상부의 로드를 하부 플라스크에 비스듬히 걸쳐 놓는다.

⑥ 하부 플라스크에 물이 끓기 시작하면 충분히 끓기를 기다린다.

⑦ 물이 충분히 끓으면 상부 로드를 들어내고 분쇄된 커피 1인분 기준 12g(원두와 추출량의 비율은 1:10)을 넣는다. 이때 커피 가루를 고르게 흔들어 준다.

⑧ 커피를 담은 상부의 로드를 하부 플라스크에 결합한다.

⑨ 물이 상부 로드로 올라오면 나무 막대나 스푼으로 가볍게 10~15회 번 저어 준다(커피 가루의 뜸 들이기). 30~40초 후에 다시 한 번 더 가볍게 저어준다.

⑩ 1분 정도(잘 저어주면 잡미, 매운맛의 성분이 추출되는 거품 부분이 아래 커피와 섞이지 않고 분리되는 시간)가 지나면 커피가 충분히 추출되므로 하부 플라스크의 불을 끈다.

⑪ 상부 로드의 커피액이 하부 플라스크로 내려온다. 커피 추출이 끝난 것이다.

⑫ 플라스크를 깨끗하게 세척한다.

☕ 추출이 잘되어 3단계 분리된 모양

사이폰 추출

커피 가루 교반

추출이 완성된 상태

추출후 거품/커피 가루/커피액

프란넬(Flannel) 필터 사용법

- 커피 미분 차단, 커피 잡내 감소, 고유의 맛과 향을 살려주는 코튼소재의 필터
- 새 필터는 물에 10분간 삶아서 사용한다.
- 프란넬 필터는 냅킨에 올려 물기를 털어낸다.
- 사용 후에는 물에 담아서 냉장 보관한다.
- 항상 수분을 머금고 있는 상태에서 보관한다.
- 용기의 물은 주기적으로 갈아 준다

🏆 콜드 브루(Cold Brew) 커피 추출

- 찬물로 우려내는 방식으로 추출한 커피를 말한다.
- 찬물에는 커피가 원활하게 우려나지 않기 때문에 점적식은 8시간 이상, 침출식은 12~24시간 이상의 긴 제조 시간이 걸린다.
- 핸드 드립이나 에스프레소 방식에 비해 보관 기간이 길고 시간이 지날수록 풍미가 숙성되는 장점이 있다.
- 장시간 추출에서 나오는 세균 번식 문제와 높은 카페인 함량에 주의해야 한다.
- 더치 커피(Dutch Coffee)라는 일본식 영어단어를 만들어 유럽, 미국, 한국, 대만 등에 추출 방식과 관련도구 마케팅 용어로 사용했다.
- 쓴 맛이 두드러지는 원두는 콜드 브루 커피 추출용으로 추천되지 않는다.
- 일본 스타일 커피 추출법은 'Kyoto Cold Brew'라고 부르기도 한다. 요즈음 일본에서는 더치 커피보다는 'Water Brew'에 해당하는 水出し(물 추출) 커피라는 표현이 더 많다. 콜드 브루 커피는 원두 상태에 비교적 덜 예민하다.
- 한 번에 많이 우려서 보관할 수 있다. 콜드 브루 특성상 신맛은 줄어들고 쓴맛은 늘어난다.
- 추천 원두는 산미가 있고 단맛이 어느 정도 있는 원두가 좋으며 쓴 맛이 매우 강한 원두는 가급적 피하는 것이 좋다.

(1) 콜드 브루 커피 추출 도구

- 상부에 위치한 조절밸브를 통해 한 방울씩 물이 떨어지도록 만든 구 플라스크
- 중간에 원두 가루를 담는 원통형 로드
- 하부 플라스크에는 커피 추출액을 담는 서버와 고정틀로 구성되어 있다.
- 브랜드별 메이커는 칼리타 더치 커피 메이커, 하리오 워터 드립, 모이카(Moica) 워터 드립, 토디(Toddy) 콜드 브루 등이 있다.
- 더치 커피(Dutch Coffee), 워터 드립 커피(Water Drip Coffee), 콜드 브루 커피(Cold Brew Coffee), 콜드 워터 브루(Cold Water Brew) 등 다양하게 불리고 있다.

(2) 콜드 브루 커피 추출 방법

 점적식

- 일본식 드립 커피 방식인 점드립과 동일한 원리이다.
- 'Tokyo Style Dutch Coffee'
- 상부쪽 물탱크에서 물방울을 일정하게 떨어뜨려 가운데 커피 로드에 들어 있는 분쇄된 원두에 스며들었다가 다시 하부 서버로 추출되는 방식이다.

❶ 가운데 커피 로드에 원두(커피 로드의 4/5이하: 150g)를 분쇄(에스프레소보다 굵게 핸드 드립보다 가늘게: 입자 2.5mm)하여 담는다. 이때 원두 로드 제일 하단에 필터(종이, 세라믹 등)를 놓는다. 담은 원두를 조심해서 평평하게 탬핑하고 그 위에 필터(물방울이 커피에 바로 떨어져서 생기는 수로 현상이나 불균일한 추출을 방지한다)를 놓는다.

❷ 상부쪽 물탱크에 물을 넣고 커피 전체가 적셔질 때 까지 4~5초에 한 방울씩 그 후에는 대략 약 2~3초당 한 방울씩 아래로 떨어지도록 조절한다.

❸ 하부에 위치한 서버에 커피가 추출되는지 확인한다. 물 조절 밸브 쪽에 수시로 막히는 경우가 있어 위생에 문제가 발생하므로 수시로 체크해야 한다. 최근에는 전자식 등 강제적으로 물을 흘러 보내는 장치가 부착된 추출 도구가 출시되고 있다.

침출식

- 프랜치 프레스와 동일한 원리로 원두와 물을 용기와 함께 담아서 오랜 시간 침출하는 방식이다. 원두와 물이 오랜 시간 접촉하고 있기 때문에 원두의 지방성분과 미분이 점적식보다 훨씬 많이 우려 나게 된다.
- 서구권에서는 일반적으로 이 방법을 사용한다.

❶ 대형용기(Mason Jar)에 커피 원두와 물을 담는다.

❷ 용기를 실온에 8~12시간 둔다. 사용하는 물의 온도와 기호에 따라 시간을 조절한다. 냉장고에 넣을 경우 침출시간을 조금 더 길게 한다.

❸ 용기 입구에 필터를 씌우거나 다른 방법으로 원두를 걸러낸다.

❹ 곰팡이 등 위생에 특히 신경 쓴다.

8 캐맥스(Chemex) 커피 추출

- 독일 출신 화학자 피터 쉴럼봄(Peter Schuimbohm)이 발명
- "최고의 커피 한잔을 만들 수 있으면서도 그 과정은 간단하고 커피 추출 도구는 아름다워야 한다."말했다.
- 1941년 뉴욕에서 처음 소개, 오랜 연구와 숱한 실험을 거쳐 과학적으로 설계된 커피 추출 도구

(1) 캐맥스(Chemex) 커피 추출 도구

- 모래시계 모양으로 추출된 커피의 아로마를 잡아두기 효과적
- 특별한 기술을 필요하지 않으며 맛의 오차를 줄여 누가 내려도 균일한 맛이 추출된다.
- 은은한 향과 순한 맛의 커피를 추출할 수 있다.
- 깔끔하게 떨어지는 섬세하고 정교한 에어 채널이 있다.
- 에어 채널(Air Channel): 커피 추출액이 필터 내부로 쉽게 분리되어 나오게 해주는 공기 통로이자 커피를 따르는 입구

캐맥스 종류

클라식   핸드블로운   글라스핸들

- 클래식 시리즈: 기계 생산되며 바닥이 둥글다.
- 핸드블로운 시리즈: 수공으로 제작되는 핸드메이드, 바닥이 넓적하다.

- 배꼽 단추(Handle): 추출시 대략적인 용량을 잴 수 있다.
- 캐맥스의 종류는 클라식 시리즈, 핸드블로운 시리즈, 글라스 핸들 등 3종류가 있다.

(2) 캐맥스(Chemex) 커피 추출 방법

- 분쇄도: 핸드 드립과 프렌치 프레스 중간 굵기
- 필터: 세 겹면은 주둥이(에어 채널) 쪽에 둔다. 하단에는 저울을 두고 푸어 오버로 내린다.

① 린싱: 필터지가 일반 것보다 더 두껍고(20~30%) 곡물(보리) 성분으로 제작되었다. 잡미를 유발시키는 오일산 및 지방의 미세한 성분까지 걸러준다. 반드시 린싱이 필요하다.

② 뜸들이기: 93℃ 물을 붓고 30~45초간 기다린다.

③ 1차 추출: 중앙에서 얇은 연필 굵기로 총 추출량의 2/3정도를 붓는다(20초 기다린다).

④ 2차 추출: 남은 1/3을 붓는다. 푸어 오버 방식으로 내린다.

⑤ 필터를 꺼집어 내서 버린 다음, 허리 부분 또는 손잡이를 잡고 천천히 돌리면서 커피 추출액을 골고루 섞는다.

⑥ 잔에 따른다(필터를 제거하는 시간까지 3분30초~4분을 넘지 않도록 한다).

캐맥스 커피 추출후

12

페이퍼 드리퍼를 이용한 커피 추출

- 여러 추출 방법 중 대표적인 페이퍼 드립 방식은 다양한 이론이 개발되어 왔고 현재도 꾸준히 연구가 이루어지는 이상적인 추출 방법
- 페이퍼 드립 시 준비 도구는 드리퍼와 서버, 추출 용량에 알맞은 종이 페이퍼, 드립 전용 포트(물줄기가 가늘게 일정하게 나오는 주전자) 등이 필요

드리퍼 예열

- 드리퍼는 플라스틱 재질을 제외한 도자기, 동 드리퍼는 추출 전 따뜻하게 데워 놓아야 한다. 특히 온도가 낮은 겨울에는 꼭 지켜야 한다.
- 차가운 상태로 그냥 추출을 하면 커피 추출 온도가 내려가 커피 맛의 불균형을 가져온다.
- 서버 또한 뜨거운 물로 한 번 데운 후 사용해야 하며 커피 잔도 미리 데워 놓는 센스도 잊지 말아야 한다.

커피 추출 온도 분류와 커피 추출 시 주의 사항

커피 추출 온도는 크게 세 가지로 분류된다.

❶ 고온 추출방식은 95℃ 전후의 온도로 추출한다. 커피의 쓴맛과 개성적인 맛을 강조할 때 사용하며 가능한 한 빨리 추출

❷ 중온 추출 방식은 85~90℃ 사이로 커피의 추출액의 농도가 편안하여 대중적인 커피를 지향할 때 사용

❸ 저온 추출 방식은 70~85℃ 사이로 추출한다. 이 온도는 다양한 신맛 중 부드러운 신맛을 나타낼 때 사용하는 방법, 물을 붓는 추출 속도는 조금 천천히 해야 한다.

🫘 물론 세 가지 방법 모두는 3분 내외를 기준으로 추출

🫘 3분을 초과하면 커피의 잡 성분까지 추출되어 커피 맛을 떨어뜨린다.

이렇게 커피는 각각의 추출 온도에 따라 다양한 커피 맛과 향이 표현된다.

1인분 기준 커피 원두 용량

🫘 적당한 1인 기준의 커피 용량은 10g(엄밀하게 8.25g이라 할 수 있으나 계량의 편리상)의 원두가 적당하다. 1인 커피 추출은 120~150cc이며 기호에 따라 15g, 20g을 1인 기준으로 사용하기도 한다.

🫘 다만 1인분을 추출하기 위해서 달랑 10g의 원두만을 갈아서 추출하면 온전한 커피 맛을 기대하기가 현실적으로 어렵기 때문에 20g을 갈아서 커피를 추출하여 원하는 분량을 취하는 것을 추천한다(2인분 16.5g).

🫘 참고로 미국 서버에는 1인분이 150cc, 일본 서버에는 1인분이 120cc로 표시되어 있다.

🏆 1 페이퍼 드립 추출 도구

- 🌱 페이퍼 드립은 가장 간단한 드립 커피 추출법
- 🌱 드리퍼에 페이퍼 필터를 끼워 넣고 물을 부어 커피를 추출하는 것을 기본
- 🌱 1인분 추출도 가능해 가정에서 활용하기 편하다. 페이퍼 드립을 하기 위해서 반드시 있어야 할 것들은 다음과 같다.

❶ 페이퍼 필터: 커피 가루를 걸러주는 역할을 한다. 측면 봉합 부분을 먼저 접고, 아래쪽 테두리는 측면을 접은 반대 방향으로 접는다. 아래쪽 양끝을 안쪽으로 접어 오목한 그릇 모양이 되게 한 다음 드리퍼에 끼워 사용하면 된다.

❷ 드리퍼: 네 가지 종류의 페이퍼용 드리퍼가 있다. 모양과 추출 구멍 개수에 따라 카리타와 메리타, 고노, 하리오로 나뉜다(최근 다양한 형태의 드리퍼가 개발되고 있다).

❸ 서버: 드리퍼를 받치는 주전자. 내려진 커피가 담기는 곳이다.

❹ 주전자: 주둥이가 좁아 물이 수직으로 가루에 떨어질 수 있는 것이 좋다.

❺ 온도계: 커피 내리는 물 온도를 재기 위해 있으면 좋다.

❻ 핸드밀: 원두를 손으로 가는 기구. 커피를 내리기 직전 원두를 가루로 만들어 사용하는 것이 가장 좋다. 미리 갈아 놓게 되면 공기와 접촉하는 면적이 넓어져 맛과 향이 변질될 수 있기 때문이다(업장에서는 핸드드립용 전동그라인더를 사용한다).

❼ 밀폐병: 원두를 보관하는 병, 고무 가스켓 등이 달려 밀폐성이 강한 것이 좋다.

🏆 2 페이퍼 드립 커피 추출 방법

❶ 서버 위에 드리퍼, 드리퍼 안에 페이퍼, 페이퍼 안에 갓 갈아낸 커피를 넣는다. 통상 1인분은 10g을 시용한다. 2인분에는 18g, 3인분에 25g, 4분에 33g가 적당하다고 한다. 그러나 앞서 설명한 대로 기호에 따라 가감한다. 분쇄한 커피 가루를 넣은 뒤 드리퍼 끝을 가볍게 흔들어 평탄화 작업을 한다.

❷ 88~92℃로 끓인 물을 주전자에 담아 가운데부터 달팽이 모양을 그리며 전체적으로 적셔준다. 가는 물줄기로 3~4㎝ 높이에서 수직으로 붓는다. 물을 부을 때는 커피 가루 위에 물을 얹는다는 느낌으로 가볍게 해야 한다.

❸ 커피 거품이 부풀어 오르는 30~40초 동안 뜸을 들인다.

❹ 다시 더운 물을 커피 가루 표면에 천천히 붓는다. 페이퍼 필터 안의 물의 양을

일정하게 유지하면서 물을 붓는 것이 포인트이다. 물과의 드립할 때 물이 직접 페이퍼에 닿지 않게 한다. 신선한 커피일수록 미세한 거품이 많이 생긴다.

❺ 커피 가루 표면이 움푹 들어가고 추출액이 전부 떨어지기 전에 서버와 드리퍼를 분리한다. 마지막까지 추출하게 되면 좋지 않은 잡맛이 나오기 때문이다. 추출에 걸리는 시간은 일반적으로 2분30초~3분이 적당하다

(1) 메리타 드리퍼를 이용한 드립 커피 추출

❶ 특성

- 추출 구멍이 한 개: 물이 드리퍼 안에 머무는 시간을 늘려 주게 됨
- 로스팅은 약간 강하게 볶은 원두를 사용, 분쇄는 가늘게
- 붓는 물의 양을 정확하게 한 번으로 완료
- 물과의 접촉 시간이 길므로 잡미가 혼입될 가능성이 높고 따라서 대량 추출에는 적합하지 않음

❷ 추출 방법

㉠ 뜸: 커피의 중심부에서부터 나선형으로 회전하며 물을 조심스럽게 부어 주며 커피 가루에 물이 골고루 스며들게 한다. 이때 물 빠짐이 원할하지 못하다는 점을 감안해 뜸 들이는 시간을 표준에 비해 길게 잡는 것이 유리하다.

㉡ 추출
  - 물을 준 후 부풀어 오르는 것이 끝나면 나선형으로 회

전하며 원하는 양이 될 때까지 물을 나누어 붓지 않고 계속해서 물을 부어준다.

- 이때 주입 양과 낙하 양의 밸런스를 잘 지키는 것이 포인트. 추출되는 커피 액과 물 주입량의 밸런스를 의식해 드리퍼 내에 항상 적정량의 물이 남아 있도록 하는 것이 중요하다.

- 카리타(Kalita)보다 드리퍼 안에 물이 머무는 시간이 길기 때문에 물줄기를 가늘게 하여 물의 양을 조금씩 늘려가지 않으면 커피 전체가 물에 의해 붕 떠버리는 결과를 초래할 수 있다.

(2) 카리타 드리퍼를 이용한 드립 커피 추출

① 특성

- 3개의 구멍으로 추출
- 로스팅은 약배전, 중배전, 분쇄는 중간 정도
- 리브(Rib)가 촘촘하고 높이가 높아 추출이 용이
- 메리타(Melitta)보다 드리퍼의 각도가 완만하다.
- 물의 통과 시간이 짧아 추출이 빠르며 이에 따라 커피 맛의 변화폭이 적고 안정적인 맛과 부드러운 맛을 표현할 수 있다.

② 추출 방법

㉠ 뜸: 커피의 중심부에서부터 외곽으로 나선형으로 회전하며 물을 조심스럽게 부어주며 뜸을 들인다. 이때 물을 가늘고 촘촘하게 빠짐없이 주어야 하며 이 때 페이퍼에 직접 물이 닿지 않도록 한다.

㉡ 뜸들이기: 뜸을 주고 나서 서버에 커피 방울이 똑똑 떨어질 정도가 적당

㉢ 1차 추출

- 부풀어 오르는 것이 끝나면 중심에서 외곽으로 다시 중심으로 나선형으로 회전하며 두 번째 물을 주입한다.
- 중앙부는 천천히 물을 주고 외곽은 빨리 통과하도록 한다.
- 뜸보다 물의 주입 양을 늘려준다
- 뜸과 1차 추출이 커피 추출에서 가장 중요하며 이 과정에서 커피의 맛과 질이 결정된다.

ㄹ 2차 추출
- 드리퍼에서 떨어지는 물줄기가 방울로 변하고 커피 가루의 중앙이 내려 가기 시작하면 2차 추출을 시작
- 물의 주입양을 1차보다 늘려주며 스윙도 빨리해 준다.
- 한쪽으로 치우치지 않고 전체적으로 골고루 물을 주입해야 밸런스 있는 커피가 추출된다.

ㅁ 3차 추출
- 1, 2차 추출에서 커피의 진한 성분을 추출했다면 3,4차 추출은 커피의 농도를 조절하고 추출될 커피의 양을 맞추어 가는 과정
- 물줄기를 2차보다 굵게 하며 스피드도 빨리해 준다.

ㅂ 4차 추출
- 물줄기를 3차보다 굵게 하며 스피드도 빨리해 준다.
- 추출 시간이 너무 길어져 좋지 않은 맛이 나지 않도록 유의하며 추출한다.
- 추출하고자 하는 양에 맞추어 물을 주입한다.

ㅅ 종료: 서버에 유입된 커피 양을 확인하면서 뽑고자 하는 양이 되면 드리퍼 를 빨리 제거해 준다.

③ 추출 시간
- 약 2분 30초~3분 정도가 적당
- 일반적으로 커피 20~30g 정도에서 300~450cc를 추출했을 경우이다. 단 물을 추가하지 않는다.

(3) 고노 드리퍼를 이용한 드립 추출 커피

① 특성
- 원추형으로 큰 추출구가 한 개 있음
- 프란넬 드립에 가장 가까운 기능을 갖고 있으며 약배전보다 중·강배전 커피 추출에 적합하다.
- 중후함과 감칠 맛을 느낄 수 있다.
- 카리타에 비해 스윙의 정교함이 요 구된다.

💧 추출구가 1개이므로 카리타에 비해 추출이 어려울 수 있다.

② 추출 방법 <1>

💧 뜸: 나선형으로 조심스럽게 물을 주입하여 커피 가루를 충분히 팽창시킨다.

💧 1차 추출: 팽창이 멈춘 시점에서 가운데서부터 시작하여 스프링식으로 12회 정도 물을 주입한다.

💧 2차 추출: 거품이 외곽으로 흘러가지 않도록 유의하면서 물을 주입한다. 이때 중심부에 집중되지 않고 골고루 물을 주어야 고른 커피 성분이 추출된다.

💧 3차 추출: 물줄기를 2차보다 굵게 주면서 스윙을 보다 빨리해 준다.

💧 4차 추출: 교반 현상이 일어나지 않도록 유의한다. 이때 커피 추출양에 신경 쓰면서 스윙을 조금 더 빨리하며 물을 주입한다.

💧 종료: 원하는 커피 양이 추출되면 드리퍼를 신속하게 제거해 준다.

③ 추출 시간

💧 약 2분 30초~3분 정도가 적당

💧 일반적으로 커피 20~30g 정도에서 300~450cc를 추출했을 경우

④ 추출 방법 <2> (점 드립)

💧 뜸: 드립포트를 조심스럽게 이용해 한 방울씩 중앙에 물을 주입하며 오백원 동전만큼의 영역을 확장하며 물이 서버로 한 방울씩 떨어질 때까지 계속한다. 이때 페이퍼는 아래쪽부터 젖어야 한다.

💧 1차 추출: 확장한 영역을 안정된 물줄기로 동그랗게 원을 그리며 물을 쏟는다는 느낌보다는 물을 끼얹는다는 느낌으로 주입한다.

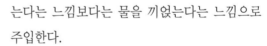
💧 2차 추출: 부풀어 오른 거품이 가라앉기 전에 물을 다시 주입한다. 이때 원은 바깥쪽에서 안쪽으로 스윙을 한다.

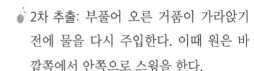
💧 3차 추출: 3차 추출 또한 2차 추출과 같은 방법으로 원을 약간 확장하며 스윙을 해 준다.

- 4차 추출: 원하는 양의 3분의 2 정도 추출될 때까지 주입한다. 그리고 크레마를 띄워주며 끝까지 오르도록 물을 주입해 준다.
- 종료: 이 방법은 계속 크레마와 커피를 띄워주며 아랫부분에서는 커피 성분이 추출하게 하는 방법으로 커피의 유지방과 카페인이 덜하여 부드러운 맛을 느낄 수 있다.

점 드립의 경우

- 물방울을 한 방울 한 방울 점점이 떨어뜨리는 방법과 중앙의 동전만한 크기 안에만 한 방울씩 떨어뜨려 추출하는 방법(중앙 분리법)
- 고노 점드립은 뜸 들이기를 점드립으로 하고 추출은 스트레이트 방식 사용한다. 그 반대로 뜸 들이기는 스트레이트로 하고 1차 또는 2차 추출은 점드립으로 하고 마지막 추출은 가는 물줄기를 사용하여 스트레이트로 내리는 방식도 있다.

13

커피의 맛과 향기

🚩 맛과 향에 대한 용어

❶ **신맛(Acidity):** 새콤한 맛, 사과에서 느껴지는 상쾌한 신맛, 신맛이 부족한 커피는 좋은 커피가 아니며, 약한 로스팅, 저급 생두의 텁텁하고 시큼한 맛과는 구별된다.

❷ **쓴맛(Bitter):** 쓰다기보다는 쌉싸름한 맛으로 로부스타의 쓴맛과 과다한 로스팅에 의한 탄맛과는 구분

❸ **단맛(Sweetness):** 쓴맛과 표리관계에 있는 달콤한 맛으로 설탕, 꿀 등의 단맛과는 다른 쓴맛 뒤에 오는 달콤함.

❹ **후미(Aftertaste):** 커피를 삼키고 난 후에 입안에 감도는 느낌으로 양질이 커피일수록 후미가 좋다.
　　例 초콜릿 맛, 탄 맛, 향신료 맛, 송진 맛 등으로 표현

⑤ 아로마(Aroma): 커피에서 증발되는 냄새(향기로)로, 후각으로 느껴진다.

Dry-Aroma: 로스팅된 커피 원두로부터 기체 상태로 발산되는 향기

Cup-Aroma: 추출된 커피로부터 증발되는 향기

예 꽃향기, 과일 향기, 풀 냄새 등으로 표현

⑥ 향미(Flavor): 입속에 커피를 머금었을 때 느껴지는 혀와 입속 전체의 맛과 향 그리고 후각으로 느껴지는 향으로 풍부하다(Rich), 빈약하다(Flat) 등으로 표현한다.

⑦ 바디(Body): 추출된 커피의 농도, 밀도, 점도 등과 밀접한 관계가 있으며 입안에 커피를 머금었을 때 느껴지는 커피의 질감이다.

⑧ 부드러운 맛(Mild): 쓴맛, 신맛, 단맛, 향미 등 전체적인 커피의 느낌이 부드럽고 조화를 이루는 맛으로 표현

커퍼(Cupper): 관능검사를 하는 사람

14

에스프레소 커피

🍵 1 에스프레소(Espresso)의 여러 가지 정의

① 커피의 심장(Heart of Coffee)

순간적으로 추출하여 카페인의 양이 적고, 커피가 가지고 있는 진한 순수한 맛을 내기 때문.

② 어떤 누군가가 그 무엇을 원할 때 그 순간에 만들어진 최상의 것

③ 강하게 로스팅된 커피 원두 6~8g을 아주 곱게 분쇄하여 10~13kg의 압력으로 커피 가루를 다지고 이렇게 다져진 커피 가루층에 90~95℃의 뜨거운 물을 9 기압의 압력으로 25~30초 동안 통과시켜서 추출한 3~4mm 두께의 황금빛 크레마로 덮인 25~30ml의 진한 커피액

④ 필요할 때 즉시 커피를 추출하는 방법을 의미하며 이 방식으로 추출한 커피가 에스프레소 커피.

⑤ 이탈리아에서 처음 만들어진 커피로 이탈리아어로 '급행열차'나 '속달우편'이라는 뜻이 있는데, 즉 에스프레소는 '빠르다'라는 의미가 담긴 말.

⑥ 프랑스어로는 Espre's란 뜻으로 특별히 만든 것(Especially for you), 즉 고객이 주문할 때마다 한 잔씩 손님을 위해 만든 특별한 커피라고 정의한다.

② 에스프레소 커피의 역사

- 19세기 초 이탈리아 중심으로 물을 밀폐된 공간에서 가열하였을 때 생기는 수증기의 압력을 추출에 이용하려는 움직임이 있었다.
- 1819년 존스(Jones)라는 영국인에 의해 최초의 기구가 선보였다.
- 1825년에 독일과 오스트리아에서 연구가 진행되어 1843년 에드워드 루아이젤 드 산타이스(Edward Luaisel de Santais)이 1시간에 200잔을 추출하는 기계를 개발
- 에스프레소 커피의 혁명을 가져온 곳은 이탈리아이다.
- 1905년 루이지 베제라(Luigi Bezzera)에 의해 현대적 개념의 가압 추출 방식을 발명
- 1946년 이탈리아인 아킬레 가찌아(Achille Gaggia)에 의해 크레마가 생성되는 현재의 에스프레소 기계와 동일한 방식의 기계가 발명되었다. 최초의 펌프식 에스프레소 기계
- 우리나라는 2000년을 전후해서 에스프레소 커피가 소개되면서 급속도로 성장하고 있으며 현재는 전체 원두 커피 시장의 70%를 넘어서고 있다.

③ 완벽한 에스프레소 커피를 추출하기 위한 조건

(1) 원두의 선택

- 원두의 선택은 커피의 맛을 좌우하는 가장 중요한 요소 중에 하나이다.
- 그 중 로스팅의 정도에 따라서 선택해야 한다.

- 에스프레소 커피는 적합한 로스팅의 정도가 있는데 이 말은 조금은 논리적으로 성립되지 않는다. 왜냐하면 현재 우리나라는 풀시티 로스팅이나 풀시티 로스팅과 프렌치 로스팅 중간 정도의 로스팅으로 이해하고 있으나, 사실은 에스프레소 커피를 추출할 때 어떤 맛과 향을 원하는지 어떤 방식으로 마실 것인지에 따라서 사용하는 원두의 로스팅 정도를 결정지어야 한다.

- 에스프레소 위주로 커피를 마시고, 판매한다면 중간 정도의 시티 로스팅이나 풀시티 로스팅 정도로 로스팅된 원두가 적합

- 우유, 휘핑크림, 초코 등이 가미되는 커피는 프렌치 로스팅 정도는 되어야만 커피의 맛이 제대로 느껴질 것이다. 이 또한 주관적일 수 있다.

- 현재, 우리나라에 수입되는 이탈리아 커피는 대부분 시티 로스팅과 풀시티 로스팅 중간 정도인데 반하여 그 맛과 향은 아주 깊으며 진한 반면 쓴맛은 약한 것이 특징

- 국내에서 로스팅된 원두는 초기에는 이탈리안 로스팅으로 되어 아주 강하게 로스팅함으로 인해 원두 표면으로 커피기름이 많이 스며 나오게 되고, 이 기름 성분은 산패를 촉진시켜 신선하지 못한 에스프레소 커피가 추출되었다.

- 근래에는 국내에서 로스팅된 에스프레소 커피 역시 점점 풀시티 로스팅 또는 프렌치 로스팅 정도로 변화되면서 맛과 향이 나아지고 있으며 소규모 자가배전하는 매장들이 늘고 있으면서 에스프레소 커피의 맛 역시 상당 부분 향상되고 있다.

- 에스프레소 커피 원두는 블렌딩 커피임을 명심해야 한다. 최근 국내에서는 아라비카 단종 커피(Single-Origin Coffee)를 사용하는 경우도 있다. 이는 진정한 에스프레소 커피의 맛을 간과할 수 있다.

- 에스프레소 커피는 별도로 에스프레소 커피가 생산되는 커피 나무가 있는 것이 아니며 에스프레소 커피 추출 방식에 적합하도록 두 가지 이상의 커피를 혼합하여 만든 블렌딩 커피이다.

현재 에스프레소 커피의 품질을 좌우하는 요소로 블렌딩을 매우 강조하는데, 이
는 어떤 원두를 얼마나 블렌딩

하느냐에 따라서 커피의 맛이 아주 많이 변화됨을 의미한다.

일반적으로 현재 에스프레소 커피의 종주국인 이탈리아 에스프레소 커피
는 12~24가지 이상의 원두가 블렌딩된다고 한다.

커피 회사별로 블렌딩 내용은 철저히 비밀로 감추어져 있다. 아마도 커피
의 맛과 향, 고유한 맛을 지키기 위함일 것이다.

보통의 에스프레소 커피 블렌딩 예

보통, 브라질 커피를 베이스로 산토 도밍고, 멕시코, 페루, 파마나 등지의
커피로 바디맛과 단맛을 보태준다.

콜롬비아, 코스타리카, 과테말라, 베네수엘라 커피는 신맛과 향

에티오피아 하라, 케냐, 예멘모카, 짐바브웨 커피는 독특한 개성과 맛

수마트라, 술라웨시, 자바, 동티모르, 뉴기니아, 에티오피아 이리가체페 커
피는 바디맛과 풍부한 맛을 늘려준다.

에스프레소 블렌딩의 경우 값싼 로부스타종이 사용되기도 하는데, 쓴 맛
의 강조와 동시에 풍부한 크레마를 얻기 위함이다. 이때, 로부스타 중에서
도 고급원두를 사용해야 함은 기본이다.

(2) 원두의 올바른 관리

에스프레소 커피는 다른 커피에 비하여 산화되는 작용에 아주 민감하게
반응함을 절대로 잊어서는 안 된다.

9기압의 압력으로 추출되므로 순식간에 그 맛이 좌우된다.

에스프레소 커피는 드립식이나 사이폰 추출 방식보다도 아주 미세하게
원두를 분쇄해야 하므로 만약에 미리 분쇄를 한다면 그 커피는 30분~1시
간 안에 맛이 50%이상 저하된 커피가 되고 건조해지는 관계로 추출 시간
이 빨라진다.

원두는 직사광선이 들지 않는 통풍이 잘 되는 곳에 보관해야 하며 매장
내에서는 위쪽의 선반보다는 바닥에 보관해야 한다.

대기 중의 공기가 위쪽보다는 아래쪽의 공기가 시원하기 때문에 그라인
더의 호프통에는 1일 사용량만큼의 원두를 채우고 분쇄는 커피 주문시마

다 주문량만큼 분쇄하여 바로 사용해야 한다.

- 원두의 관리는 에스프레소 커피를 추출하지 위한 가장 기본적인 원칙이며 이 원칙을 지키지 않는다면 아무리 좋은 원두, 머신, 기술력이 되어도 그 커피의 맛은 50점 이상이 되기 어렵다.

(3) 에스프레소 커피 추출에 맞는 정확한 분쇄 입자

- 에스프레소는 빠른 시간에 추출되므로 미세하게 원두를 분쇄해야 한다.
- 입자의 크기는 0.2~0.3mm정도로 설탕보다 가늘고 밀가루보다 굵은 정도, 추출상태로 원두의 분쇄정도가 적당한지 알 수 있다.
- 입자가 굵으면 20초 이내로 커피가 빠르게 추출되어 커피의 맛이 약하고 크레마의 형성이 약해져 노란색을 띠게 된다.
- 너무 입자가 고우면 추출이 30초 이상 시간이 걸리면서 아주 쓴맛의 커피가 뚝뚝 떨어지면서 커피 오일이 시커멓게 표면에 떠 있는 경우가 발생 된다.
- 즉, 사용하는 에스프레소 커피에 맞는 입자를 선택하여 분쇄하는 것이 커피의 맛을 좌우하는 또 한 가지의 변수임을 명심해야 한다.
- 너무 굵게 갈아진 경우 추출을 아무리 잘 해도 함유 물질이 물에 잘 베지 않아 밋밋한 에스프레소가 되어 맛이 없어져 버리고
- 너무 곱게 갈리면 물이 잘 빠지지 않아 독한 에스프레소가 된다.
- 강하게 로스팅될수록 원두 내부의 공극(틈새)이 많아져서 물이 빨리 흡수되므로 조금 더 굵게 분쇄함이 원칙
- 원두가 곱게 분쇄될수록 물의 흡수 시간이 빠르게 되고, 커피에 물이 흡수되는 시간(커피불림 시간)을 일정하게 유지하기 위해서는 강하게 로스팅될수록 조금 굵게 분쇄하고, 약하게 로스팅될수록 조금 더 곱게 분쇄하는 것이다.
- 원두의 함수율(수분 함유율)에 따라서 분쇄 입자를 조절하는데 높을수록 굵게 분쇄한다.
- 같은 원두라도 맑고 건조한 날에는 조금 곱게, 비오는 날 같이 습도가 높을 때에는 조금 굵게 분쇄한다.
- 추출상태로 원두의 분쇄정도가 적당한지 알 수 있다.

정확한 커피 투입량

- 분쇄된 커피 가루를 포터 필터(필터 홀더) 안에 장착된 필터 바스켓이 적정량의 커피를 담아야 한다.
- 포터 필터는 배출구가 두 개 있는 더블 타입과 하나인 싱글 타입의 두 가지가 있으며 배출구가 세 개 있는 트리플 타입 등도 있다.
- 포터 필터는 배출구가 달려 있는 포터와 미세한 구멍이 많이 뚫려 있는 필터 바스켓으로 구성
- 필터는 분해 결합이 가능하며 더블용과 싱글용은 서로 필터의 모양과 깊이가 다르다.
- 에스프레소 한 잔 분량을 추출하는 커피 원두의 양은 약 7~10g 정도가 적당
- 커피의 양은 에스프레소의 맛에 따라서 다르며 바리스타는 항상 일정한 양의 커피를 필터 속에 넣는 것이 중요
- 보통 한 잔 원두량은 8g으로 카페인 100mg을 함유하고 있다.

포터 필터에 커피를 담는 요령

❶ 포터 필터의 손잡이를 잡고 그라인더의 정해진 위치에 얹은 후 그라인더를 작동하여 원두를 분쇄한다.

❷ 커피를 떨어뜨리는 레버를 당겨 포터 필터에 커피를 떨어뜨리는데 이때 분말이 조금씩 떨어진다.

❸ 필터 안의 곳곳에 커피가 고르게 담기도록 레버를 당길 때마다 포터 필터의 방향을 바꿔준다.

❹ 조금 소복할 정도로 쌓일 때까지 분말을 떨어뜨린 뒤 전체 분말의 3/4 정도가 떨어졌을 때 분쇄기의 스위치를 끈다.

❺ 손의 엄지와 검지를 이용하여 커피를 필터 속으로 들어가도록 넣어준다. 엄지와 검지를 벌리고, 팔꿈치를 편 채 커피 위에 손바닥을 얹는다. 손가락은 그대로 둔 채 팔꿈치가 옆구리에 닿을 때까지 손바닥을 180도 돌린다. 그리고 손바닥으로 필터의 가장자리는 문지르는 듯이 돌린다. 이때, 소복한 부분의 커피가 필터 속으로 조금 들어갔을 것이며 손잡이를 잡은 손은 움직이지 않는다. 이 동작은 반복하여 커피가 필터 속으로 들어가도록 한다.

⑥ 커피가 가운데 부분에 남아 있으면 손가락으로 평평하게 밀어 커피를 제거한다(이외에 다른 방법으로 커피를 담는 경우도 많이 있다).

💧 커피의 투입량이 과다하면 커피 머신의 그룹 헤드 자체에 결합이 되지 않으며, 투입량이 적으면 커피가 9기압의 압력을 견디지 못하면서 균열이 일어나며 결국은 크레마가 없는 반쪽의 에스프레소 커피(쓴맛만이 존재)가 추출된다.

5 탬핑

💧 포터 필터에 담은 커피를 탬퍼로 강하게 눌러 공기를 빼고 다지는 과정.
💧 커피를 다지는 도구를 탬퍼라고 하며 포터 필터보다 지름이 1mm 정도 작은 것이 좋다.

(1) 탬핑방법

❶ 포터 필터를 수평으로 놓는다.
❷ 분말 위에 탬퍼를 올리고 팔꿈치가 탬퍼 바로 위에 올 수 있도록 바닥과 수직이 되게 하여 약 20kg의 힘으로 강하게 누른다.*
❸ 힘을 주면서 탬퍼를 180°(일반적으로 90°~180°) 정도로 돌리면서 비틀어서 커피 속의 공기가 빠져 나가 표면이 평평해지도록 한다. 평평하고 고르게 다지지 않으면 잘 다져지지 못한 부분의 커피가 먼저 추출되면서 커피가 한쪽으로 몰리게 되어 충분히 좋은 맛의 커피가 추출되지 못한다.
❹ 누르고 나면 필터의 안쪽 측면에 분말이 남는데 탬퍼의 끝부분으로 포터 필터의 바깥쪽 측면을 가볍게 두드려 안쪽의 커피를 떨어뜨린다(이 과정을 태핑이라 하는데 최근에는 생략을 하는 추세이다. 최대한 약하게 태핑을 한다). 이때 너무 강하게 포터 필터를 두드리면 다져진 커피까지 균열 및 흐트러지므로 주의해야 한다.
❺ ②, ③과 같은 방법으로 2차 탬핑을 한다. 약 10kg 정도의 힘을 가한다(생략을 하는 추세이다).
❻ 작업이 끝나면 탬퍼를 똑바로 들어 올리면서 제거하고 커피가 포터 필터의 필터 높이의 3mm 정도만 남긴 위치까지 고르게 다져져 있는지 확인한다. 왜

* 최근에는 이 부분에 있어 의의를 제기하는 바리스타들이 많이 있다. 애써 20kg의 힘으로 강하게 누르지 않고 압력을 약하게 하는 만큼 분쇄 입자를 더 작게 하는 것이 바람직하다는 것이다. 세계바리스타대회에서도 탬핑을 애써 강하게 하지 않고 있다. 즉 커피학의 과학화가 이루어지고 있다는 것이다.

냐하면 추출 시에 커피가 수분을 흡수하면서 팽창하므로 그 공간을 남겨두면 커피가 그룹 헤드에 묻을 염려가 없다.

- 탬핑 작업은 에스프레소 커피의 맛에 직접적인 영향을 주는 또 하나의 중요한 요소이다.
- 무엇보다도 항상 일정한 힘으로 탬핑을 하는 것이 중요하다.
- 매번 힘이 다르면 에스프레소 커피의 맛도 매번 달라지며 항상 수평으로 커피를 다져주는 것이 중요하다.

6 물

- 커피는 성분의 96% 이상이 수분, 즉 물이다.
- 그만큼 물의 상태가 중요하다.
- 기본적으로 커피머신에 연결된 물은 정수기와 연수기를 거쳐서 투입되는 것이 이상적
- 정수기는 현재 프리 카본 필터를 많이 사용하지만 몇몇 대기업의 프랜차이즈 매장들은 고가의 에바쿠어(Evacour)나 쿠노(Cuno) 정수기 필터를 사용, 세균까지 제거하는 시스템을 도입하고 있다.
- 커피의 맛에는 물의 상태가 중요함을 의미한다.

물의 온도

- 보통 물의 온도는 90℃ 전후가 적합하다.

에바쿠어정수기 필터

- 원두의 로스팅에 따라서 조금씩 차이는 있다.
- 온도가 높으면 커피의 기본적인 맛 이외에 탄 냄새가 발생하는 등, 다른 맛까지 추출되기 쉽다.
- 온도가 낮으면 풍미가 약해져 신맛이 강해지거나 크레마의 색이 연해진다.
- 보통 수입커피, 이탈리안 로스팅(배전)은 92~93℃ 정도의 온도가 적당
- 한 잔의 에스프레소 커피의 추출 온도는 67~68℃ 정도가 적당하다.

👑7 에스프레소 커피의 추출량

(1) 에스프레소 커피의 추출량

- 에스프레소 커피는 기본적으로 추출하는 양이 정해져 있다.
- 기본적인 에스프레소 추출량은 1oz, 약 30ml가 기본이다.
- 소량의 진한 커피를 추출하여 농축된 맛과 향을 즐기는 커피가 에스프레소임을 명심해야 한다.

(2) 추출량에 따른 에스프레소 커피의 구분

- 커피 양, 추출 압력, 탬핑은 동일하며 추출되는 커피 양만 변동이 있는 경우
  (단, 도피오는 커피 양의 2배)

❶ 리스트레토(Ristretto)

- 이탈리아어로 '좁은', '제한된', '농축하다'의 의미로 보통 10~15초 동안 15~20ml(3/4oz) 정도 추출한 커피를 말한다.
- 물과 커피의 접촉 시간을 최대한 줄여서 본연의 커피 맛만을 추출한, 에스프레소 솔로보다는 조금은 깔끔한 맛과 깊은 맛을 강조하여 추출하는 커피
- 에스프레소 커피만을 즐기는 사람이 많은 매장은 리스트레토 형태로 커피를 추출하여 판매하는 것도 이상적인 방법 중 하나(에스프레소 커피 맛의 진수라고 할 수 있다).

❷ 에스프레소 솔로(Espresso Solo)

- 에스프레소라고 하는 커피로 Solo는 영어의 Single에 해당하는 이탈리아어

- 25~30ml(1oz) 커피를 추출하는 양의 커피로 기본적인 에스프레소 커피의 추출량이다.
- 보통 6~8oz정도의 잔에 카푸치노나 우유를 이용한 커피를 제조할 때 적당한 커피의 추출량이며, 대부분 에스프레소를 주문하면 에스프레소 솔로 양으로 추출하여 제공하는 것이 일반적이다.

❸ 에스프레소 룽고(Espresso Lungo)

- 이탈리아어로 '길게 당긴다'의 의미로 영어의 'Long'과 같은 뜻.
- 에스프레소 커피를 40~50ml 정도 추출한 커피
- 물과 원두의 접촉 시간이 최대로 쓴맛이 가장 강하게 추출되는 커피라고 일반적으로 얘기한다. 불가피하게 10~13oz 정도의 잔에 우유나 초코 등이 가미되는 메뉴 제조 시에 사용한다.

❹ 에스프레소 도피오(Espresso Doppio)

- 솔로의 2배(Double)인 50~60ml(2oz) 추출하는 양의 에스프레소 커피.
- 에스프레소 2잔을 합한 것이다. 일반적으로 투 샷(Two Shot)이나 더블 샷(Double Shot)이라고 한다.

8 에스프레소 커피의 추출 시간, 추출 압력, 추출 온도

(1) 추출 시간

❶ 에스프레소 커피의 추출 시간은 기계적인 문제가 없는 한 원두의 분쇄의 정확성과 탬핑에 문제가 있는지를 확인하는 한 가지의 체크사항이 된다.
- 너무 오랫동안 추출되면 그 추출은 과잉 추출이며,
- 빨리 추출되면 과소 추출이 된다.

❷ 커피 추출 버튼을 누르면 모터 펌프가 가동되면서 뜨거운 물이 샤워헤드를 통해 약 3~5초 정도 커피 가루 불림 시간(인퓨전 타임)이 지나면 커피가 본격적으로 추출되는데 약 20~30초 내외의 추출 시간이 적당한 선이며 판단 기준이 된다.

❸ 1잔 추출 시에는 보통 추출 시간이 길며 2잔 추출 시에는 짧다.

압력이 가해져 커피가 추출되는 형태가 포터 필터의 모양의 차이로 다르기 때문이다. 이 점을 명심하여 커피 추출 시 점검하는 것이 좋다.

☕ 추출 시간에 따른 차이점

	추출 시간이 짧은 경우	추출 시간이 긴 경우
분쇄 입자의 굵기	굵다	곱다
커피 양	적다	많다
탬핑정도	약하다	강하다
신 선 도	신선하지 않다	신선하지 않다

(2) 추출 압력

❶ 에스프레소 커피는 모터 펌프에서 9기압 정도의 압력으로 뜨거운 물이 배출되면서 추출된다.

　🌰 9기압 전후의 추출 압력이 가장 이상적인 추출 압력이며 기계에 부착된 압력계를 통하여 추출 압력을 확인할 수 있다.

❷ 9기압의 압력은 60kg 정도의 무게의 힘이 순간적으로 누르는 압력이다.

❸ 기압이 높으면 커피 원두 타는 냄새나 다른 맛이 섞이게 되며 컵 안에 커피 가루가 많이 남는 현상과 커피의 추출 속도가 빠르다.

❹ 기압이 낮으면 맛이 떨어지는데 깊고 진한 향미가 부족하며 추출 속도가 느리며 추출 후의 커피 찌꺼기에 물기가 많다.

❺ 에스프레소 커피에서 추출 압력 9기압은 가장 기초적이면서 맛 테스팅의 중요한 맛 변수임을 명심해야 한다.

❻ 추출 압력은 모터 펌프의 압력조절 나사로 변동이 가능하며 커피 테스팅시 이 부분을 필히 점검하여 100%에 가까운 에스프레소 커피를 추출해야 한다.

(3) 추출 온도

❶ 에스프레소 커피의 추출 온도는 67~68℃ 전후이다.

　🌰 에스프레소 커피머신의 물 온도는 90℃ 전후로 자동 세팅되어 있다.

❷ 커피머신의 보일러 압력 조절기를 통하여 온도 조절이 가능하다.

　🌰 물의 온도가 높으면 잔맛이 추출되기 쉬우며 탄 냄새가 발생한다.

🍮 물의 온도가 낮으면 풍미가 약해져 신맛이 강해지며 커피의 온도 역시 부족하게 된다.

❸ 에스프레소 커피는 약 30ml의 적은 양으로 추출되므로 온도의 변화에 따라 맛이 쉽게 변화된다.

🍮 가장 먼저 잔을 뜨거운 상태로 유지하고

🍮 포터 필터는 추출 전에 뜨거운 물로 데워서 추출되는 커피의 온도를 유지하는 것이 중요하다.

🍮 또 다른 방법으로 그룹 헤드에 포터 필터를 커피를 추출하지 않을 때도 항상 결합시켜 따뜻하고 건조한 상태로 유지하는 방법이 있으나 커피 판매가 원활한 매장은 문제가 발생되지 않지만 커피의 판매가 적은 매장은 포터 필터의 손잡이까지 열이 전달되어 파손될 위험이 있다.

🏆 9 잔의 상태

🍮 커피 잔은 항상 청결하고 따뜻한 상태로 유지되어 있어야만 한다.

🍮 커피 잔은 부피감이 있는 경우는 열을 잘 보전하며 밑으로 갈수록 좁아지는 잔은 커피 양이 적더라도 어느 정도 깊이가 있어 커피의 색이 멋지게 난다.

🍮 커피 잔을 세척한 후 물기가 많이 남아 있는 상태에서 머신의 위에 놓아서 데우는 경우가 있는데 물방울이 기계 내부로 떨어지게 되면 전기 배선 부분에 문제가 발생될 수도 있다.

🍮 잔을 세척한 후에는 적당량 물기를 행주로 제거한 뒤 커피머신 위의 컵워머에 놓아서 데워주는 것이 바람직하다.

🏆 10 크레마(Crema)

🍮 에스프레소 커피 상부의 진한 갈색 빛을 띠는 거품으로 단열층의 역할을 하여 커피가 빨리 식는 것을 막아준다.

🍮 커피의 향을 함유하고 있는 지방 성분을 많이 지니고 있어, 보다 풍부하고 강한 커피 향을 느낄 수 있게 해 준다.

🌶 그 자체가 부드럽고 상쾌한 맛을 지니고 있어, 에스프레소에 있어서 매우 중요하다.

🌶 즉, 잘게 분쇄된 에스프레소 원두에 뜨거운 물이 통과하면서 원두 커피가 가지고 있는 기름 성분과 휘발성 향기 성분이 어우러져 추출되는 미세한 거품이다.

에스프레소 크레마가 형성되는 원리

- 물이 매우 높은 압력에 의해 가루를 통과하게 되면서 향을 담당하는 용해성 물질의 대부분과 기름이나 콜로이드 같이 비용해성 물질까지도 빨아들이게 된다.
- 높은 압력의 작용에 의해 콜로이드와 기름은 미세한 방울로 분해되어 에스프레소의 농도와 향을 가중시킨다.
- 이때 순간적으로 커피를 불리고, 압력으로 밀어내면서 크림 입자들이 쉽게 침전되지 않고 커피 위에 떠 있는 상태라 할 수 있다.
- 크레마는 에스프레소 커피가 정상적으로 추출되었는지 확인하는 점검사항이기도 하다.

❶ 옅은 크레마(Light Crema)

🌶 너무 빠르게 추출 된 커피

- 크레마의 두께가 3~4mm 이하이며, 맛과 향이 저하된 에스프레소 이다.
- 분쇄 입자의 굵기나 탬핑이 기준보다 약하거나 커피 양이 기준보다 적은 경우 발생하며, 커피의 신선도가 저하된 상태에서도 나타난다.
- 위의 모든 사항을 한 가지씩 점검하여 해결하는 것이 중요하다.

❷ 진한 크레마(Dark Crema)

🌶 너무 느리게 추출된 커피

- 크레마의 두께가 5mm로 정상적이거나 그보다 많이 발생되는 경우도 있다.
- 가운데 부분에 짙은 갈색과 함께 검은색의 빛깔이 형성되며 맛 또한 탁하다.
- 옅은 크레마와 반대되는 것이 문제점이므로 그에 맞추어서 점검하여 추출한다.

❷ 커피 찌꺼기가 나오는 경우

🫘 에스프레소 커피는 고운 입자에서 커피가 추출
되므로 미분의 커피 가루가 커피에 어느 정도
는 나오지만 육안으로 확인될 정도로 많이 나
오는 경우가 발생한다.

커피 찌꺼기가 나오는 원인

- 커피의 미분이 많은 경우
- 압력이 9바(Bar)보다 높은 경우
- 포터 필터 구멍이 너무 큰 경우
- 디퓨저의 구멍이 막혀있을 경우
- 그라인더 날이 마모된 경우에 나
타난다.
- 가장 흔한 원인은 압력과 그라인
더 날의 마모이다.

👑⑪ 추출 수율과 농도

🫘 커피의 가용성 성분 24~27% 중 추출 수율이 18~22%일 때, 향기가 풍부
하고 조화된 맛(Balanced Flavor)을 느낄 수 있다.

🫘 추출 수율이 16% 미만이면 풋내와 땅콩 냄새가 난다.

🫘 추출 수율이 24% 이상이면 과도한 추출로 인하여 떫은 맛이 난다.

🫘 농도는 1.15~1.35%가 적당하다. 즉, 총용존고형물질(TDS: Total Dossolved Solids)은
1,150~1,350TDS가 적당하다.

🫘 농도가 1.0% 미만이면 맛이 약하고, 1.5% 이상이면 너무 강하다.

- Coffee Brewing Center 자료 인용

👑⑫ 사람의 정성(올바른 커피에 대한 마음가짐)

🫘 모든 음식은 정성이 중요하다고 한다.

🫘 정성은 말 그대로 만드는 사람의 마음가짐이라고 할 수 있다.

🫘 좀 더 맛있고 개성있는 커피를 원한다면 남들보다 한 가지 아니, 몇 가지의
사항들을 체크하며 점검하면서 지키려고 노력하는 외에는 방법이 없다.

🫘 무엇보다도 커피는 이 정성 부분을 간과하고 올바른 인식이 없이 만들어
지면 그 맛과 향은 아무도 예상할 수 없는 결과물이 된다.

PART 01 커피 이론

15

에스프레소 머신

 구조

1. **전원 스위치(Main Switch):** 기계에 전원을 공급하는 스위치, 전원이 꺼져 있는 상태에서 스위치를 넣을 때는 포지션별(0, 1, 2)로 천천히 작동한다. 순간적으로 0에서 포지션 2로 작동할 경우 보일러의 물이 채워지기 전에 히팅이 시작되어 무리가 갈 수 있다. 24시간 기계를 끄지 않고 작동시키는 매장이 많다.

2. **드립 트레이(Drip Tray):** 기계에서 떨어지는 물을 받아 배수로 흘려주는 배수 받침대

3. **드립 트레이 그릴(Drip Tray Grill):** 커피 추출시 잔을 놓는 잔 받침대

4. **스팀 밸브(Steam Valve):** 스팀 사용시 스팀을 열어 주는 밸브

5. **온수 추출구(Hot Water Dispenser):** 온수 추출시 온수가 떨어지는 추출구

⑥ 펌프 압력 게이지(Water Pressure Manometer): 커피 추출 시 펌프의 압력을 표시해 주는 물압력 게이지, 추출버튼 작동시 바늘이 9기압으로 올라가야 제대로 작동

⑦ 스팀 압력 게이지(Boiler Pressure Manometer): 스팀온수 보일러의 압력을 표시해주는 스팀 압력 게이지, 전원이 꺼져 있을때는 '0'에 위치, 작동시키면 서서히 올라가 바늘이 1.0~1.5에 위치

⑧ 그룹 헤드(Dispensing Group Head): 커피 물이 데워지고 커피를 추출하는 곳

⑨ 1잔 추출용 필터 홀더(One-cup Filter Holder): 원두 6~10g 사용

⑩ 2잔 추출용 필터 홀더(Two-cup Filter Holder): 원두 12~21g 사용

⑪ 온수 추출버튼(Hot Water Pressure Buttons)

⑫ 커피 추출버튼(Coffee Control Buttons)

② 주요 기능

(1) 그룹 헤드(Group Head)

❶ 필터 홀더(또는 포터 필터)를 결합시키는 부분
커피가 얼마나 고르게 용해되며 유속이 커피에 미치는 영향이 달라질 수도 있다.
🌰 외부 실온의 영향을 받지 않도록 직접 히터가 삽입되는 방식
🌰 보일러에 밀착되어 온도를 유지하는 방식

❷ 청결 상태의 유지가 중요: 커피 가루가 접촉되어지는 부분

❸ 대부분 구조는 일자형의 스크류 드라이버를 이용하여 나사를 풀게 되면 원형의 필터로 분리(필터와 가스켓을 주기적으로 교환하지 않으면 품질이 떨어진다)

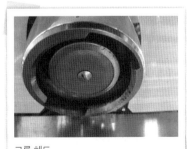
그룹 헤드

(2) 필터 홀더(Filter Holder) 또는 포터 필터(Porta Filter)

❶ 분쇄한 커피를 담아 그룹 헤드에 장착하는 손잡이가 달린 홀더

❷ 내부의 필터 바스켓의 용량이 다르다(1잔: 약 7~10g, 2잔: 약 14~21g)

❸ 필터 홀더가 비워져 있는 상태로 그룹 헤드에 장착하여 동일한 온도 유지
필요

❹ 필터의 구조는 포터 필터 바스켓과 포터 필터, 포터 필터 스파우트로 구성

(3) 스팀 노즐(Steam Nozzle)

❶ 우유를 데우고 부드러운 라떼 또는 카푸치노 거품을 만드는데
사용된다. 사용전과 후에는 항상 스팀 밸브를 열어주어 스팀
완드 내외의 응축수와 우유 잔여물을 제거하여 청결

❷ 스팀세기는 보일러 압력과 비례

❸ 스팀나오는 부분으로 스팀 밸브 바디(Steam Valve Bady), 스팀 노
브(Steam Knob), 스팀 완드(Steam Wand), 스팀 완드 팁(Steam Wand Tip)
으로 구성

❹ 스팀 완드 팁은 수시로 분해하여 찌꺼기를 닦아내고 각각의
홀에 막힌 곳이 없어야 한다.

(4) 압력 게이지(Pressure Gauge)

❶ 기계를 작동하기 전에 반드시 압력 게이지를 체크하는 습관이 필요

❷ 추출 수 압력: 가동시 물의 압력은 7~10bar, 스팀 보일러 압력: 1.0~1.5bar

스위치와 게이지

(5) 그룹 밸브(Group Valves)

🔸 커피 추출 시 물의 전반적인 흐름을 통제하는 장치

🔸 솔레노이드 밸브(Solenoid Valve): 물의 흐름을 통제하는데, 보일러의 물이 유입되는 밸브와 그룹 헤드로 유입, 드레인 박스에 떨어지는 Back Pressure(커피 추출 보일러 안에 물이 역류하여 세제물이나 커피 잔여물이 들어가지 못하도록 하여 드레인 박스에 버려지는)기능을 담당

(6) 유량계(Flow Meter)

그룹 헤드로 들어가는 추출 수의 물량을 계량한다. 내부에 자석성질의 칩을 가진 휠이 있어 이것의 회전량으로 물의 양을 조절한다.

(7) 드레인 박스(Drain Box)

커피 추출 후 커피 잔여물이 떨어져 한 곳으로 모이는 곳으로 청결해야 한다. 악취가 나거나 드레인 라인이 막힐 수도 있다.

(8) 보일러(Boiler)

주로 전기히터로 가열되며 물을 데워서 온수와 스팀 또는 커피를 추출하기 위한 기능을 한다. 이러한 기능을 수행하기 위한 독립형 보일러(온수/스팀 보일러 1개, 커피 보일러 1~2개)와 일체형 보일러(온수와 스팀 보일러 안에 커피 추출용 보일러가 부착되어 내부가 열교환방식의 2중 구조 보일러)가 있다.

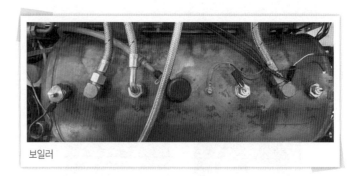

보일러

① **독립형 보일러:** 온도에 민감한 커피 추출시 온도변화의 폭을 작게 하여 일정한 추출 수 온도를 유지하여 최상의 에스프레소 커피를 얻을 수 있다.

② **일체형 보일러:** 온수와 스팀 보일러(120℃~130℃)에서 직접적으로 데워진 물이 커피 보일러(88℃~96℃)의 물을 간접적으로 데워주는 방식, 단점으로 연속추출시 추출 수 온도가 떨어진다. 온수와 스팀용 보일러 안에 커피 추출용 보일러가 부착되어 있는 형태

그 외 보일러의 압력이 1.8bar이상 과압력이 발생할 때 자동으로 배출(1.5bar이상 일 때 머신의 전원을 끄고 엔지니어에 문의)시켜주는 보일러 안전 밸브(Boiler Safety Valve), 온수의 사용으로 인한 부족한 물량을 자동으로 보충하는 자동 물보충 시스템(Autofill System), 스팀사용 후 순간적으로 스팀이 보일러 안쪽으로 빨려 들어가는 경우를 방지하기 위한 진공 밸브(Vacuum Value), 온도 조절기(Thermostat), 컴퓨터 컨트롤러(Compute Controller) 등이 있다.

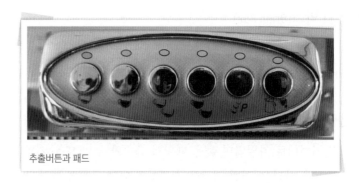

추출버튼과 패드

우유

1 우유의 영양

- 우유는 일반적으로 비타민 A, B, E, K와 비타민 B그룹 등 인체에 필요한 114가지 영양소가 골고루 함유된 완전식품이다.
- 하루 500㎖의 우유는 칼로리 1일 요구량의 12.4%, 단백질 31.3%, 칼슘 75%, 인 62.5%를 충족시킨다.

2 우유 거품의 생성 원리

- 압력에 의한 스팀이 우유 표면에 부딪히면 미세한 진동이 발생하는데, 이 작은 진동들이 짧은 시간에 엄청난 수로 일어나 거품이 생기게 된다.
- 우유 거품이 만들어지는 원리는 엄격히 이야기하면 스팀의 고압이 우유에 공기를 주입시켜 지방에 공기를 흡착시킴으로써 발생되는 것

🏆 3 우유 거품 내기

(1) 우유 거품 작업 순서와 공기 주입과 온도

- 🥄 순서: 공기 주입 → 가열 → 거품생성 → 혼합
- 🥄 우유의 성분 중 단백질은 열에 매우 약한 성분이다.
- 🥄 40℃ 이상이 되면 성질의 변화가 발생되며, 변화된 성질은 원래의 형태로 복귀가 불가능하다.
- 🥄 공기 주입은 36~38℃ 정도가 되기 전에 끝을 내야한다.
- 🥄 공기를 포함한 우유 거품은 가벼워지면서 용기 위쪽에 쌓이게 되는데, 스팀의 방향과 힘을 이용하여 혼합 작업을 통해 거친 거품을 곱게 만들면서 거품 작업을 마무리한다.
- 🥄 우유가 끓게 되면 지방이 응고되어 혼합되었던 공기가 분해되면서 우유의 고유성질을 잃게 되므로, 스팀에 있어 우유 온도는 상당히 중요하다.
- 🥄 36~37℃가 되면 우유 데우기와 거품 내는 과정을 멈추고 68℃가 될 때까지 혼합한다.

(2) 우유 거품 작업 시 필수 체크사항

- 🥄 5℃ 정도의 신선한 우유 사용
- 🥄 온도가 너무 낮으면 시간이 많이 걸리고 반대로 온도가 높으면 거품이 다 만들어지기도 전에 우유 온도가 높아진다.
- 🥄 재탕 우유는 사용금지(비린내 발생)
- 🥄 스팀의 압을 항상 일정하게 최대압으로 가한다
- 🥄 스팀의 압이 불규칙적이 되면 거품이 불균일하며, 최대압을 올리지 않을 경우 압이 모자라 거품 발생에 지장이 생기며, 혼합 시 문제가 발생한다.
- 🥄 올바른 자세 유지: 불규칙한 자세로 피처를 일정하게 유지하지 못하면, 스팀 노즐의 위치가 변경되어 고운 우유 거품을 얻기가 불가능하다.
- 🥄 모든 감각을 집중: 손, 귀, 눈을 모두 피처에 집중하고 있어야, 공기가 주입되는 소리, 손에 느껴지는 진동, 거품이 올라오는 현상을 확인할 수 있다.
- 🥄 스팀 노즐을 항상 청결하게 유지.

🏆 카페라떼 우유 거품 제조

❶ 스팀 레버를 열어서 스팀 노즐 속의 물을 제거한 후 스팀 레버를 잠근다.

❷ 차가운 우유를 피처(밀크팟)에 220~250㎖ 넣는다. 우유량이 적으면 빨리 가열 되어서 우유 거품을 제어하기 힘들다.

❸ 스팀 노즐을 피처의 우유안에 넣는다.

  🥄 스팀 노즐의 끝에서 약 1cm 정도 깊이로 우유 표면을 담근 뒤, 스팀 노즐을 피처의 벽에 붙인다.

  🥄 오른손으로 스팀 레버를 잡고 왼손으로는 피처를 잡는다(이때, 안정된 자세를 유지해 준다).

❹ 스팀 레버를 돌려서 일정한 최대압의 스팀을 우유에 가한다.

  🥄 우유가 데워지면서 거품 층이 형성되는데 칙, 칙, 칙 소리가 나고 4~5초 후에는 우유가 데워지면서 약 10~15초 후에는 전체량의 약 30% 증가됨을 확인할 수 있다.

  🥄 이때 가장 중요한 것은 off하는 시간을 놓치지 않는 것이다. off시간을 놓치게 되면 우유가 끓으면서 거품은 거칠어지고 비린내가 나게 된다.

❺ 스팀 레버를 잠그고 노즐을 우유에서 뺀 뒤, 깨끗한 젖은 행주를 이용하여 노즐에 묻어 있는 우유를 닦아 준다.

17

커핑

1 커피 커핑 방법 및 순서 정리

커핑은 커피에 대해 다음의 세 가지 항목을 평가한다.

❶ 생두 평가
❷ 원두 평가
❸ 향미 평가

(1) 커핑을 위한 환경 및 준비

🌰 추출: 골든 컵 규정에 따라 최적의 추출율로 커핑(물 1ml당 0.055g; 예: 커피 8.25g 에 물 150ml)

🌰 로스팅: 아그트론 타일 55, 분쇄시 63, 볶음도, 미디움~미디움라이트

🌰 로스팅 후 20℃ 이상 상온에서 보관

- 분쇄도: 미국 매쉬 시브 사이즈(US Mesh Sieve Size) 20(구멍크기 0.841mm)에 70~75% 통과, 커핑에 사용되는 커피의 분쇄 입도는 Fine Grind.
- 커피 샘플당 5컵이상 커핑하며, 분쇄 후 15분 이내 물 붓기(유리커버가 있으면 30분내)
- 추출 방식: 92~97℃의 물을 커피에 직접 붓는 침출(Infusion)방식으로 시간은 3~5분 추출한다.
- 시향/시음 방법: Sniffing(커피향을 코로 들이키는), Slurping(스읍~하며 커피를 입으로 들이키는)

(2) 커핑 시간표

① 커피 가루의 향을 평가
② 0~4분: 물을 붓고, 추출하며, 아로마를 평가
③ 4~6분: 브레이킹, 아로마 평가
④ 6~8분: 부유물 제거(스키밍)
⑤ 12~17분: 1차 커핑(Hot: 67~73도)
⑥ 17~22분: 2차 커핑(Warm: 58~62도)
⑦ 22~27분: 3차 커핑(Cool: 37도)
⑧ 이후 7분여 커핑 점수 계산

(3) 커핑 평가 항목

향미(Flavor), 후미(Aftertaste), 신맛(Acidity), 바디(Body), 균형감((Balance), 균일성(Uniformity), 깔끔함(Clean cup), 단맛(Sweetness), 결함(Defects), 총평(Overall)

🔖 2 커핑 준비물

① 커피 원두: 로스팅한 지 8~24시간 이내의 원두, 커핑시에는 샘플 로스팅된 커피를 사용 할 것, 진공 포장 시 2주까지 허용
- 샘플 로스팅 소요시간: 8~12분, Full Developed 되어야 하고, 티핑(Tipping: 생두 끝부분이 탐)이나 스코치드(Scorched: 생두 표면이 탐)가 없어야 한다.
- 로스팅 정도: 미디움 로스트(Medium Roast)
- 분쇄 후 커핑까지의 한계 시한은 15분, 분쇄도는 일반 드립용보다 고운

0.5~0.8mm로, 드립용과 에스프레소용의 중간 분도이다(COE에서는 드립용보다 조금 더 굵게 분쇄한다.) 컵에 원두를 넣어 개별 분쇄한다.(분쇄후 컵에 나누어 담으면 안 된다) 분쇄는 커핑 직전에 한다. 물을 끓이면서 분쇄하는 것이 좋다.

커핑용 원두를 분쇄하기 전에 분쇄기를 닦아내는 목적으로 약 5~10g의 커핑용 원두를 분쇄하여 버린다.

- 컵당 원두 사용량: 8.25g(허용오차: 8.00~8.50), 8g 계량 후, 원두 2알 추가하면 대략 8.3g(분쇄 loss를 감안해서 8.5g을 분쇄한다).
- 물과 원두의 비율: 1.63g당 1온스(혹은 물 1㎖당 0.055g의 원두를 사용한다), 물은 냄새가 나지 않는 깨끗한 정수, 총용존고형물질(TDS: Total Dissolved Solids)의 양은 125~175ppm, 염소가 포함되지 않아야 한다.

❷ 커핑 컵: SCA(5~6oz: 약 150~180㎖, 맨하튼 또는 락글라스), 175~225㎖ 사기로 된 수프 그릇 가능, 뚜껑은 어떤 재질이라도 상관없다.

- 컵 지름: 76~89mm의 규격과 동일한 볼륨, 덮개가 있어야 한다. 물을 가득 채웠을 때 160㎖가 들어가는 것이 적합하다.
- 샘플당 최소 5컵 준비(각 컵의 원두를 그라인더에 남아 있는 이전 샘플 가루 제거는 필수)
- 커핑 컵의 재질: 강화유리나 도자기.

❸ 커핑 스푼: 오목한 모양으로 용량 5~7㎖, 커핑전용 스푼이 있지만, 없으면 수프스푼 가능

❹ 뜨거운 물: 일반 생수 약 93℃(200℉) 정도, 커핑 직전에 끓여 사용한다.

❺ 미온수: 커핑 도중에 입을 헹구기 위해 미온수 1~2잔을 준비한다.

❻ 따끈한 맹물이 담긴 큰 컵과 타월: 커핑 도중에 스푼을 헹구고 물기를 털어내는 용도이다. 물로 헹군 스푼을 타월 위에 툭-툭 치는 식으로 물기를 털어낸다. 본격적인 커핑 전에 Skimming을 한 스푼을 헹구어낸 물은 버리고 다시 따끈한 물로 갈아준다[Skimming: 물을 부어 커피액을 우려낸 후 커핑 컵위에 떠 있는 커피 찌꺼기(Crust)와 거품을 걷어내는 것].

❼ 큰 빈 컵: 커핑 컵 위에서 걷어낸 크러스트(Crust)와 거품을 버리거나, 커핑한 커피액을 뱉어내는 용기로 사용한다.

❽ 커핑 채점표: SCA(Specialty Coffee Association)나 COE(Cup of Excellence)의 표준 커핑 폼을 사용할 수도 있고, 독자적인 변형 양식을 사용할 수도 있다.

🔖 커핑 진행

(1) 분쇄 커피 담기

샘플 로스터기로 로스팅한 후 컵당 원두를 분쇄 loss를 감안해서 8.5g씩 분쇄하여 담는다.

(2) 분쇄된 커피의 향기(Fragrance, Dry Aroma) 맡기

원두나 분쇄된 커피에서 발산되는 향기를 Fragrance(Dry Aroma)라고 한다. 컵에 담긴 커피 분쇄가루는 분쇄한 후 15분이내에 코를 컵 가까이에 들이 대고 커피 세포로부터 탄산가스와 함께 방출되는 기체를 깊게 들이 마시면서 분쇄된 커피의 향기 속성과 강도를 체크한다. 분쇄향기는 가장 휘발성이 강한 방향물질로 구성되어 있으며 이런 향기 성분은 아주 짧은 기간 동안 분쇄된 커피의 내부에 존재한다.

- 분쇄 커피가 담긴 컵을 가볍게 손으로 두드리면서 맡으면 효과적이다.
- 코를 컵에 가까이 대고 향을 깊게 들이마신다. 이때, 컵을 양손으로 감싸주면서 향을 맡으면 효과적이다.
- 너무 오래 향을 맡지 말고, 짧고 깊게 향을 들이마신다.
- 3~5잔을 순서대로 체크한다.
- 마른향(Dry Aroma)은 휘발성이 강하므로 분쇄 즉시 평가하는 것을 추천한다.

(3) 물 붓기(Pouring)

물은 일반 생수나 깨끗한 정수기로 정수한 물을 권장하지만, 특별히 잡맛이나 냄새가 없다면 일반 수돗물도 무난하다. 약 93℃ 정도의 물 150㎖를 모든 커피 입자가 골고루 적시도록 거칠게 컵에 가득 부어준다(이때 커피의 농도가 1.15~1.35%가 된다).

방금 끓인 물을 분쇄 커피가 담긴 컵에 순서대로 가득 부어준다.

물을 붓는 방법은 골고루 커피가 적시도록 하되, 느리지 않게 빠르게 붓는다. 물을 부은 후에 커피를 휘저어 주지는 않는다. 타이머가 있으면 물을 붓기 시작할 때 시간 측정을 시작한다. 타이머가 없더라도 물을 붓기 시작하는 시각을 체크한다.

(4) Wet Aroma 평가

- 컵에 물을 붓고 1분 정도가 경과하면 젖은 향(Wet Aroma)을 평가한다. 순서대로 컵에 떠있는 Crust에 코를 가까이 대고 냄새를 맡는다(이때에는 부정적인 향이 잘 드러나는 듯하다).
- 냄새만 맡고 컵은 그대로 둔다.
- 커피 액을 젓거나 Crust를 깨지 않는다. 물을 붓고 난 후 Wet Aroma를 체크하고, 물을 부은 지 4분이 되면 크러스트 브레이킹(Crust Breaking)을 하면서 본격적인 커핑을 하게 된다.

(5) 추출 커피의 향기(Break Aroma)

물 붓기를 하고 시간이 경과하면 커피 입자는 컵 표면에 층(crust)을 형성한다.

4분이 경과하면, 컵 위에 떠있는 Crust를 깨면서(break) Crust 아래에 갇혀 있던 커피 액의 향을 체크한다(Crust Breaking).

Crust Breaking의 방법은 스푼으로 컵 안의 앞쪽에서 뒤로 Crust를 3번 정도 밀거나, 스푼 날로 Crust를 톡톡 치면서 깨다가 커피액 안으로 3번 정도 밀어 넣듯이 하거나, Breaking을 하면서 컵에 코를 가까이 대고 깊게 향을 들이 마신다. 한 컵의 Breaking이 끝나면 스푼을 물에 헹구고, 타월에 스푼을 톡톡 차며 물기를 제거한 후 다음 컵을 작업한다. 그런 다음 마른/젖은 향 평가에 근거하여 Fragrance / Aroma 점수를 표시한다.

(6) 커피 찌꺼기 거품 걷어내기(Skimming)

- Crust Breaking을 하고 나서, 컵 위에 떠있는 커피 찌꺼기를 스푼으로 걷어 낸다.
- 보통 2개의 스푼을 사용하며, 가능한 한 커피액 위에 떠있는 찌꺼기가 없도록 걷어 낸다.
- 한 컵당 세 번 정도 걷어내는데, 깨끗이 작업하기 위해서 컵에 스푼을 담글 때마다 스푼을 물로 헹구어 낸다.
- Skimming을 끝내면 많이 오염되어 있는 스푼 세척용 물을 깨끗한 물로 교체한다.
- 커핑의 적정 온도인 70℃ 정도로 식을 때까지 기다린다.

(7) 커피액 강하게 흡입하기(Slurping)

본격적으로 커피 액을 맛보는 단계이다.

❶ 슬러핑에 적당한 커피 온도는 물을 부은 후 8~10분 정도가 지나 온도가 160°F(71℃) 내외로 떨어지면 커피 액에 대한 테이스팅을 시작한다(Flavor, Aftertaste를 체크)

- 슬러핑을 할 때는 커피 액을 마시지 않고, 입 안에 잠깐 머금었다가 뱉어 낸다.

- 스푼에 커피 액을 떠서 "쓰~읍" 소리가 나도록 흡입한다.

- 2~3초 정도 커피의 맛과 향, 느낌 등을 체크하고, 빈 컵 등에 커피 액을 뱉어 낸 다음 후미(Aftertaste)를 체크한다.

- 같은 컵을 2~3 차례 연이어 슬러핑을 한 후, 스푼을 헹구고 다음 컵을 커핑한다.

- 정확한 커핑을 위해 다음 컵을 커핑하기 전에 미온수로 입을 헹구는 것이 좋다.

- 커피의 맛과 향은 온도에 따라 변하므로 3컵을 한 차례씩 슬러핑한 후에도 커피가 완전히 식을 때까지 서너 차례 더 슬러핑을 한다.

❷ 커피가 70℃에서 60℃까지 식어감에 따라 Acidity, Body, Balance를 체크한다.

- Balance 항목은 Flavor, Aftertaste, Acidity, Body를 종합적으로 고려한 균형감을 의미함

- 한 샘플이 온도가 식어감에 따라 어떻게 변해 가는지를 최소 2~3번에 걸쳐서 지속적으로 체크, 처음 수치와 달라지면 나중 수치를 체크 후 화살표로 표시한다.

- Sweetness, Uniformity, Cleanliness는 식은 후 체크해야 더 잘 느껴진다.

- 온도가 37℃ 이하의 온도로 내려가면 각각의 컵을 대상으로 Sweetness, Uniformity, Cleanliness를 체크한다. 개당 2점씩 가산

- 커핑은 온도가 16℃가 되면 중지하고 Overall 항목을 체크한다 - Overall은 이전의 평가 항목들을 전체적으로 고려해 커퍼가 부여하는 점수

이제 커핑 채점표(Cupping Form) 작성을 마무리 하는 것으로 커핑 과정을 끝낸다.(커핑의 단계별로 그때그때 채점표를 작성한다.)

(8) 채점하기(Scoring)

커핑 채점표(Cupping Form)

국제적으로 통용되면서 많이 사용되는 커핑 채점표는 스페셜티 커피 협회 SCA의 커핑 폼(Specialty Coffee Association Cupping Form)이다. 우수한 생두의 경연대회인 COE(Cup of Excellence)의 CoE Cupping Form도 있지만 SCA Cupping Form만큼 일반적으로 사용되지는 않는다.

SCA Cupping Form은 스페셜티 커피를 등급별로 향과 맛, 산미 등을 세분화시킨 평가지로 개발되어 포괄적인 생두의 등급 평가라는 점에 초점을 맞추고 있다. COE Cupping form은 경매(Auction)를 염두에 두고 상위 그룹 생두들의 품질을 차별화하는 것이 목적이므로 그 평가 방법이 좀 더 섬세하다.

커핑용 커피 로스팅의 정도도 SCA는 Medium Roast 수준이지만, COE는 City+ Roast 수준이다. 그 이유는 SCA 커핑은 생두의 특성을 끄집어내 평가하는 것이며, COE 커핑은 추출된 커피의 맛과 향의 품질을 평가하는 것이 목적이기 때문이다.

즉, 커핑의 목적에 따라 커핑의 방법과 채점방식은 어느 정도 가변적이며, 또한 그런 것이 바람직하다. 물론, 자신만의 커핑 방법과 커핑 폼을 만들어 운용하기 위해서는 기본적인 커핑 방법과 커핑 폼에 대한 철저한 이해가 전제되어야 한다.

커핑 채점표(Cupping Form) 작성

Sample # ① 커핑하고자 하는 샘플 커피의 이름을 기록한다. 공정한 평가를 위하여 처음에는 숫자 또는 A, B, C, D, F로 적는다. 추후에 정확한 원두명을 적는다.

빈즈 스마일 커핑 폼(Beans' Smile Cupping Form)의 경우: 단종 커피의 경우에는 Single Origin Coffee란에, 브랜드 커피일 경우에는 Blended Coffee란에 기재한다. 브랜드 커피란의 BBR, BAR은 블랜딩 방법으로 Blended Before Roasting과 Blended After Roasting을 의미한다.

Roast Level of Sample ② 샘플 원두의 로스팅 정도를 해당 칸에 표시한다.

Quality Score 항목별 점수 평가 기준
5점부터 10점까지 평가되며, 너무 강해서 오히려 부정적인 맛과 향, 느낌이 있는 경우에는 10점을 넘어서서 9~6점까지 평가

Fragrance / Aroma

분쇄 향기(Fragrance)는 가루 상태에서의 냄새[분쇄된 커피상태의 향을 맡고 강도를 Dry란에 '-'로 표기한다. Notes란에는 향의 특징을 기록한다 ⓐ], 추출 향기(Aroma)는 물에 젖은 상태에서의 냄새를[물을 붓고 나서, 4분 후 떠오른 커피의 부유물을 커핑 스푼으로 두 번 밀어서 갇혀 있는 향의 강도를 '-'로 기록한다 ⓑ] 3단계[분쇄 직후 커피 가루 향, 물을 부은 지 1분 후 크러스트(Crust) 위에서의 향, 물을 부은 지 4분이 지나고 Break Aroma의 향]를 거치며 평가한다. 특별한 향, 또는 강한 향이 나면 Qualities항목에 기입한다[두 칸 가운데 윗 칸은 Dry Aroma를 기록하고 아랫 칸은 Break시에 느껴지는 강한 향을 기록한다 ⓒ].

① 가루 냄새 맡기
② 크러스트를 브레이크 할 때 나는 냄새 맡기
③ 커피가 녹으며 발산하는 냄새 맡기

[Dry란 아래 수직눈금에 표기한 후, Fragrance에서 느껴지는 향의 점수를 임시로 ' | '로 표기하고 Break아래 수직 눈금을 기록한 후, Aroma에서 다시 감점된 향을 임시로 ' | ' 자로 표기 한다. 최종 평균을 내서 나오는 점수를 ' | '자로 굵게 기록한다 ⓓ]

Fragrance / Aroma의 Score란에는 ⓐ, ⓑ, ⓒ, ⓓ의 순서를 모두 마친 후 ⓓ에서 표기한 최종 평균점수를 숫자로 표기 한다.

Sample # 커피를 입안에 머금었을 때(흡입했을 때) 혀와 후각으로 느껴지는 종합적인 맛과 향으로, 커피의 맛과 향이 결합되어 느껴지는 향미의 질(Quality)과 강도(Intensity), 복합성(Complexity)을 평가한다.

Flavor는 커피 맛의 중간 부분(커피의 가장 첫 번째 아로마와 Acidity에 의한 첫인상과 마지막 Aftertaste)을 구성한다. Flavor는 모든 미각적 감각을 입에서 코로 이어지는 후각 점막 세포부의 모든 인상들이 결합되어 만들어지는 느낌이다. Flavor에 대한 평가는 강렬도, 질, 맛과 향의 결합을 통한 복합성을 고려해서 매겨져야 한다.

이를 위해서는 스키밍(Skimming: 거품 걷어내기) 후 커핑 스푼으로 슬러핑(Slurping: 힘차게 커피를 빨아들여 입 안 전체로 퍼지게 하는 행위)함으로써 모든 감각들을 평가에 동원할 수 있게 된다. 이 때 느끼는 전체적인 향미에 대한 것을 눈금에 ' | '자로 임시로 기록한다. 커피가 식었을 때, 변경된 점수를 스코어 박스 안에 표기한다.

[커피의 향미 평가는 뜨거웠을 때, 미지근 할때, 식었을 때 최소 3번은 해야 하며 온도에 따른 향미의 변화를 가각의 해당란에 변경하여 최종 점수를 스코어란에 기록한다.]

- Brightness: "신맛(Acidity)"이라고도 하지만, 그냥 신맛이라고 하기보다는, 신맛 중에서도 긍정적인 신맛을 말한다. 상큼·새콤한 맛, 그래서 "신맛"보다는 "산미"라는 용어를 많이 사용
  고지대에서 생산되는 고급 아라비카 커피의 대표적인 맛으로 평가되며, 약한 로스팅으로 인한 혹은 저급한 생두의 자극적인 신맛, 시큼 텁텁한 맛과는 구별, 긍정적인 커피의 산미는 커피의 향미를 보다 활기있게, 화려하게 해주며, 산미가 부족한 커피는 맛이 없다고, 밋밋하다고 느끼게 된다. Liveliness라고도 표현.(커피는 pH5~6의 중성에 가까운 약산성 음료)
- Bitter: "쓴맛"을 의미하지만, 부정적인 의미의 "그냥 쓴맛"이 아니라, 커피의 기본적인 맛은 극단적으로 말하면 쓴맛의 질과 강약이라고 할 수 있다.

Aftertaste 커피를 마시거나 뱉어낸 후 입안에서 지속되는 커피의 느낌(여운)을 의미.

긍정적인 느낌(Flavor)이 오래갈수록 높은 점수를 준다. 따라서 Aftertaste는 긍정적인 Flavor(맛과 향)의 지속성을 의미한다. 커피를 뱉거나 삼킨 후 혀끝에 남아있는 긍정적인 향미가 오래 남는 부분을 평가하고 뒷맛이 짧거나 불쾌한 경우, 낮은 점수가 부여된다. 반드시 오래 지속된다고 항상 좋은 커피는 아니다. 커피의 종류에 따라 깔끔하게 사라지는 맛도 점수를 좋게 평가한다.

Acidity Acidity가 긍정적인 경우 Brightness로, 부정적인 경우 Sour로 표현된다. Acidity가 훌륭한 경우는 커피에 생기, 달콤함, 신선한 과일의 느낌을 부여한다. Acidity는 커피를 첫 모금 들이마셨을 때 바로 느껴진다. Acidity가 지나치게 과하거나 강렬한 경우는 바람직하지 않다.

슬러핑 후 신맛이 과일계(단맛을 포함)의 산미를 느껴지면 높은 점수, 식초나 레몬 등의 초산계의 산미가 느껴지면 낮은 점수를 준다. 강도(Intensity)를 나타내는 항목에 5점부터 표시하고 산미의 강도가 강하면 High 쪽으로 낮으면 Low쪽으로 '—'자로 표시한다. 강도가 약해도 점수는 높게 줄 수 있다.

Body 입안에 머금은 커피의 질감을 의미한다. 농도, 점도와 일맥상통하는 느낌이지만, 엄밀히 말하면 다른 개념의 무게감, 촉감의 강도를 나타낸다. 흔히 맹물과 우유를 머금었을 때 입안에서 느껴지는 느낌의 차이로 비유, 쉽게 말하면 입안에 꽉 차는 묵직한 느낌을 말한다. 거의 동의어로 사용되는, 그러나 Body보다 좀 더 포괄적인, 넓은 의미로 사용되는 식감(Mouth Feel)이 있다. Body의 질은 특히 혀와 입천장 부분에서 느껴지는 커피의 부드러운 느낌이다. 대개의 경우 묵직한 바디는 높게 평가된다. 가벼운 바디를 가진 몇몇의 경우가 압

안에 청량감을 주는 경우 역시 높게 평가된다(Mouth Feel과 연계하여 점수를 매김).

슬러핑 후, 커피의 무거움과 질감을 동시에 표현한다. 입안에서 커피를 돌려, 생크림의 부드러운 질감이나 진한 묵직함이 느껴지면 Heavy쪽으로 높은 점수를 주고, 물이나 오렌지 주스 등의 거친 느낌이 들면 Thin쪽으로 낮은 점수를 주어 Level항목에 기입한다.

② Uniformity　커핑을 하는 5잔의 샘플 컵(약식은 3컵)이 동일한 향미를 보여주는지, 맛과 향에서 차이가 있는 샘플 컵이 있는지를 평가하는 항목이다. 여러 컵들 간에 존재하는 균일성을 평가하는 항목이다. 각 컵 간에 맛의 차이가 존재한다면 높은 점수를 받을 수 없다. 균일성을 보는 항목으로 농장에서 정성을 들인 가공인가를 체크한다(각 컵마다 2점씩 감점). 5컵(약식의 경우는 3컵) 모두 차이가 없이 동일한 향미를 보인다면 사각형 란 5개에 ∨자로 표기한다. 만약 다른 맛이 느껴지면 그 컵에는 표시를 하지 않으며, 감점을 한다. SCA의 경우 향미의 차이가 있는 컵당 2점씩 감점을 한다.

② Balance　Flavor, Aftertaste, Acidity, Body가 서로 얼마나 조화롭게 커피 맛을 구성하고 있는 지를 전체적으로 평가하는 항목이다. 4개부분이 일률적으로 비슷한 점수가 나오면 좋은 점수를 주며, 점수가 일률적이지 않고 어느 하나가 부족하거나 지나치게 과도한 경우 낮은 점수가 매겨진다.

② Clean Cup　커피가 식은 후 슬러핑을 했을 때 불량두나 오염, 변질 등으로 인한 부정적인 커피의 향미를 평가한다. Clean Cup은 처음 커피를 머금었을 때부터 마지막 목 넘김의 Aftertaste까지 부정적인 요소들에 의한 간섭현상이 존재하는 가를 평가하는 항목이다.

컵의 투명도라고 표현하기도 한다. 커피의 맛과 향을 교환하는 부정적인 요소들의 존재 여부를 파악한다. 샘플용 생두가 가진 결점두와 가공 과정상의 문제를 체크할 수 있는 항목이기도 하다(각 컵마다 2점씩 감점).

역시 5개의 컵 안의 커피를 각각 체크하며, 이상이 없으면 모두 사각형 란 5개에 ∨자로 표기한다. 이상이 있으면 해당란에는 그 컵에는 표시를 하지 않으며, 컵당 2점씩 감점을 한다.

> Clean: 불량두로 인한 결점을 평가하는 Clean Cup과는 다른 의미로, 순수함, 깔끔함, 매끄러움 등에 대한 긍정적인 느낌을 평가, 그러나, Clean하다고 해서 Body나 Bitter 등이 약하다는 것을 의미하지는 않는다.

② Sweetness　"단맛"을 의미하며, 설탕의 단맛과는 다른 "쓴맛 뒤에 스쳐가는 달콤함"이라 할 수 있다. 붉게 잘 익은 커피 열매에서 수확된 생두일수록 달콤한 맛이 많이 있지만, 대부분의 당 성분은 로스팅 과정에서 소실된다. Sweetness는 탄수화물로 인해 느끼는 미각적 요소로서, 감칠 맛 나는 풍부

한 Flavor와 두드러진 달콤함을 평가하는 항목이다. 이 항목에서 불쾌한 신맛 (Sour)이나 아린 맛(Acrid), 풋내 등은 Sweetness의 부정적인 요소들이다.

슬러핑 후, 느껴지는 커피의 당분 성분을 체크한다. 은은하게 느껴지는 단맛이 5개 컵이 모두 일정하면, 사각형 란 5개 모두에 ∨자로 표기, 2점씩 계산하여 총 10점이 된다. 이상이 있으면 해당란에는 그 컵에는 표시를 하지 않으며, 컵 당 2점씩 감점을 한다.

[Uniformity, Clean Cup, Sweetness, Defect 항목은 커피가 식은 후(약 37℃) 에 정확한 테스팅이 가능하다]

Overall 커피의 전체적인 느낌에 대한 커퍼의 주관적인 평가나 총평을 정리 하여 점수를 준다. 각 항목별로 평가는 했지만 그것으로는 충분한 평가가 되지 못한다고 느낄 때 이 항목에서 높은 점수를 줄 수도 있다. 샘플의 특성에 대한 기대를 충족시키고 특정 원산지에 부합하는 품질을 보인 샘플은 높은 점수를 받게 된다. 보통 0.25~0.5점을 해당범위로 설정한다.

Overall Impression: 커핑 결과에 대한 총평을 간략히 서술

Total Score Fragrance / Aroma에서 Overall까지 각 항목의 점수들을 모두 합한 점수를 기록한다.

Defect(Subtract)
• Taints: 향미에 나쁘지만 압도적이지는 않은 결점을 찾아서 기록하며, 주로 아 로마에 관련한 요소이다. 컵의 수와 2점을 곱하여 감점한다.
• Fault: 주로 맛에 관련한 요소로서 커피 맛을 전체적으로 지배하는 심각한 결 점이다(컵당 4점 감점). Defects는 우선 Taints 인지 구분해야 하고 그 다음에 구 체적으로 명시되어야 한다. 예를 들면 Sour, Rubbery, Ferment처럼 해당되 는 결점을 명기해 준다.

Final Score Total Score에서 Defect를 뺀 점수를 최종적으로 기록한다. Score에 커퍼(Cupper)의 주관적으로 가감한 최종 커핑 점수

• 수정된 SCA 커핑 프로토콜(Modified SCA Cupping Protocol)
교차 오염 감염을 예방하기 위해 고안됨, 개인 스푼과 컵을 사용하고 도구에 입술 접촉을 금하고 슬러핑(Slurping)을 삭 제하였다(2020.3.).

커피의 관능 평가

 **18**

커피의 향미

1. 향미 즉, 플레이버(Flavor)

2. 커피의 향기(아로마: Aroma)와 맛(테이스트: Taste)의 복합적인 느끼는 감각이다.

3. 커피의 관능 평가(Sensory Evalution) 기준 3단계: 후각(Olfaction), 미각(Gustation), 촉각
   (Mouth Feel)

후각(Olfaction)

기체 상태의 자극 물질이 코의 말초 신경을 자극하여 생기는 감각을 말한다.

1. 부케(Bouquet): 전체 커피 향기의 총칭

❷ 부케의 구성(SCA Cupper's Handbook)

향미 종류	상태	특 성	원인물질	주로 나는 향기
Fragrance	기체	분쇄된 커피 원두에서 나오는 가스상태의 향기	에스테르 형태의 화합물	Flowery(꽃 향)
Aroma	기체	갓 추출된 커피액에서 맡을 수 있는 가스상태의 향기	에스테르, 케톤, 알데히드 계통의 휘발성 성분	Fruity(과일향) Herbal(풀 향) Nutty(견과류 향)
Nose	증기	마실 때 느껴지는 증기 상태의 향기	비 휘발성 액체 상태의 유기 성분(당의 카보닐 화합물)	Candy(캔디 향) Syrup(시럽 향) Caramel(캐러멜 향)
Aftertaste	증기	마신 다음 느껴지는 증기 상태의 향기(뒷맛, 후미)	지질 같은 비 용해성 액체와 수용성 고체 물질(로스팅과정에서 생성되는 피리진 화합물)	Spicy(향신료 향) Turpeny(송진 향) Chocolate(초콜릿 향)

❸ 생성 원인에 따른 커피 향기의 종류

생성 원인	종 류	세부항목
효소 작용 (Enzymatic)	꽃향기(Flowery)	Floral(꽃향기)
		Fragrant(방향)
	과일 향기(Fruity)	Citrus-like(감귤류)
		Berry-type(딸기류)
	허브향기(Herby)	Alliaceous(파, 마늘류)
		Leguminous(콩류)
당의 갈변 반응 (Sugar Browning)	고소한 향기(Nutty) 라이트 로스트 커피	Nutty(견과류)
		Malty(엿기름)
	캐러멜(Caramelly) 미디엄 로스트 커피	Candy-type(사탕류)
		Syrup-type(시럽류)
	초콜릿(Chocolaty) 다크 로스트 커피	Chocolate-type(초콜릿)
		Vanilla-type(바닐라)
건열 반응 (Dry Distillation)	송진 향기(Turpeny)	Resinous(수지)
		Medicinal(약품)
	향신료 향기(Spicy)	Warming(매운향)
		Pungent(톡 쏘는 향)
	탄 향(Carbony)	Smoky(연기)
		Ashy(재)
휘발성	• ① 효소 작용　② 갈변 반응　③ 건류 반응 순 • 아래로 갈수록 분자량이 크고 무거워져 휘발성이 약해짐 • 좋은 향일수록 휘발성이 강하여 빨리 사라짐	

❹ 향기의 강도

강 도	내 용
Rich	풍부하면서 강한 향기(Full & Strong)
Full	풍부하지만 강도가 약한 향기(Full & not Strong)
Rounded	풍부하지도, 강하지도 않은 향기(not Full & Strong)
Flat	향기가 없을 때(Absence of any Bouquet)

3 미각(Gustation)

분쇄한 커피로부터 용해되어 나온 무기·유기물로 구성된 가용 성분을 관능적으로 평가하는 것

(1) 커피의 기본 맛

일반적으로 혀는 단맛, 신맛, 짠맛, 쓴맛의 네 가지를 구별할 수 있다.

❶ 쓴맛: 다른 세 가지 기본 맛을 왜곡(강도를 변화시키는)시키는 역할

　🍵 예외적: 질이 낮은 커피, 강배전(다크 로스트)에서 지배적

❷ 온도의 영향

　🍵 단맛, 짠맛: 온도가 높아지면 상대적으로 약해짐

　🍵 신맛: 온도의 영향이 거의 미미함(과일산이 온도 변화에 따른 영향을 받지 않기 때문)

(2) 네 가지 기본적인 맛(Four Basic Tastes)

맛	원인 물질	1차 맛의 종류
신 맛 (Sour)	클로로겐산, 옥살린산, 시트릭산, 타타릭산	시큼한 맛(Soury), 신맛을 감소
		와인맛(Winey), 신맛을 감소
단 맛 (Sweet)	환원당, 캐러멜당, 단백질	상큼한 신맛(Acidy), 단맛을 증가
		달콤한 맛(Mellow), 단맛을 증가
짠 맛 (Salt)	산화칼륨, 산화칼슘	약한 단맛(Bland), 짠맛을 감소
		날카로운 맛(Sharp), 짠맛을 증가
쓴 맛 (Bitter)	카페인, 트리고넬린, 카페익산, 퀴닉산, 페놀릭 화합물	거친 맛(Harsh),
		쏘는 듯한 자극적인 쓴맛(Pungent)

4 촉각(입안의 느낌, Coffee Mouthfeel)

❶ 의미: 커피를 마신 후 입안에서 물리적으로 느끼는 촉감

❷ 바디(Body): 입안에 있는 말초 신경이 커피의 점도(Viscosity)와 미끈함(Oilness)을 감지하는데 이 두 가지 감각의 총체적 표현

❸ 표시

　🍵 지방 함량에 따른 구분

　　ⓐ Buttery　　ⓑ Creamy　　ⓒ Smooth　　ⓓ Watery

고형 성분량에 따른 구분

  ⓐ Thick   ⓑ Heavy   ⓒ Light   ⓓ Thin

5 단계별 향미 결점(Flavor Taints & Faults)

커피 전체를 보면 여러 가지 Flavor의 결함일 때 이를 Flavor Taint라고 하며 이는 개인적인 선호도나 결함의 종류와 정도에 따라 좋아하거나 싫어할 수 있다 만약 화학적 변화가 맛에 영향을 두는 중대한 결함으로 작용하면 이를 Flavor Fault라고 하며 이런 중대한 결점은 커피의 개인적인 선호도를 떠나 대부분의 사람이 싫어하게 된다

(1) 1단계: 수확과 건조(Harvesting / Drying)

종 류	생성 원인
Rioy	요오드 같은 약품 맛이 심하게 나는 경우(맛의 결점), 자연 건조한 브라질 커피에서 주로 발생
Robbery	커피 열매가 너무 오랫동안 나무에 매달려 있는 부분적으로 마를 때 생성, 아프리카의 건식 로부스타종에서 주로 발생
Fermented	혀에 매우 불쾌한 신맛을 남기는 경우, 맛의 결점
Earthy	커피의 뒷맛에서 흙냄새가 나는 경우, 향기의 결점
Musty	지방 성분이 곰팡이 냄새를 흡수하거나 콩이 곰팡이와 접촉하여 발생
Hidy	우지나 가죽 냄새가 나는 경우, 향기의 결점

(2) 2단계: 저장과 숙성(Storage / Aging)

종 류	생성 원인
Grassy	갓 베어 낸 알팔파(Alfalfa)에서 나는 독특한 풀 향기와 풀의 아린 (Astringency) 맛이 결함
Strawy	생두를 오래 보관을 하여 유기물질이 없어져서 숙성상태가 된
Woody	더욱 더 숙성되어 불쾌한 나무와 같은 맛

(3) 3단계 로스팅의 캐러멜화 과정(Roasting / Caramelization)

로스팅 온도가 약 205℃(400℉)가 되면 생두에 있는 당 성분이 일련의 화학적 변화를 겪게 되는데 생두의 유기·무기 성분과 결합하여 캐러멜로 알려진 갈색 물질이 된다.

종 류	생성 원인
Green	너무 낮은 열을 너무 짧은 시간에 공급하여 당-탄소화합물이 제대로 전개되지 않아서 생성
Baked	낮은 열로 너무 오래 로스팅을 하여 캐러멜화가 제대로 진행되지 않아 향미 성분이 충분히 생성되지 않아 발생
Tipped	급격한 열 공급으로 콩이 부분적으로 타서 발생
Scorched	너무 많은 열이 짧은 시간에 공급되어 콩의 표면이 타서 발생

(4) 4단계 로스팅 후 변화(Post-Roasting / Staling)

갓 로스팅이 끝난 원두는 휘발성이 강한 Mercatane이나 황 함유 화합물이 많아 신선하나, 분쇄하면 향기 물질이 급격히 소실됨에 따라 산패가 가속화 된다. 산패가 진행됨에 따라 대부분의 휘발성 유기 물질은 탄산가스 방출과 더불어 소실된다.

종 류	생성 원인
Flat	로스팅 후 산패가 진행되어 향기성분이 소멸되어 발생
Vapid	유기물질이 소실되어 추출 커피에서 향이 별로 없는 향기 결점
Imsipid	커피의 맛 성분이 소실되어 추출한 커피에서 느껴지는 맥 빠진 맛을 내는 맛의 결점
State	산소와 습기가 커피의 유기물질에 안 좋은 영향을 주어 생성되거나 로스팅 후 불포화지방산이 산화되어 생기는 맛
Rancid	상당히 불쾌한 맛을 느끼게 하는 맛의 결점

(5) 5단계: 추출 후 시간 경과에 따른 변화(Post-Brewing / Holding)

커피 추출후 시간이 경과함에 따라 커피의 플레이버는 어느 단계보다 빨리 변화한다. 갓 추출된 커피는 휘발성 유기물질이 풍부하지만 지속적으로 가열되면 온도에 의한 격렬한 분자 반응이 일어나 기체 성분이 증발하게 된다.

종 류	생성 원인
Flat	추출 후 시간 경과에 따라 향기 성분이 소멸되어 발생
Vapid	유기물질이 소실되어 커피에서 향이 많이 나지 않는 결점
Acerbic	추출 후 뜨거운 상태에서 시간이 경과함에 따라 생성되는 강한 신맛
Briny	물이 증발하여 무기질 성분이 농축되면서 짠 맛이 나는 결점
Tarry	추출된 커피의 단백질이 타서 생성된 불쾌한 탄 맛이 나는 결점
Brackish	산화무기물과 염기성 무기질이 농축되어 나타나는 맛의 결점

19 숫자로 익히는 커피 공부

• 데이비드 쇼머(David Schomer): 미국 커피 업계에 라떼 아트를 유행시켰던 인물로 비바체(Espresso Vivace)라는 커피 매장을 경영했다. 그의 대표적 저서는 Espresso Coffee: Professional Technigues가 있다.

• 8.25g: 드립식 커피 추출 시 이상적인 1인분 커피 투입량

• 70℃: 저온에서 탄닌 성분으로 떫은 맛이 난다.

• 90℃: 로스팅 후 얼마되지 않은 신선한 커피의 적정 추출 온도

• 88~96℃: 커피기계(EPM: 에스프레소 머신)의 물의 온도(95~95.5℃, 데이비드 쇼머*)

• 89~92℃: 약배전한 원두의 적정 추출 온도(핸드드립)

• 85~88℃: 중배전한 원두의 적정 추출 온도(핸드드립)

• 80~84℃: 강배전한 원두의 적정 추출 온도(핸드드립)

• 7~10(일반적으로 9) Bar 추출 수 압력(EPM: 에스프레소 머신)

• 3~4℃: 서버를 한번 씩 옮겨 부을 때 떨어지는 온도

• 98%와 1~2%: 커피는 98%의 물과 1~2%의 향미 성분으로 구성

• 2분30초~3분: 드립 커피 추출 시 총 소요시간

• 1~14일: 로스팅 후 14일 정도까지 원두가 드립할 때 가장 좋은 맛을 내고 그 이후 맛과 향이 감소한다(보관 방법에 따라 다소 차이).

• 30~40초: 드립 커피 추출시 뜸들이기 시간

🫘 7~10g(일반: 8.5g ~ 9g): 에스프레소 한 잔 추출분량 원두량

🫘 14~21g: 더블용 필터사용 시, 두 잔 추출분량 원두량

🫘 9기압 전후: 에스프레소 머신의 보일러 압력(8.2기압, 데이비드 쇼머)

🫘 20~30초 기본(27 ~ 28초)

   에스프레소 추출 시간 20초 이내, 메시를 좀 더 작게 설정

                30초 이상 걸릴 때는 메시를 좀 더 크게

🫘 커피 추출량

   ❶ Esperesso Solo(Single)   • 1Shot 기준: 원두 6.5 ~ 10g

                                 • 추출 시간: 25~30초

                                 • 추출량: 25~30ml(20~35ml)

   ❷ Esperesso Doppio(Double)   • 2Shot 기준: 원두 13~20g(13~18g)

                                 • 추출 시간: 25~30초

                                 • 추출량: 50~60ml(40~70ml)

   ❸ Esperesso Ristretto(Restrict): 원두 6.5 ~ 10g

                                 • 추출 시간: 10~15초

                                 • 추출량: 15~20ml(10~20ml)

   ❹ Esperesso Lungo(Long): 원두 6.5 ~ 10g

                                 • 추출 시간: 40~50초

                                 • 추출량: 40~50ml(35~45ml)

🫘 커피 분쇄기: 원뿔형 1,000kg 교환(분당 회전수 400~600회) 평면형 500kg 교환(분당 회

전수 1,400~1,600회)

🫘 테이크 아웃 일회용 컵 사이즈

   ❶ 숏(Short)   8oz   237ml

   ❷ 톨(Tall)   12oz   355ml*

      레귤러(Regular)

      스몰(Small)

   ❸ 그란테(Grande) 16oz   473ml*

   ❹ 벤티(Venti)   20oz   591ml*

   ❺ 트렌타(Trenta) 30oz   887ml**

      *스타벅스

      **스타벅스 트렌타 사이즈 음료 출시(2023.7.20)

      트렌타는 이탈리아어로 30을 뜻한다.

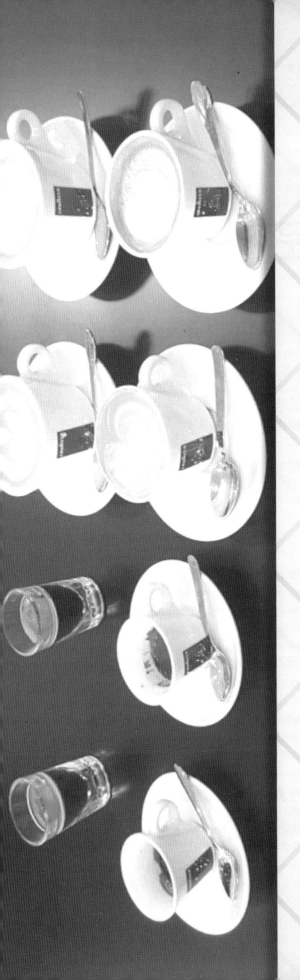

예상 문제

1 친환경 그늘 경작법에 대한 설명으로 옳지 않은 것은?

① 밤과 낮의 기온차이를 완화시키는 작용을 한다.
② 토양 속의 미생물활동과 광물질이 풍부하다.
③ 에티오피아, 인도, 멕시코 등지의 경작법이다.
④ 헥타르당 수확량이 최고로 높다.

2 건식법과 습식법이 합쳐진 형태로 체리를 물에 가볍게 씻은 후 건조하는 방법을 무엇이라 하는가?

① Natural Coffee ② Washed Coffee
③ Pulped Natural Coffee ④ Semi-washed Coffee

3 덜 익은 콩을 의미하는 단어는?

① Quakers ② Parchment ③ Sour Bean ④ Floater Bean

4 온두라스, 엘살바도르, 니카라과 국가의 생두등급 분류법으로 옳은 것은?

① SHG ② SHB ③ AA ④ High Mountain

☕ SHB(Strictly Hard Bean)는 코스타리카의 북부와 남부지역에서 생산되며 생산고도 1,200m~1,650m 에서 코스타리카 생산량의 40%정도 생산된다.
생산고도에 의한 분류로서 과테말라에서는 1,400m 이상에서 생산된다.

5 하와이의 생두 크기와 결점두 수에 따른 분류법이 아닌 것은?

① Extra Fancy ② Fancy ③ Prime ④ Prime Washed

☕ Kona Extra Fancy: 크기 19, 결점두 10개 이내, Kona Fancy: 크기 18, 결점두 16개 이내
Kona Prime: No Size, 결점두 25개 이내

6 멕시코의 고지대에서 자란 커피를 무엇이라 하는가?

① Excelso ② SHG ③ Lavado ④ Altura

☕ Altura란 highland(고지대)를 뜻한다. 다시 말하면 고지대에서 생산된 커피라는 뜻으로 알투라 (Altura)라는 이름이 붙는다. 일반적으로 신맛이 강하며 전체적인 커피맛은 부드럽고 마시기 편한 커피로 평가되고 있다.

7 브라질에서 커피를 수출하는 항구의 이름은?

① Santos ② Tarrazu ③ Narino ④ Antigua

☕ 안티구아(Antigua): 과테말라를 상징하는 커피, 전체적으로 부드러우면서 강한 바디감과 스모크 (smoke)한 향이 있어 스모크 커피의 대명사

8 나라이름에 따른 로스팅의 분류 순서로 맞는 것은?

① 아메리카 → 뉴잉글랜드 → 프렌치 → 비엔나 → 이탈리아 → 에스프레소 → 스페인
② 뉴잉글랜드 → 아메리카 → 비엔나 → 프렌치 → 에스프레소 → 이탈리아 → 스페인
③ 뉴잉글랜드 → 아메리카 → 비엔나 → 에스프레소 → 이탈리아 → 프렌치 → 스페인
④ 뉴잉글랜드 → 아메리카 → 비엔나 → 에스프레소 → 프렌치 → 이탈리아 → 스페인

9 로스팅의 8단계의 순서로 맞는 것은?

① Light → Cinnamon → Medium → High → City → Full City → French → Italian
② Light → Medium → Cinnamon → City → Full City → High → French → Italian
③ Cinnamon → Light → Medium → City → Full City → High → French → Italian
④ Cinnamon → Light → Medium → High → City → Full City → French → Italian

☕ 일본의 경우, L-Value(도)를 사용하여 로스팅 정도를 분류
Light(27 이상) → Cinnamon(25~27) → Medium(22.5~25) → High(20.5~22.5) → City(18.5~20.5) → Full City(16.5~18.5) → French(15~16.5) → Italian(15 이하)

10 미국의 로스팅 단계 순서로 가장 가까운 것은?

① Cinnamon → Light → Medium → Medium High → City → Full City → Dark → Heavy

② Light → Medium → Medium High → Cinnamon → City → Full City → Heavy → Dark

③ Light → Medium → Medium High → Cinnamon → Full City → City → Heavy → Dark

④ Cinnamon → Light → Medium High → Medium → City → Full City → Dark → Heavy

11 생두를 로스팅하는 이유로 적합하지 않은 것은?

① 커피의 맛과 향을 얻기 위함이다.

② 커피의 블렌딩을 위함이다.

③ 커피의 색을 얻는다.

④ 커피의 추출이 쉬워진다.

12 가정에서 쉽게 볶아서 신선한 커피를 즐길 수 있는 간편한 Roaster는?

① 수망 로스터　　　　　　　② 가스직화 로스터

③ 가스 반열풍식　　　　　　④ 열풍식

13 다음은 원두 로스터의 한 형태이다 알맞은 답은?

> 가스버너가 드럼의 중앙이나 아래 드럼에 구멍이 나 있어 드럼안으로 불꽃이 직접 생두에 닿는다. 배전하기 어렵지만 맛이 깨끗하고 고소하다.

① 반열풍식　　② 직화식　　　③ 열풍식　　　④ 수망 로스터

14 커피블렌딩의 3가지 기본원칙이 있다. 거리가 먼 것은?

① 섬세한 맛을 보완해 줄 생두를 우선으로 한다.

② 생두의 성격을 잘 알고 있어야 한다.

③ 안정된 품질을 기본으로 삼는다.

④ 개성이 강한 것을 우선으로 한다.

142　커피 바리스타 마스터

15 생두를 넣는 방식에서 g(그램) 단위로 세어서 넣는 방식을 무엇이라 하는가?

① 배분식　　　② 배치식　　　③ 연속식　　　④ 비율식

16 로스팅 방식에서 예열시간이 비교적 짧은 방식은?

① 직화식　　　② 반열풍식　　　③ 열풍식　　　④ 수망 로스터

17 로스팅 중 생두는 크게 4가지의 변화가 일어난다. 다음 중 아닌 것은 어느 것인가?

① Change of Color　　　② Change of Aroma

③ Change of Shape　　　④ Change of Body

☕ 로스팅 과정의 물리적 변화: 색깔의 변화, 맛의 변화, 향의 변화, 형태의 변화(Shape 최대 100%), 중량의 변화(Weight 0.15~0.13)

18 로스팅 3단계 과정이 아닌 것은?

① Drying Phase　　　② Roasting Phase

③ Cooling Phase　　　④ Popping Phase

☕ 로스팅 과정은 건조 단계, 로스팅 단계, 냉각 단계를 거치게 된다.

19 흡열반응(Endothermic)의 설명으로 올바른 것은 어느 것인가?

① 로스팅 가열을 계속함에 따라 온도가 상승하는데 이 시간 동안에는 생두가 열을 흡수하기 때문에 온도가 서서히 상승한다.

② 내부 온도가 짧은 시간 급격히 올라가기 때문에 생두의 특성에 따라 적절한 불조절을 하여 자신이 원하는 시간과 온도에서 2차 Crack이 진행된다.

③ 1차 Crack 이후부터는 생두내부에서 여러 가지 화학반응과 함께 외부로 열이 발산된다.

④ 흡열반응 중에는 가급적 온도를 최대로 낮추어 변화가 진행될 수 있도록 한다.

20 커피 나무의 치명적인 녹병(Rust Disease)가 발생한 곳은?

① Ceylon　　　② Para　　　③ Mysore　　　④ Mocha

☕ 1869년 커피녹병(Coffee Leaf Rust)

21 유전적 원인으로 인해 한 개의 체리 안에 세 개의 씨앗이 들어 있는 기형의 생두를 무엇이라 부르는가?

① 트리오 빈(Trio Bean)　　　　　② 쓰리 빈(Three Bean)

③ 트라이앵글러 빈(Triangular Bean)　　④ 트리플 빈(Triple Bean)

22 원산지 에티오피아로부터 최초로 커피가 전파되어 경작된 나라는?

① 인도　　　② 인도네시아　　　③ 예멘　　　④ 브라질

23 커피 나무의 경작에 보편적으로 이용되고 있는 방법은?

① 조직배양법　　　　　② 파치먼트 커피 파종법

③ 원목에 접붙이는 법　　④ 분근법(分根法)

☕ 내과피(Parchment) 상태로 파종하며 파종시기는 연중 어느 때나 가능하다. 우선 모래판에 내과피를 반쯤 묻고 그 위에 젖은 짚을 덮는다.

24 커피체리를 수확하는 방법 중 스트리핑(Stripping)에 대한 설명이 틀린 것은?

① 핸드 피킹(Hand Picking) 방법보다 수확시간을 단축할 수 있다.

② 핸드 피킹(Hand Picking) 방법에 비해 인건비 부담이 적다.

③ 나뭇잎, 나뭇가지 등의 이물질이 섞일 가능성이 크다.

④ 습식 가공 방식 커피(Washed Coffee)를 생산하는 지역에서 주로 사용하는 수확 방법이다.

☕ 커피체리를 수확하는 방법
　ⓐ 핸드피커: 익은 체리만 수확하여 균일한 품질
　ⓑ 스트리핑: 일시수확으로 수확에 따른 비용절감
　ⓒ 기계수확: 노동력 대폭절감, 일시에 대량의 체리를 수확

25 다음은 생두의 품질을 평가하는 기준을 설명한 것이다. 틀린 내용은?

① 색상은 청록색(Blue Green)을 띨수록 고급이다.

② 결점 수가 작을수록 고급이다.

③ 평탄하고 온난한 지역에서 자란 커피가 고급이다.

④ 생두는 일반적으로 클수록 고급이고 가격도 비싸다.

26 커피 생두의 수확연도를 기준으로 2년 이상 된 생두에 붙이는 분류법은?

① Old Crop   ② New Crop   ③ Current Crop   ④ Past Crop

27 모카(Mocha)의 의미로 적당치 않은 것은?

① 예멘과 에티오피아에서 생산되는 커피의 총칭
② 초콜릿 혹은 초콜릿이 들어간 음료에 붙이는 이름
③ 예멘의 항구 이름
④ 인도네시아 자바에서 생산된 커피

28 다음은 세계 커피 시장에 관한 내용이다. 설명이 바르지 않은 것을 고르시오?

① 한국은 커피 소비 11위 국가로 연간 8만 톤 이상을 소비한다.
② 국민 1인당 커피를 가장 많이 마시는 나라는 핀란드로 연간 약 12kg 이상을 소비한다.
③ 일본은 인스턴트 커피시장은 성장 증가하고 원두 커피와 스페셜티 커피의 소비는 계속 감소하고 있는 추세이다.
④ 스페셜티 커피(Special Coffee)는 미국 시장에서 금액으로 전체 커피 시장의 약 50% 정도를 차지하며 지속적인 성장세에 있다.

29 한잔의 에스프레소를 추출하기 위한 기준으로 다음 중 틀린 것은?

① 추출하는 물의 온도: 70℃ ± 5℃
② 추출 시간: 30 ± 5초
③ 추출 압력: 9 ± 1bar
④ 분쇄된 커피의 양: 7 ± 1.0g

30 에스프레소 추출 시 데미타스(Demitasse)나 카푸치노 잔에 대한 설명이다. 틀린 것은?

① 잔을 두껍게 제작하는 것은 보온성 때문이다.
② 재질은 사기잔이나 유리잔 또는 동으로 만들어진 것이 좋다.
③ 외부 컬러는 다를 수 있으나 안쪽은 화이트 색으로 처리된 것이 좋다.
④ 외부형태는 다를 수 있으나 안쪽은 U자형으로 곡선처리된 것이 좋다.

31 피베리(Peaberry)의 또 다른 명칭은?

① Caracolillo　　② Bourbon　　③ Mattari　　④ Typica

☕ 피베리(Peaberry)란 커피생산면에서의 결함으로 간주하며 수확 시 평균10%정도가 생산된다. 체리 안에는 일반적으로 두 개의 콩을 가지고 있으나 한 개의 콩만을 가지고 있는 것을 말한다. 일반콩과 달리 둥근모양을 하고 있어 caracol(달팽이란 뜻)이라고 부른다. 체리 자체가 작으며 신맛이 강하다.

32 커피 가공 과정으로 올바른 순서는?

① Pulping → Fermenting → Rinsing → Parchment Coffee → Sun Drying → Hulling → Cleaning → Sizing → Grading
② Fermenting → Pulping → Rinsing → Sun Drying → Parchment Coffee → Hulling → Cleaning → Sizing → Grading
③ Rinsing → Pulping → Fermenting → Parchment Coffee → Sun Drying → Cleaning → Hulling → Sizing → Grading
④ Fermenting → Parchment Coffee → Pulping → Rinsing → Sun Drying → Cleaning → Hulling → Sizing → Grading

33 커피수확의 3가지 분류에 해당되지 않는 것은?

① Mechanical Picking　　　　② Stripping
③ Hand Picking　　　　　　④ Natural Picking

34 커피보관 방법으로 적절치 못한 것은?

① 온도는 20℃에 습도는 40~50%
② 빛이 안 들고 통풍이 잘되는 장소
③ 벽에 붙이고 바닥에 직접 닿아 보관
④ 1년이 넘지 않도록 보관

35 콜롬비아의 커피 생두 분류법이 아닌 것은?

① Excelso　　② Supremo　　③ U.G.Q.　　④ AA

36 가공한 생두(Green Bean)를 크기에 따라 분류할 때 사용하는 기구는?

① Cezve　　② Screen　　③ Mocha Pot　　④ Dripper

37 검사에서 인체에 유해한 화학물질을 발견할 수 없었다는 것을 뜻하는 것은?

① Organically Grown ② Residue Free

③ Fair Trade ④ Organic Coffee

38 1896년 아관파천(俄館播遷)으로 인해 고종은 러시아 공사관 생활을 통해 커피 애호가가 된다. 이때 러시아 공사는 누구인가?

① 베베르 ② 손탁

③ 베르디 ④ 니콜라스라웨즈

39 광무 4년(1900년)에 고종은 덕수궁 내의 동북쪽 경치 좋은 곳에 우리나라 최초의 양관(洋館)을 지었다. 한국적 분위기가 나는 로마네스크풍의 건축양식으로 차를 즐기고 음악을 듣던 곳으로 이 건물의 명칭은 무엇인가?

① 정관헌 ② 손탁호텔 ③ 대불호텔 ④ 정동구락부

40 가운데 꼬리가 두 개 달린 인어인 사이렌(Siren)은 루벤스풍의 상반신이 누드인 모습의 회사 로고를 가진 커피전문점의 이름은?

① Mr. coffee ② Starbucks

③ Angel in us ④ Pascucci

41 모비딕(Moby Dick)의 작품에 나오는 피쿼드(Pequod)호의 일등항해사의 이름을 따서 초기 커피 무역상들의 항해와 전통과 거친 바다의 로맨스를 연상시키는 커피전문점은 어느 것인가?

① Coffee Bean ② Hollys

③ Starbucks ④ Pascucci

42 다음 중 1스크린(Screen)에 해당하는 것은?

① 1/61 inch ② 1/62 inch

③ 1/63 inch ④ 1/64 inch

43 다음은 커피생산지의 설명이다. 어느 나라의 커피특성인가?

전 국토의 1/3정도가 해발 1,700m이상의 고원 지대이고, 주요 산지는 베라크루즈 (Veracruz), 치아파스(Chiapas), 오악사카(Oaxaca) 등에서 생산되며, 이 중 Veracruz, Chiapas에서 55% 이상을 차지한다. 코아테팩(Coatepec) 지역에서는 알투라 코아테팩(Altura Coatepec)이라는 최고의 커피가 생산되고 있다.

① Mexico   ② Jamaica   ③ Guatemala   ④ Colombia

44 다음은 커피생산지의 설명이다. 어느 나라의 커피특성인가?

1829년부터 커피가 재배된 후 기술 개발에 의해 단위 면적당 수확량이 많다. 250~750m에서 주로 재배되며, 주요 산지는 마우나 로아(Mauna Loa), 마우나 키 (Mauna Kea) 화산 서쪽 경사면 지역에서 생산된다. 품질 등급은 Screen size에 의해 Extra Fancy, Fancy, Prime 등으로 분류하며, 주요 특징은 녹색을 띠면서 Full Body, Aroma를 가졌고, 깨끗한 향미와 신맛, 부드러운 감칠 맛을 풍부하게 느낄수 있다.

① Kenya   ② Hawaii   ③ Jamaica   ④ Indonesia

45 다음 에스프레소 관련 용어에 대한 설명으로 맞지 않는 것은?

① Knock Box: 찌꺼기 통
② Portafilter Gasket: 고무 같은 재질의 밀봉재 패킹
③ Group Head: 포터 필터를 끼우는 곳
④ Steam Wand: 스팀 조절 손잡이

46 다음 커피주문용어 설명으로 알맞지 않는 것은?

① Single: 에스프레소 원샷   ② Decaf: 카페인 없는 커피
③ With Whip: 휘핑 추가   ④ Nonfat: 저지방우유

47 다음은 그라인더 관련 명칭 설명으로 틀린 것은?

① Grinder Burr: 그라인더 통
② Doser: 분할 계량기
③ Bean Hopper: 커피 통
④ Obturator: 분쇄기 개폐 판

48 루소, 발자크, 빅토르 위고 등 유명작가와 예술인들이 즐겨 모였고, 혁명 당시에는 개혁정치인들의 집합장소였던 1686년에 문을 연 프랑스 최초의 카페 이름은?

① Le Procope　　　　　　② Tchibo
③ Tim Horton's　　　　　④ Cafe Florian

49 생두가 지닌 맛과 향의 특성을 체계적으로 평가하는 데 쓰이는 방법으로 커피 감별사가 일련의 절차에 따라 미각과 후각을 사용하여 커피 맛을 평가하는 것을 무엇이라 하는가?

① Aroma　　　② Acidity　　　③ Cupping　　　④ Body

50 커피는 건조 가열 공정을 통해 로스팅 된다. 이것은 통상 다른 자연 물질에서와는 다른 것으로, 섭씨 250도를 한계로 끝나게 된다. 커피콩 표면으로 열의 전달에 대하여 맞는 것은?

① 대류, 복사, 전도　　　　② 대류, 복사, 에너지
③ 복사, 전도, 광합성　　　④ 복사, 전도, 빛

51 스페셜티 커피 협회(SCA) 분류법 중 Premium Grade의 설명으로 옳지 못한 것은?

① Body, Flavor, Aroma, Acidity 중 1가지 이상은 특징이 있어야 한다.
② 원두 100g당 Quaker(덜 성숙된 생두)는 3개까지 허용된다.
③ 8개 이상의 Full Defects가 있으나 Primary Defects는 허용된다.
④ 생두의 크기는 95%가 17스크린 이상이어야 한다.

52 커피에 대한 일반적인 설명으로 올바른 것은?

① 강한 맛의 커피가 반드시 순한 맛의 커피보다 카페인이 더 많지는 않다.
② 에스프레소 커피가 레귤러 커피보다 카페인이 더 많다.
③ 스페셜티 커피는 에스프레소 커피와 관련성이 있다.
④ 원두 커피는 적절하게만 보관한다면 몇 주가 지나도 신선함이 남아있다.

53 작고 둥근 편이며, 센터컷이 S자형으로 수확량은 타이피카에 비해 20~30% 많은 커피 품종은?

① Mundo Novo　② Catuai　③ Bourbon　④ Catura

54 커피 체리에 대한 설명이다. 올바르지 않은 것은?

① 커피체리는 약 15~17mm정도의 크기로 동그랗다
② 익기 전의 상태는 초록색이나 익으면서 빨간색으로 변한다
③ 일반적으로 가지에서 가장 가까운 부분이 먼저 익는다
④ 체리의 가장 바깥쪽에는 껍질에 해당하는 파치먼트가 있다

55 로스팅을 잘못한 경우로 'Raw Nut'에 대한 설명으로 맞는 것은?

① 저온으로 짧게 로스팅을 한 경우
② 온도는 높고 로스팅 시간이 짧은 경우
③ 투입량에 비해 너무 높은 온도로 로스팅한 경우
④ 로스팅 과정 중 갑작스럽게 고온 로스팅을 한 경우

56 최근에 그 중요성이 낮아져서 이 동작을 하지 않는 바리스타도 있다. 1차 탬핑이 끝나면 필터 홀더 내벽에 붙어 있는 커피 가루를 떨어뜨리기 위해 하는 동작을 무엇이라 하는가?

① Tampering　② Tapping　③ Tapering　④ Taping

57 배전 중에는 많은 복잡한 화학적 반응이 일어나 커피의 색상, 맛, 특징적인 향을 생성해 내게 된다.이와 관련이 없는 것은?

① 메일라드(Maillard) 반응　　② 열 분해
③ 가수분해　　　　　　　　④ 질량감소

58 자극적인 맛이며, 쓴맛이다. 배전하는 동안 트리고넬린이 분해되어 생긴 물질로. 이 향의 이름은?

① 아세톤(Acetone)　　　　② 피롤(Pyrrole)
③ 푸르푸랄(Furfural)　　　④ 피리딘(Pyridine)

59 다음 중 크레마(Crema)에 대한 설명으로 틀린 것은?

① 단열층의 역할을 하여 커피가 빨리 식는 것을 막아준다
② 지방 성분을 많이 지니고 있어 보다 풍부하고 강한 커피향을 느낄 수 있게 해 준다
③ 그 자체가 부드럽고 상쾌한 맛을 지니고 있다
④ 원두, 분쇄정도, 탬핑, 물과는 상관이 없다

60 그룹 개스킷 교체의 원인이 아닌 것은?

① 고온 고압을 장시간 사용했을 때
② 고온의 열에 의해 탄력성이 저하될 때
③ 포터 필터가 사용할 때보다 옆으로 많이 돌아가 있어 누수될 때
④ 포터 필터의 인설트가 잘 빠질 때

61 일일 영업 종료 후 그라인더 점검사항이다. 틀린 것은 어느 것인가?

① 도우저 내부 원두를 빼낸 후 전기청소기로 흡입 청소한다.
② 호퍼를 분리하여 호퍼에 묻어 있는 오일 때를 세척한다.
③ 그라인더 내부에 있는 원두를 전기청소기로 흡입 청소한다.
④ 그라인더의 커피 유출 상태를 확인하고 굵기를 조절한다.

62 효과적인 커피장비 구입 시 고려할 사항이 아닌 것은?

① 합리성: 커피장비로 직접 커피를 추출하는 등의 테스팅을 거친 후 선택해야 합리적인 가격 내에서 최상의 선택을 할 수 있다.
② 편의성: 애프터서비스가 확실한지 확인해서 신속한 보수가 이루어져야 매장의 매출에 영향을 끼치지 않는다.
③ 품질과 디자인: 매장의 환경과 흐름에 맞으며 고객의 니즈에 잘 맞는 품질과 디자인의 장비를 선택한다.
④ 차별성: 매장여건에 맞고 주 고객층을 고려하여 차별성을 가진 고가의 장비를 구입한다.

63 블렌딩을 하기 위해 지켜야 할 원칙으로 적당치 않은 것은?

① 사용하는 커피를 특성별로 나누는 작업을 한다.
② 블렌딩에 사용하는 커피의 품질 수준이 비슷해야 한다.
③ 로스팅에서 그린빈의 성향을 얼마나 잘 표현했는지 확인한다.
④ 단품으로 더 가치가 있는 빈을 배합하여 작업을 한다.

64 커피를 우려내는 이 방식은 프랑스 인이 발명했고 프랑스에서 널리 사용되어서 붙여진 명칭인데 이 기구를 최초로 제작한 회사이름인 보덤(Bodum)으로도 불리고 또 영어로는 플린저(Plunger)라고도 한다. 이 추출 기구를 무엇이라 하는가?

① French Press   ② Vacuum Brewer
③ Espresso Machine   ④ Mocha Pot

 • 1850 프랑스 금속재질로 만들어짐   • 1930 Attilio Calimani
  • Coffee Plunger 또는 Plunger Pot(커피 플레이버 성분 Essential Oil)
    • 바디가 강한 커피   • 풀시티 정도, 굵게 분쇄

65 찬물에 원두를 장시간 우려내는 방식으로 점적식으로 추출한다. 물과 만나는 접점이 넓어야 함으로 원두를 가늘게 분쇄해야 하는데 이 추출 기구의 이름은?

① Cold Brew   ② Syphon   ③ Cezve   ④ Mocha Pot

66 1개의 추출구를 보완하여 일본에서 개발된 것으로 추출구는 3개이고 바닥은 수평이며 립은 드리퍼 끝까지 올라와 있는 기구의 이름은?

① Melitta   ② Kono   ③ Kalita   ④ Hario

67 뜨거운 물과 커피 추출액이 반복하여 커피층을 통과하면서 추출되는 방식은?

① Drip Filtration   ② Vacuum Filtration
③ Percolation   ④ Steeping

68 커피빈의 취급과 보관하는 방법으로 적당치 않은 것은?

① 습기와 열에 손상되기 쉽기 때문에 서늘하고 건조하며 직사광선이 닿지 않는 곳이어야 한다.
② 적절한 용기는 뚜껑에 고무가 물려 있어서 최대한 공기 접촉을 피할 수 있도록 한 것이 좋다.

③ 냉장고에 커피빈을 보관하면 향미에 손상을 주지 않고 습기도 제거할 수 있다.

④ 커피빈을 분쇄할 때 한 번에 필요한 양만큼만 갈고 커피빈의 상태로 보관하는 것이 좋다.

69 우유 거품을 낼 때 주의할 점으로 틀린 것은?

① 우유는 항상 유효기간을 확인하고 냉장고에 보관한다.

② 우유는 절대 70℃이상 데우지 않으며 과열된 우유는 냉장고에서 식혀서 재사용한다.

③ 노즐에 남아 있는 우유를 닦는 행주는 항상 깨끗한 것을 사용한다.

④ 거품을 내기 전 스팀을 방출해 관과 노즐을 충분히 따뜻하게 한다.

70 드립 추출시에 반드시 필요한 기구가 아닌 것은?

① 드리퍼　　　　　　　　② 종이 필터

③ 드립용 물 주전자　　　　④ 스톱 워치

71 에스프레소 기계에서 필터 홀더를 결합시켜 주는 부분의 명칭은?

① 그룹 헤드　　② 샤워헤드　　③ 블록필터　　④ 스팀 노즐

72 에스프레소 기계를 청소할 때 필터 홀더에 구멍이 없는 바스켓 필터의 명칭은?

① Blind Filter　② Shower Head　③ Gasket　　④ Spout Holder

73 '길게 당긴다'의 의미로 40~50ml의 양으로 추출하는 엷은 농도의 에스프레소 커피는?

① Con　　　② Ristretto　　③ Lungo　　　④ Panna

74 생크림의 의미를 뜻하는 용어는?

① Panna　　② Con　　　③ Latte　　　④ Macchiato

75 '좁은', '제한된'의 의미로 15~20ml 정도의 소량으로 추출하는 농도 짙은 에스프레소 커피는?

① Lungo　　② Ristretto　　③ Latte　　　④ Doppio

76 커피머신의 추출구에 장착하는 장치로 바스켓필터의 커피에 물이 고르게 분배되도록 해주며 작은 구멍들이 뚫려 있는 형태의 에스프레소 기계 장치의 명칭은?

① Water Level Gauge   ② Diffuser
③ Water Nozzle   ④ Gasket

77 에스프레소 커피를 추출할 때 요구되는 물의 적정온도는 90~95℃이다. 그러면 이 온도를 맞추기 위한 보일러의 적정온도는 몇 도인가?

① 약 100℃   ② 약 110℃   ③ 약 120℃   ④ 약 130℃

78 그라인더 날(Burr)에 대한 설명으로 가장 알맞은 것은?

① 그라인더 날의 종류에는 일반적으로 평면형 그라인더 날(Flat Grinding Burr)과 원뿔형 그라인더 날(Conical Grinding Burr) 2가지 종류가 있다.
② 그라인더에서 칼날은 중요하기에 정기적으로 점검을 하면 반영구적으로 사용이 가능하다.
③ 그라인더는 1분간 1,500여회 회전하면서 분쇄되며 두 개의 날이 맞물린 상태에서 위쪽의 날이 빠르게 돌아가며 분쇄한다.
④ 그라인더는 수동식 핸드밀에서부터 전동식까지 다양하지만 커피전문점에서는 대개 수동식 핸드밀을 사용한다.

79 커피 원두를 분쇄할 때 생기는 미분(微分)에 대한 설명으로 틀린 것은?

① 분쇄할 때 원두에 가해지는 강한 충격과 동시에 발생되는 마찰열로 인해 미분이 발생된다.
② 미분 중 상당량은 분쇄된 커피와 함께 배출되어 너무 고운 입자가 만들어내는 부정적인 커피 맛의 원인이 된다.
③ 배출되지 못한 미분은 그대로 커피 분쇄기 안에 남아 급격한 산패 과정을 겪는다.
④ 산패된 미분은 새로운 커피 원두를 분쇄할 때도 배출되지 않는다.

☕ 미분: 커피분쇄 시 발생하는 커피먼지로서 물에 쉽게 용해되어 좋지 않은 맛의 원인이 된다.
에스프레소 추출을 위한 분쇄 입도는 0.01~0.3㎜로서 밀가루보다는 굵게 설탕보다는 가늘게 분쇄한다.

80 그룹 헤드에 포터 필터를 장착 후 추출버튼을 2초 안에 눌러서 추출해야 한다고 World Barista Championship의 중요 심사항목에 포함되어 있다. 그 이유는?

① 빠른 시간 내 추출버튼을 눌려야 우유스티밍을 할 수 있기에
② 시간이 길어지면 위쪽에 있는 커피의 향미 성분이 변하기에
③ 포터 필터를 여러 개 장착할 때 잊어버릴 수 있기에
④ 데운 포터 필터의 온도가 덜어질 수 있기에

81 더블 포터 필터로 추출 시 커피내려지는 줄기가 일정하지 않거나 두 잔의 추출량이 다른 경우가 발생한다. 그 원인이 아닌 것은?

① 커피머신의 수평이 맞지 않을 때
② 탬핑한 커피의 수평이 맞지 않거나 고르지 못할 때
③ 바스켓 필터나 추출구 한 쪽에 커피 찌꺼기가 많이 쌓여 있을 때
④ 포터 필터를 그룹 헤드에 정확히 장착하지 못했을 때

82 Shade-Grown Coffee란?

① 유기농법의 재배환경과 더불어 커피 나무 주변에 다른 여러 종의 작물들과 함께 경작하는 프로그램
② 커피재배, 유통, 저장 그리고 로스팅 등 커피 빈 탄생의 전 단계에서 일체의 인공적인 가공이나 화학비료를 사용하지 않은 것
③ 국제적으로 결정된 합리적인 가격으로 커피를 판매하는 생산자에게 부여하는 공증
④ 열대우림동맹에서 파견된 검사관이 재배 환경을 판별하여 부여

83 다음 생산국과 유명커피 브랜드와 잘못 짝지어진 것은?

① Brazil - Bourbon Santos
② Columbia - Medhellin
③ Guatemala - Antigua
④ Jamaica - Mandheling

☕ Indonesia - Mandheling

84 로스팅 시 1차와 2차 발열 반응이 일어나는 온도는?

① 180~205℃, 200~220℃
② 140~160℃, 200~220℃
③ 180~205℃, 220~240℃
④ 140~160℃, 220~240℃

85 에스프레소 커피기계의 개발역사에 대한 설명이다. 다음 중 틀린 것은?

① 프랑스인 에드워드 데산테는 1855년 파리만국박람회에 증기기관을 갖춘 커피 추출기계를 출품했다.
② 이탈리아인 베제라는 1901년에 증기압을 이용한 에스프레소 커피기계로 특허를 받았다.
③ 현재와 같은 스위치하나로 원두의 분쇄에서 우유 거품까지 자동으로 만들어 지는 전자동 머신은 1905년에 프랑스인 콘티가 발명했다.
④ 현재와 동일한 방식의 에스프레소 커피기계는 1946년 이탈리아인 가기아에 의해 발명되었다.

86 커피 나무의 성장에 관한 설명이다. 가장 거리가 먼 것은?

① 파치먼트라 불리는 씨앗을 심은 후 30~90일이 지나면 싹이 튼다.
② 체리는 기후와 환경에 따라 아라비카는 6~9개월, 로부스타는 9~11개월 동안 익는다.
③ 종자를 파종하고 나서 약 2~4년 후에는 최초의 꽃이 핀다.
④ 3년이 경과한 커피 나무 3년째부터 다량의 수확이 가능하다.

> 개화에서 성숙까지 소요되는 기간은 품종, 기상조건, 경작습관에 따라 다르지만 개화는 나무를 심고 2~3년 정도 지나면 시작한다. 폴리백 사용시 파종에서 이식까지 아라비카종은 12개월, 로부스타종은 6~9개월 정도 소요된다.

87 아라비카종과 로부스타종의 카페인 함량이 올바르게 짝지어진 것은?

① 0.5~1.2%, 1.5~3.0%   ② 0.8~1.5%, 1.7~3.5%
③ 0.6~1.3%, 1.6~3.2%   ④ 0.7~1.3%, 1.5~3.3%

88 커피 추출의 방식 중 가장 거리가 먼 것은?

① Boiling   ② Brewing   ③ Steeping   ④ Extraction

89 일반적으로 국내에 유통되는 우유의 종류별 특징으로 잘못 설명된 것은?

① 저지방우유: 지방함유량을 2% 이내로 줄인 우유
② 멸균우유: 장기 상온 보관가능하게 균의 포자를 완전멸균 후 특수 포장한 우유
③ 탈지우유: 지방 함유량을 0.1%로 줄인 우유
④ 살균우유: 지방을 최소한으로 하는 범위 내에서 분해하지 않고 있는 그대로의 우유

90 커피 추출 기계(Brewing equipment)의 3가지 올바른 조정이 요구된다. 아닌 것은?

① 커피와 물이 접촉하고 있는 시간의 조정

② 물의 온도 조정

③ 터뷸런스(Turbulence)

④ 좋은 물의 사용

91 일반적으로 레스토랑이나 뷔페에서 다량의 커피를 추출한 후 적절한 온도유지를 위한 장비는?

① Coffee Warmer　　② Coffee Pot

③ Freezer　　④ Funnel

92 최초의 상업용 에스프레소 기계는?

① 베제라(Bezzera)　　② 라 파보니(La Pavoni)

③ 로이셀(Loysel)　　④ 아르두이노(Arduino)

93 에스프레소 기계의 역사상 가장 위대한 발명 중 하나인 피스톤 그룹을 발명한 사람은?

① Archille Gaggia　　② Victoria Arduino

③ Desidero Pavoni　　④ Edward Loysel de Santais

94 1855년 프랑스 파리에서 열린 유니버설 박람회에 대형 상업용 커피 추출기계를 출품했던 사람은?

① Archille Gaggia　　② Teresia Arduino

③ Edward Loysel de Santais　　④ Desidero Pavoni

95 1960년 핸드 레버를 없애고 전기의 힘을 이용하여 커피를 추출하는 새로운 에스프레소 기계를 발명한 사람은?

① Desidero Pavoni　　② Carlo Ernesto Valente

③ Edward Loysel de Santais　　④ Archille Gaggia

96 현대식 에스프레소 기계의 모델이 된 Faema E61의 3가지 특징이 아닌 것은?

① 전기식 펌프　　② 열 교환기 튜브

③ 독특한 인퓨전(Infusion)　　④ 전자동 에스프레소 기계

97 1980년대 초 전자동으로 에스프레소 추출과 카푸치노 추출이 가능한 기계를 개발하여 1993년부터 시판한 회사는?

① Faema　　　　　　　　　② La Pavoni
③ Gaggia　　　　　　　　　④ Cimbali

98 에스프레소 추출 시 약한 추출(Under Extraction)의 원인이 아닌 것은?

① 커피 분쇄의 정도가 굵으면 물이 빨리 통과하여 빠른 추출이 된다.

② 커피의 양이 적거나 탬핑이 잘 되지 않으면 저항이 약해 빠른 추출이 된다.

③ 물이 적정 온도 이하이면 속도가 느려도 커피의 풍미나 크레마가 약한 커피가 된다.

④ 30초 이내로 빨리 추출되고 크레마는 황갈색보다는 노란색을 띤다.

> 과소(연한) 추출: 커피 성분이 적게 추출된 맛이 약한 커피
> ① 너무 굵은 분쇄 입자　　　② 약한 탬핑 강도
> ③ 너무 적은 커피 사용　　　④ 낮은 추출 온도
> ⑤ 높은 펌프 압력　　　　　⑥ 낮은 보일러 압력(추출 온도가 내려간다)
> ⑦ 필터바스켓의 구멍이 너무 큰 경우
> 현상 ① 20초 이내 물처럼 빨리 추출
> 　　　② 크레마가 연하고 빠르게 사라짐
> 　　　③ 향이 별로 없고 싱겁고 바디감이 없음
> 과다(진한) 추출: 너무 많이 추출되어 불쾌한 맛이 난다.
> ① 너무 가는 분쇄 입자
> ② 너무 강한 탬핑 강도(물이 천천히 통과)
> ③ 너무 많은 커피 사용
> ④ 높은 추출 온도 → 온도가 너무 높으면 커피 성분이 많이 추출
> ⑤ 낮은 펌프 압력(동일한 시간에 통과하는 물의 양이 적어지는 결과로 과다 추출)
> ⑥ 높은 보일러 압력(기압이 올라갈수록 추출 온도가 올라감)
> ⑦ 필터바스켓의 구멍이 너무 막힌 경우(추출이 느리게 된다)
> 현상 ① 1oz 뽑는데 30초 이상
> 　　　② 크레마가 어둡고 얼룩
> 　　　③ 쓴맛과 불쾌한 탄맛이 나며 향이 별로 없다.

99 느린 추출 또는 진한 추출(Over Extraction)의 원인이 아닌 것은?

① 커피의 양이 너무 많아도 느린 추출이 된다.

② 탬핑의 강도가 너무 강해 물의 통과가 어려워도 느린 추출이 된다.

③ 크레마의 색깔은 매우 진한 갈색을 띤다.

④ 커피 분쇄의 정도가 너무 굵으면 저항력이 강해지면 느린 추출이 된다.

100 그라인더는 날씨에 따라 조정이 필요하다. 올바르게 설명하지 않은 것은?

① 건조한 기후에는 동일한 분쇄 정도에서도 추출이 빨라진다.

② 장마철이나 습한 기후에는 추출이 느려진다.

③ 기후나 원두의 상태에 따라 분쇄기를 조금씩 조정한다.

④ 날씨에 따라 추출의 정도가 달라지지만 조정할 때마다 그라인더의 날의 마모가 심해진다.

101 바리스타가 사용하는 도구로 부적합한 것은?

① 샷 잔　　　② 스팀 피쳐　　　③ 디켄더　　　④ 바 스푼

102 마감 청소 시 청소용 약과 구멍이 막힌 블라인드 필터를 사용할 때 물이 역류하지 않는 것을 무엇이라 하는가?

① Back Flushing　　　② Solenoid

③ Pumper Motor　　　④ Filter Holder

103 커피 가루를 담은 필터 바스켓에 보일러의 뜨거운 물을 골고루 분사시키는 역할을 하는 것은?

① Porter Filter　　　② Pressure Gauge

③ Flow Meter　　　④ Shower Screen

104 휘핑기에 사용되는 가스는?

① 산소　　　② 이산화탄소　　　③ 질소　　　④ 수소

105 에스프레소 기계가 9기압보다 압력이 떨어지거나 높아질 때 압력을 조절하는 장치의 이름은?

① 펌프 모터　　　② 전자 밸브　　　③ 보일러　　　④ 플로우 메타

106 에스프레소 기계의 핵심이 되는 기능은 보일러이다. 보일러의 기능으로 볼 수 없는 것은?

① 뜨거운 물을 끓여 주는 기능

② 스팀을 만들어 주는 기능

③ 추출 그룹이나 순환 계통을 차갑게 해 주는 기능

④ 관통 튜브에 열을 전달해 주는 기능

107 에스프레소 커피에 술을 가미하여 만든 커피 칵테일을 무엇이라 하는가?

① Espresso Variation　　　　② Espresso Correto

③ Espresso Con Panna　　　　④ Espresso Solo

108 다음 중 연결이 잘못 된 것은?

① Doppio-Double　　　　② Shakerato-Shake

③ Romano-Orange　　　　④ Freddo-Cold

> Romano는 '로마(Rome)의', '로마시민'이라는 뜻이며 Espresso Romano는 에스프레소에 레몬슬라이스나 레몬 껍질등을 첨가한 커피 음료

109 그라인더는 세 부분으로 구분할 수 있다. 세 부분에 해당하지 않는 것은?

① Hopper　　② Cutter　　③ Container　　④ Doser

110 커피 생두의 지질 아라비카: 15.5%, 로부스타: 9.1% 각 부위에 함유되어 있는 지방산 중 가장 적게 함유되어 있는 것은?

① Arachidic Acid　　　　② Palmitic Acid

③ Linoleic Acid　　　　④ Oleic Acid

> Linoleic Acid(43.1%), Palmitic Acid(31.1%), Oleic Acid(9.6%), Stearic(9.6%), Arachidic Acid(4.1%)

111 아라비카종과 로부스타종에 함유된 지질의 평균 함량은?

① 아라비카 10.0%, 로부스타 9.0%

② 아라비카 9.0%, 로부스타 10.0%

③ 아라비카 15.5%, 로부스타 9.1%

④ 아라비카 9.1%, 로부스타 15.5%

112 커피 추출액 중 무기질성분이 약 40%로 가장 많이 함유되어 있는 성분은?

① Ca(칼슘)　　② Na(나트륨)　　③ K(칼륨)　　④ Mg(마그네슘)

113 생두에 가장 적게 함유된 것은?

① 비타민　　② 무기질　　③ 지질　　④ 탄수화물

114 서비스의 특성이 아닌 것은?

① 무형성　　② 이질성　　③ 소멸성　　④ 분리성

115 다음에 괄호 안에 들어갈 수치로 바르게 짝지은 것은?

> 생두의 수분 함량은 대략 8%에서 13%이며, 대개는 10%에서 12% 정도이다. 수분 함량이 (　)%를 넘어설 경우에는 곰팡이나 균이 번식할 위험이 높아진다. 곰팡이가 억제되는 한계치로서 상대습도는 (　)%이다.

① 13.0, 70　　　　　　② 13.5, 70
③ 13.0, 75　　　　　　④ 13.5, 75

116 배전을 갓 마친 배전두의 수분 함량은?

① 0.5~3.5%　　　　　② 0.5~3.0%
③ 0.4~3.5%　　　　　④ 0.4~3.0%

117 다음은 사이폰 추출 방식의 절차이다. 바른 순서대로 나열되어 있는 것을 고르시오.

> A. 로드에 물이 다 올라오면 대나무스틱으로 가볍게 골고루 저어 준다.
> B. 플라스크의 물이 끓으면 로드를 플라스크에 단단하게 고정시킨다.
> C. 플라스크에 정량의 미리 데운 물을 부어 준다.
> D. 램프가 꺼져 차가워진 온도로 인해 커피는 로드에서 자연적으로 플라스크로 떨어진다.
> E. 로드를 좌우로 흔들어 플라스크에서 제거하고 커피를 서빙하면 된다.

① C-B-A-D-E　　　　② C-A-B-D-E
③ C-B-D-A-E　　　　④ C-D-A-B-E

사이폰(Syphon)으로 커피 추출하기: 원두를 약하게 볶아 중간 굵기로 분쇄한 20g의 커피 가루와 뜨거운 230㎖이 필요하다. 특히 향이 뛰어나 아로마커피 추출법으로도 분류한다.
주의할 점: 플라스크의 겉을 깨끗하게 닦는다. 물기가 남아 있으면 가열시 플라스크가 깨어지는 원인이 된다.
사이폰의 추출 방식:
① 필터셋팅: 고리를 당겨 로드의 하단에 확실하게 걸어준다.
② 빈 로드를 걸쳐 놓는다.
③ 물이 끓으면 커피를 로드에 담는다.
④ 로드를 삽입한다.
⑤ 물이 상부로 올라간다.
⑥ 스틱을 이용해 잘 섞어 준다.
⑦ 25-30초가 되면 불을 꺼준다.
⑧ 스틱으로 한 번 더 저어준다.
⑨ 완료: 커피가 하단으로 내려 온다.

118 커피는 사용하는 추출 도구에 따라 분쇄의 정도가 다르다. 기구에 맞게 적절히 분쇄해야만 맛있는 커피를 추출해 낼 수 있다. 아주 고운 분쇄로부터 굵은 분쇄까지를 올바르게 나열된 것?

① Turkish → Espresso → Plunger → Water Drip → Percolator → Jug
② Espresso → Turkish → Plunger → Water Drip → Percolator → Jug
③ Turkish → Espresso → Water Drip → Plunger → Percolator → Jug
④ Espresso → Turkish → Water Drip → Plunger → Percolator → Jug

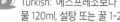 Turkish: 에스프레소보다 더 곱게 분쇄한다. 추출도구로는 제즈베(Cezve)가 있다. 원두 20g 물 120ml, 설탕 또는 꿀 1-2 작은 술

튀르키예식 커피 추출하기:
① 곱게 간 원두를 제즈베에 담는다.
② 물을 안쪽 선까지 붓는다.
③ 불에 올려 끓인다.
④ 한 번 끓어 오르면 불에서 잠시 내려 설탕을 한 스푼 듬뿍 넣고 스푼으로 저어 섞는다.
⑤ 다시 불에 올려 끓어 넘치려고 할 때 불에서 내려 가라 앉혔다가 다시 불에 올려 끓이기를 3~4 회 반복한 다음 불에서 내린다.
⑥ 잔에 담아 낸다. 걸러내지 않는다.

Coffee Plunger, Plunger Pot라고 한다. 일반적으로 French Press로 많이 알려져 있다. 모카포트가 이탈리아식 커피 추출법이라면 프랑스에서 흔히 사용하던 도구가 바로 프렌치프레스이다.
프랑스에서는 강하게 볶은 원두를 프렌치프레스에서 진하게 추출해 우유를 타서 내놓는데, 이것이 카페오레이다.

프렌치프레스 커피 추출하기:
① 강배전으로 볶아 중간굵기로 분쇄한 원두 20g을 프렌치프레스에 담는다.
② 90℃의 물 250㎖를 붓고 가볍게 저은 다음 그대로 둔다.
③ 뚜껑을 덮지 않고 그대로 1분 30초간 둔다.
④ 뚜껑을 덮고 꾹 누른다. 천천히 끝까지 내린다.
⑤ 잔에 커피를 따른다.

119 다음은 추출 기구에 대한 설명이다. 어떤 추출 기구를 설명한 것인가?

> 일정 시간 동안 커피를 물에 담가 두었다가 피스톤으로 커피 찌꺼기를 분리하여 마신다. 지나치게 신맛이 강한 커피나 약배전된 커피를 사용하지 않는다. 내리는 Bar의 압력으로 인해 신맛이 강조되기 때문이다.
> 커피가 닿아 있는 물에 의해 우려지고 Bar에 의해 걸러지기 때문에 고운 분쇄를 사용할 경우 지나치게 쓴 커피가 추출되거나 Bar를 내릴 수 없게 된다.

① Percolator   ② Jug   ③ Plunger   ④ Siphon

120 드립 추출을 위해서는 필요한 도구들이 있다. 다음 중 이에 해당되지 않는 것은?

① 드립 전용 주전자　　　　② 서버
③ 드리퍼　　　　　　　　　④ 페이퍼

121 드리퍼 안쪽으로 길쭉하게 살짝 튀어나온 것이 있다. 이것을 무엇인가?

① 리브　　　② 리브라　　　③ 서버　　　④ 페이퍼 필터

122 드립용 필터에 대한 설명으로 올바르지 못한 것은?

① 각각의 드리퍼는 드리퍼에 맞는 페이퍼 필터를 사용할 필요가 없다.
② 융의 경우 천으로 드립을 하는 것이므로 페이퍼 필터를 사용할 필요가 없다.
③ 융의 털이 닳아 없어지면 새것으로 갈아주어야 한다.
④ 페이퍼 필터에 펄프 냄새가 날 경우 도금이 된 영구 필터를 사용한다.

123 커피를 테이스팅 할 때 세부적인 맛의 표현들을 올바르게 짝지어진 것은?

A. Fullness	1. 농익은
B. Sharp	2. 흙 냄새나는
C. Mellow	3. 자극이 강한
D. Grassy	4. 풍부한
E. Earthy	5. 풀 냄새나는

① A-1, B-4, C-2, D-3, E-5　　② A-2, B-5, C-3, D-4, E-1
③ A-3, B-4, C-2, D-1, E-5　　④ A-4, B-3, C-1, D-5, E-2

124 신맛보다 쓴맛이 균형 있게 조화되고, 다갈색이며 뉴욕에서 선호하는 스타일의 로스팅은?

① 미디엄(약강배전)　　　　② 시티(중중배전)
③ 풀시티(중강배전)　　　　④ 프렌치(강배전)

125 커피를 생산하는 몇 개의 국가에서 전문가들의 평가로 순위를 매겨 경매를 통해 가장 품질이 좋은 커피의 맛을 선보이게 만든 기구는?

① SCA　　　② COE　　　③ KBC　　　④ ICO

126 로스팅 시 발생하는 현상이라고 볼 수 없는 것은?

① 수분의 감소　　　　　　　② 향기의 감소
③ 부피의 증가　　　　　　　④ 무게의 감소

127 가공 방식의 하나인 건식법의 설명으로 알맞은 것은?

① 생산 단가가 싸고 친환경적이다.
② 품질이 높고 균일하다.
③ 발효 과정에서 악취가 날 수 있다.
④ 물을 많이 사용하므로 환경을 오염시킨다.

128 생산고도에 의한 분류에 속하지 않는 국가는?

① 코스타리카　　　　　　　② 멕시코
③ 파라과이　　　　　　　　④ 온두라스

129 카페인(Caffeine)에 대한 설명으로 틀린 것은?

① 인체에 흡수되면 신경계, 호흡계, 심장혈관계에 영향을 주나 일시적이다.
② 혼합성분의 두통약에도 일정량 포함되어 있다.
③ 식약청 권장 성인기준 하루 600mg 섭취를 권장하고 있다.
④ 1819년 독일 화학자 룽게(Runge)가 처음으로 분리 성공했다.

130 추출구가 한 개인 원추형으로 리브(Rib)가 나선형으로 된 드리퍼는?

① Kalita　　　　　　　　　② Melita
③ Kono　　　　　　　　　　④ Hario

131 커피 추출단계에서 첫 번째 단계인 뜸을 주는 이유와 거리가 먼 것은?

① 물이 균일하게 확산되며 물이 고르게 퍼지게 된다.
② 커피의 수용성 성분이 물에 녹게 되어 추출이 원활하게 이루어진다.
③ 뜸 들이는 과정을 생략하면 진한 커피가 추출될 수밖에 없다.
④ 커피에 함유되어 있는 탄산가스와 공기를 빼주는 역할을 한다.

132 로스팅 단계에서 휴지기(Pause)의 의미는?

① 1차 크랙과 2차 크랙의 사이의 단계이다.
② 센터컷이 벌어지면서 크랙 소리가 들리는 단계이다.
③ 갈색에서 진한 갈색으로 바뀌는 단계이다.
④ 생두의 수분함량이 감소되는 단계이다.

133 다음 중 결점두의 종류로 잘못 짝지어진 것은?

① Insect Damage: 벌레 먹은 콩
② Fungus Damage: 곰팡이에 의해 노란색을 띤 콩
③ Floater: 깨진 콩이나 콩 조각
④ Withered Bean: 작고 기형인 콩

134 커피 수확에 대한 세 가지 통계기준이 아닌 것은?

① Crop Year　② Coffee Year　③ Calendar Year　④ Harvest Year

135 커피 추출 방식 중 우려내기(Steeping)에 해당되는 기구는?

① Percolator　② Espresso　③ Mocha Pot　④ French Press

136 커피 추출 방식 중 달이기(Decoction)에 해당되는 기구는?

① Cezve　　　　　　② Mocha Pot
③ Coffee Urn　　　　④ Vacuum Brewer

137 커피 산패의 요인이 아닌 것은?

① 산소　　　② 수분　　　③ 온도　　　④ 밀도

138 로스터기의 진화단계는?

① 구형 → 드럼형 → 원통형 → 프라이팬형
② 프라이팬형 → 구형 → 원통형 → 드럼형
③ 드럼형 → 원통형 → 프라이팬형 → 구형
④ 원통형 → 프라이팬형 → 구형 → 드럼형

139 효소가 쓰이지 않는 갈변화 과정으로 환원당이 아미노산과 반응하는 이러한 현상을 무엇이라 하는가?

① 메일라드 반응 ② 카라멜화
③ 유기물질 손실 ④ 휘발성 아로마

140 수평형(Flat) 그라인더의 장점이 아닌 것은?

① 단위 처리량이 좋다. ② 다양한 분쇄도가 가능하다.
③ 조용하고 열 발생이 적다. ④ 입자 크기가 곱고 고르다.

141 드립 커피의 기초가 되는 커피 가루가 나오지 않게 헝겊조각을 덮은 드립포트를 만든 사람은?

① 돈 마틴 ② 벨로이 ③ 로버트 네이피어 ④ 롤랑

142 에스프레소 기계의 추출 온도를 정밀하게 조절, 유지, 관리할 수 있는 장치는?

① 추출 챔버(Extraction Chamber) ② PID 제어장치
③ 열 교환기(Heat Exchanger) ④ 체크 밸브(Check Valve)

143 다음 중 아라비카종의 원종(Orginal)에 해당하는 품종은?

① Catimor ② Mundo Novo ③ Bourbon ④ Ruiru 11

144 1922년 케냐에서 최초로 발견된 커피의 병은?

① 커피잎 녹병 ② 커피 열매병
③ 커피 열매 천공벌레 ④ 비늘 곤충

145 에티오피아에서의 커피재배방식과 거리가 먼 것은?

① 집집마다 서너그루의 Buni가 있다.
② 소규모 커피농가의 Garden Coffee가 90%된다.
③ 하라(Harrar)는 해발 고도 2,000m 이상에서 재배되어 바디감과 신맛이 좋다.
④ 하라, 시다모, 김비가 주요 생산 지역이다.

☕ 하라(Harrar)는 해발 고도 3,000m 이상에서 재배되어 아로마가 풍부하고 바디감과 신맛이 좋다.

146 주 원료 성분 배합기준에 의한 커피의 분류 가운데 볶은 커피의 가용성 추출액을 건조한 것을 지칭하는 것은?

① 볶은 커피　　　　　　　　② 조제 커피
③ 추출건조 커피　　　　　　④ 인스턴트 커피

147 커피의 분류 가운데 거리가 먼 것은?

① 원두 커피　② 인스턴트 커피　③ 조제 커피　　④ 액상 커피

148 핸드 드립에 있어 추출 전에 뜸을 주는 이유가 아닌 것은?

① 가루 전체에 물을 고르게 퍼지게 한다.
② 커피 추출을 원활하게 하기 위하여
③ 탄산가스와 공기를 빼주는 역할을 해준다.
④ 싱거운 커피를 추출하기 위하여 한다.

149 리베리카(Coffea Liberica)에 대한 설명중 틀린 것은?

① 고온다습한 저지에서 재배 가능하며 수확량이 적다.
② 콩의 크기가 작고, 쓴맛이 강하여 품질이 좋지 않다.
③ 외관이 마름모꼴이며 극히 일부 지역에서 생산되어 현지에서 소비된다.
④ 로부스타와 함께 3대 원종으로 분류된다.

150 아래의 설명과 가장 가까운 나라는?

• 마일드 커피의 대명사로 고급 커피를 생산한다.
• 절반이상이 해발 1,400m 이상 고지대 아라비카 커피만 생산한다.
• 모두 수세건조 방법 가공을 한다.

① 브라질　　　② 콜롬비아　　　③ 코스타리카　　④ 과테말라

151 커피 나무의 성장에 관한 설명이다. 틀린 것은?

① 종자를 파종하고 나서 약 1년 후에 개화가 시작된다.
② 파치먼트 상태의 씨앗을 묘판에 심거나 폴리백에 채워 심는다.
③ 개화에서 성숙까지 소요기간은 일반적으로 아라비카는 6-9개월, 로부스타는 9~11개월 걸린다.
④ 씨앗을 심고 약 30~60일 정도 지나면 새싹이 나온다.

152 다음은 코닐론(Conilon)에 대한 설명이다. 다른 것은?

① 다소 약한 산미와 약간의 쓴맛이 있다.

② 로스팅을 하면 센터 컷(Center Cut)이 먼저 까맣게 타들어 간다.

③ 로부스타로 대량 생산된다.

④ 주로 원두 커피의 배합용 또는 인스턴트용으로 사용된다.

153 커피 한 잔의 카페인 함유량에 대한 설명 중 거리가 먼 것은?

① 로부스타 커피는 아라비카 커피보다 함유량이 많다.

② 강배전 커피가 중배전 커피보다 함유량이 적다.

③ 커피 원두를 곱게 갈면 함유량이 많아진다.

④ 에스프레소 커피 한 잔에는 일반적으로 카페인이 80~150mg 들어 있다.

154 커피에 관한 내용이다 거리가 먼 것은?

① 커피 열매에서 가장 중요한 부분은 씨앗이다.

② 커피과육이 건조되어야 씨앗을 쉽게 얻을 수 있다.

③ 대기 중의 산소와 분리하면 오래 보관할 수 없다.

④ 음용하기 위해서는 갈아야 한다.

155 에티오피아에서의 커피 재배 방식이 아닌 것은?

① Forest Coffee　　　　　② Garden Coffee

③ Plantation Coffee　　　④ Mountain Coffee

☕ Garden Coffee란 소규모 커피농가에서 생산되는 커피를 말한다. 집집마다 서너 그루의 커피 나무(Bun 또는 Buni라고 한다)가 있다.
Mountain Coffee는 전통 유기농법의 그늘 경작을 말한다.

156 커피의 향미를 관능적으로 평가할 때 사용되지 않는 감각은?

① 시각　　　② 후각　　　③ 미각　　　④ 촉각

☕ 여기서 촉각은 Coffee Mouthfeel을 말한다. 마우스 필이란 음식이나 음료를 섭취하거나 섭취한 후 입안에서 물리적으로 느끼는 촉감

157 '좁은', '제한된'의 의미로 20ml 정도의 소량으로 추출하는 농도 짙은 에스프레소 커피는?

① Lungo   ② Ristretto   ③ Latte   ④ Doppio

 Lungo는 Long, Doppio는 Double의 이태리어이다.

158 현대식 에스프레소 기계의 모델이 된 Faema E61의 3가지 특징이 아닌 것은?

① 전자동 에스프레소 기계   ② 독특한 인퓨전(Infusion)
③ 열 교환기 튜브   ④ 전기식 펌프

최초의 전자동 에스프레소 기계는 Acrto 990이다.

159 브루잉(Brewing)에 관한 설명이다. 틀리게 설명한 것은?

① 커피의 강도가 1% 미만이면 약한 추출, 1.5% 이상이면 너무 진한 추출이라 한다.
② 추출된 커피액에는 커피가 1~1.5%, 물이 98.5~99%의 비율이 되어야 한다.
③ 14% 이하라면 덜 우려낸 커피, 20% 이상이라면 진한 추출이 되어 쓴맛과 떫은 맛이 나는 커피가 된다.
④ 올바르게 추출된 커피가 가진 풍미 중 18~22%를 물이 우려내야 한다.

커피 추출에 18% 미만이면 과소 추출로 풋내가 난다. 22% 이상이면 과다 추출로 떫은 맛(Astringent)이 난다. 커피 고형성분의 농도는 1.15%~1.35%.

160 다음 중 아라비카종에 대한 설명으로 부적합한 것은?

① 다 자란 크기는 5~6m이고, 주로 평균기온 20℃, 해발 600~2000m의 고지대에서 재배된다.
② 원산지가 에티오피아로 잎의 모양과 색깔, 꽃 등에서 로부스타와 미세한 차이를 나타낸다.
③ 모양은 로부스타에 비해 평평하고 길이가 길며 카페인 함유량도 로부스타에 비해 작다.
④ 잎과 나무의 크기가 로부스타종보다 크지만, 열매는 로부스타종이나 리베리카종보다 작다.

아라비카종의 다 자란 크기는 5~6m이고, 주로 평균기온이 20℃, 해발 600~2,000m의 고지대에서 재배된다. 로부스타종의 다 자란 크기는 3~8m이고, 주로 24~30℃ 고온에서 재배된다.

161 다음은 커피 테이스팅에 대한 설명이다. 잘못 짝지은 것은?

① 커피의 뒷맛: Aftertaste ② 입안에서 커피의 느낌: Taste
③ 추출된 커피의 향: Aroma ④ 커피콩의 향: Fragrance

> • 커피의 뒷맛(Aftertaste)은 피라진 화합물로 쓴맛, 초콜릿향,
> • Nose: 마시면서 느끼는 향기로 당의 카보닐화합물, 캐러멜, 캔디나시럽향.
> • 추출된 커피의 향은 Cup Aroma,
> • 분쇄된 커피향은 꽃향기, 단향, 톡쏘는 향기로 에스테르 형태의 화합물 Fragrance

162 열풍 로스터(Hot Air Roaster)의 설명으로 알맞지 않는 것은?

① 드럼 내부나 외부에 직접 화력이 공급된다.
② 고온의 열풍만을 사용하여 드럼 내부로 주입하는 방식이다.
③ 개성적인 커피 맛을 표현하기 어려운 것이 단점이다.
④ 균일한 로스팅을 할 수 있고 대량 생산 공정에 주로 사용된다.

> 열풍 로스팅: 대규모의 로스팅 설비를 갖추고 대량으로 커피를 볶는 것이다. 인스턴트 커피제조용

163 유럽에서 첫 번째 커피 나무 재배를 성공한 나라는?

① 영국   ② 프랑스   ③ 오스트리아   ④ 네덜란드

> 1696년 네덜란드 인에 의해 인도네시아에서 커피 나무가 이식되었다.

164 세계 최초의 커피 수출국인 나라는?

① 네덜란드   ② 예멘   ③ 에티오피아   ④ 인도네시아

> 1706년 인도네시아산 자바커피가 유럽으로 수출되었다.

165 작고 둥근 편이며 센터컷이 S자형인 원두는?

① Bourbon   ② Maragogype   ③ Catura   ④ Typica

> 버번(Bourbon)은 크기가 작고 둥근 편이다. 타이피카의 돌연변이종이다.
> 카투라(Catura)는 키가 작아 수확이 용이하다. 크기가 작고 신맛이 강하다. 격년 생산이 가능하다.

166 가장 유명한 커피의 하나인 블루마운틴을 해발 1,525m의 높이에서 소량으로 생산하는 나라는?

① 자메이카   ② 케냐   ③ 과테말라   ④ 콜롬비아

> 자메이카는 연중 짙은 안개가 많이 낀다. 1728년 영국 니콜라스 라웨즈경이 마르티니크섬에 커피 나무를 이식했다.

167 영어의 쉐이크와 같은 뜻으로 갈아서 만든 음료를 가리키는 용어는?

① Freddo
② Frappe
③ Torino
④ Smoothie

☕ 프라페는 빙수에 리큐르를 탄 음료를 말한다. 살짝 얼린 과즙을 말하기도 한다. 미국에서는 진한 밀크세이크를 말하기도 한다.

168 디카페인 커피에 대한 설명이다. 틀린 것은?

① 일반적으로 용매제를 사용하여 카페인을 제거한다.
② 로스팅을 한 뒤 카페인을 제거한다.
③ 카페인을 녹여내는 용매 액체 속에 원두를 적신 다음 용매의 흔적을 제거한다.
④ 스위스 워터방식은 오직 물과 탄소필터만을 사용한다.

☕ 디카페인 커피: 1819년 독일 화학자 룽게(F. Runge)에 의해 최초로 카페인 제거기술이 개발되었다. 상업규모의 카페인제거기술은 독일 HAG사의 설립자인 로셀리우스(L. Roselius)에 의해 1903년 개발되었다.
미국 규정의 경우 97% 이상의 카페인이 제거되면 디카페인 커피로 인정한다. 약 18잔의 디카페인 커피에 들어 있는 카페인 양이 일반 커피 한 잔과 비슷하다.
물 추출법(Water Extraction Process): 1930년 스위스에서 개발되었다. 뜨거운 물이 커피에 침투, 카페인과 플레이버 요소가 되는 여러 화합물을 포함하고 있는 물이 활성탄소를 통과하여 카페인을 제거하는 공정이다.

169 약한 크레마(Light Crema)의 원인이 아닌 것은?

① 물의 온도가 95℃보다 높은 경우
② 펌프 압력이 9bar보다 높은 경우
③ 물 공급이 제대로 안 되는 경우
④ 바스켓필터 구멍이 너무 큰 경우

☕ 크레마: 에스프레소 추출에서 가장 중요한 요소이다. 영어의 Cream. 지방 성분과 커피의 향성분이 결합하여 생성된 미세한 거품으로 에스프레소의 향을 지속시켜 주는 효과가 있다. 두께 3~4mm, 커피 양의 10%이상, 미디엄 로스트의 경우 황금색을 띠며, 다크 로스트의 경우 약간 붉은색을 띤다.

170 원산지 에티오피아로부터 최초로 커피가 전파되어 경작된 나라는?

① 인도네시아
② 인도
③ 브라질
④ 예멘

☕ 예멘: 에티오피아에서 발견된 커피를 전세계로 전파시킨 나라이며, Arabica라는 말도 아라비아, 즉 예멘 커피에서 유래되었다.

171 커피 보관 방법으로 적절치 못한 것은?

① 바닥에 닿지 않고 최대한 벽 가까이 안정되게 붙인다.

② 보관기간을 1년이 넘지 않도록 한다.

③ 온도는 20℃ 이하 습도는 40~50%를 유지한다.

④ 빛이 안 들고 통풍이 잘되는 장소

☕ 커피보관 방법: 보관시 상대습도 수준 60% 미만, 수분함유율이 9% 미만이 되면 맛과 색깔과 밀도 등에서 손상이 일어난다.

172 스페셜티 커피 협회(SCA) 분류법 중 Speciality Grade의 설명으로 옳지 못한 것은?

① 썩거나 부패한 생두는 허용하지 않는다.

② Body, Flavor, Aroma, Acidity중 1가지 이상은 특징이 있어야 한다.

③ 생두의 크기는 95%가 18스크린 이상이어야 한다.

④ 생두 300g당 7개 이내의 Full Defects를 허용하나 Primary Defects는 단 한 개도 허용되지 않는다.

☕ 생두 300g당 Full Defects가 5개를 넘지 않아야 하며 Primary Defects는 단 한 개도 허용되지 않는다.
  • Full Defects: 문제가 있는 생두
  • Primary Defects: 녹색이 아닌 완전 검은색

173 커피 체리에 대한 설명이다. 올바르지 않은 것은?

① 일반적으로 가지에서 가장 가까운 부분이 먼저 익는다.

② 체리의 가장 바깥쪽에는 껍질에 해당하는 파치먼트가 있다.

③ 커피체리는 약 15~17mm정도의 크기로 동그랗다.

④ 익기 전의 상태는 초록색이나 익으면서 빨간색으로 변한다.

☕ 파치먼트: 생두를 감싸고 있는 단단한 껍질의 내과피(Endocarp)가 파치먼트(Parchment)이다.
  • 겉 껍질(Outer Skin): 외과피
  • 커피체리의 길이는 아라비카종은 12~18㎜, 카네포라종은 8~16㎜이다.

174 커피의 산패에 대한 내용 중 다른 것은?

① 외부의 산소가 커피 조직 바깥으로 빠져나가 커피를 산화시킨다.

② 유기물이 산화되어 지방산이 발생된다.

③ 맛과 향이 변하는 현상이다.

④ 습도가 높을수록 커피는 쉽게 변질된다.

☕ 원두에서 발생하는 탄산가스는 지속적으로 향기물질과 같이 외부로 방출되는데 더 이상 탄산가스가 방출되지 않게 되면 이때부터 산소가 커피조직내부로 침투하여 커피가 산화시키게 된다.

175 아이리쉬 커피를 만들 때 포함되지 않는 재료는?

① 아일랜드산 위스키   ② 에스프레소 커피

③ 휘핑크림   ④ 넛맥

 • Irish Whiskey 1oz   • Sugar 1tsp(티스푼)   • Hot Coffee Fill
• Whipped Cream
    ① 유리글라스에 레몬즙
    ② 돌리면서 Brown Sugar를 가장자리에 묻힌다.
    ③ Brown Sugar 1tsp 넣고 아이리시 위스키 붓는다.
    ④ 뜨거운 커피를 조금 넣은 다음 설탕을 녹인다.
    ⑤ 커피를 80% 채운 다음 휘핑크림을 띄운다.
• 넛맥(Nutmeg): 우리말로 육두구

예상 문제 정답

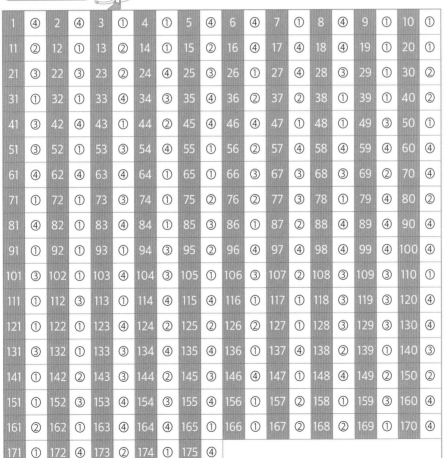

1	④	2	④	3	①	4	①	5	④	6	④	7	①	8	④	9	①	10	①
11	②	12	①	13	②	14	①	15	②	16	④	17	④	18	④	19	①	20	①
21	③	22	③	23	②	24	④	25	③	26	①	27	④	28	③	29	①	30	②
31	①	32	③	33	④	34	③	35	④	36	④	37	②	38	①	39	①	40	②
41	③	42	④	43	①	44	②	45	④	46	④	47	①	48	①	49	③	50	①
51	③	52	①	53	②	54	④	55	①	56	②	57	④	58	④	59	④	60	④
61	④	62	④	63	④	64	①	65	①	66	③	67	③	68	③	69	②	70	④
71	①	72	①	73	③	74	①	75	②	76	②	77	③	78	①	79	④	80	②
81	④	82	①	83	④	84	①	85	②	86	①	87	②	88	④	89	④	90	④
91	①	92	①	93	④	94	③	95	②	96	②	97	④	98	④	99	④	100	①
101	③	102	①	103	④	104	③	105	①	106	③	107	②	108	③	109	③	110	①
111	①	112	①	113	①	114	④	115	①	116	①	117	①	118	③	119	③	120	④
121	①	122	①	123	④	124	②	125	②	126	④	127	①	128	③	129	③	130	④
131	③	132	①	133	③	134	④	135	①	136	①	137	④	138	②	139	①	140	③
141	①	142	②	143	①	144	②	145	②	146	④	147	①	148	④	149	②	150	②
151	①	152	③	153	①	154	③	155	①	156	①	157	②	158	①	159	③	160	④
161	②	162	①	163	④	164	④	165	①	166	①	167	②	168	②	169	①	170	④
171	①	172	④	173	②	174	①	175	④										

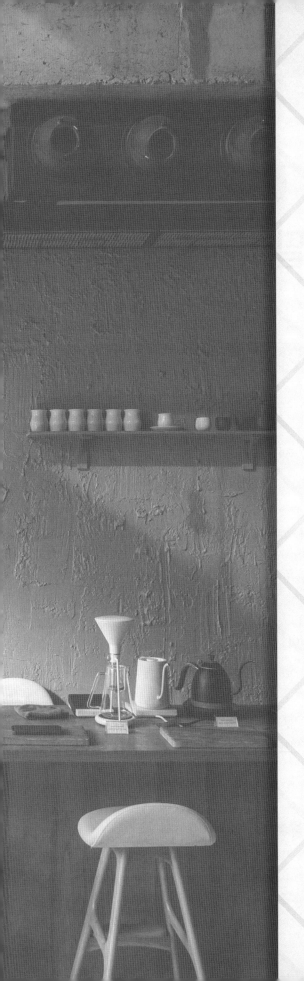

PART 03

기출 문제

바리스타 마스터

제1회

2급 필기시험문제

자격종목 및 등급	시험시간	수험번호	성 명
Barista Master 2급	1시간		

1 다음 비알코올성 음료 중 커피가 속하는 것은?

① 영양음료　　　② 청량음료　　　③ 탄산음료　　　④ 기호음료

2 아이리시 커피에서 사용하지 않는 재료는?

① 아일랜드산 위스키　　　　② 에스프레소 커피
③ 휘핑크림　　　　　　　　④ 넛 맥

3 에티오피아에서의 커피재배방식이 아닌 것은?

① Forest Coffee　　　　　② Garden Coffee
③ Plantation Coffee　　　　④ Mountain Coffee

4 깔루아는 어느 산지의 커피를 주원료로 사용하여 만든 혼성주인가?

① 브라질　　　② 과테말라　　　③ 멕시코　　　④ 케냐

5 저지방 우유는 원유의 지방분을 몇 %이하로 조정한 것을 말하는가?

① 0.5%　　　② 1%　　　③ 2%　　　④ 5%

6 커피의 향미를 관능적으로 평가할 때 사용되지 않는 감각은?

① 시각   ② 후각   ③ 미각   ④ 촉각

7 제빙기의 이상 징후 중 얼음이 생성되는 양이 적은 원인이 아닌 것은?

① 정수기 필터가 막혔다.
② 공기의 흐름에 문제가 있다.
③ 냉매가 떨어졌다.
④ 응축기 코일 주변에 여러 물건이 쌓여있다.

8 정수기 필터의 역할을 바르게 설명된 것은?

① 콜스필터: 여과기 기능을 하는 필터
② 뷰렛필터: 석회질이 배관라인에 쌓이는 것을 방지하는 필터
③ IMF필터: 살균 효과의 역할을 하는 필터
④ 프리필터: 세균을 억제하는 필터

9 커피 맛을 표현하는 용어가 아닌 것은?

① Clean   ② Delicious   ③ Clear   ④ Dirty

10 우유가 아닌 라이트 크림으로 만든 카푸치노는?

① Chiaro   ② Breve   ③ Bodum   ④ Gruppa

11 당일 판매 가능한 양만큼 준비해 두는 것을 무엇이라 하는가?

① Coffee Break   ② Par Stock   ③ FIFO   ④ Inventory

12 커피 신선도를 저해시키는 산패의 주요원인이 아닌 것은?

① 산소   ② 수분   ③ 온도   ④ 밀도

13 일반적으로 사이펀 추출 시 플라스크를 가열하는 열원으로 사용하는 것은?

① 알코올 램프   ② 가스 스토브   ③ 핫 플레이트   ④ 할로겐 램프

14 커피 컵 중 Demitasse의 크기는?

① 70ml 정도의 크기   ② 50ml 정도의 크기

③ 30ml 정도의 크기   ④ 60ml 정도의 크기

15 증기를 생성하는 에스프레소 머신의 부품은?

① 급수펌프   ② 보일러   ③ 분사필터   ④ 압력 게이지

16 덜 익은 콩을 의미하는 단어는?

① Sour Bean   ② Floater Bean   ③ Quakers   ④ Parchment

17 하와이의 생두 크기와 결점두 수에 따른 분류법이 아닌 것은?

① Prime Washed   ② Fancy

③ Prime   ④ Extra Fancy

18 나라이름에 따른 로스팅의 분류순서로 맞는 것은?

① 아메리카 → 뉴잉글랜드 → 프렌치 → 비엔나 → 이탈리아 → 에스프레소 → 스페인

② 뉴잉글랜드 → 아메리카 → 비엔나 → 프렌치 → 에스프레소 → 이탈리아 → 스페인

③ 뉴잉글랜드 → 아메리카 → 비엔나 → 에스프레소 → 이탈리아 → 프렌치 → 스페인

④ 뉴잉글랜드 → 아메리카 → 비엔나 → 에스프레소 → 프렌치 → 이탈리아 → 스페인

19 생두를 로스팅하는 이유로 적합하지 않은 것은?

① 커피의 블렌딩을 위함이다.

② 커피의 맛과 향을 얻기 위함이다.

③ 커피의 추출이 쉬워진다.

④ 커피의 색을 얻는다.

20 다음은 원두 로스팅의 한 형태이다 알맞은 답은?

> 가스버너가 드럼의 중앙이나 아래 드럼에 구멍이 나 있어 드럼안으로 불꽃이 직접
> 생두에 닿는다. 배전하기 어렵지만 맛이 깨끗하고 고소하다.

① 직화식   ② 반열풍식   ③ 수망 로스터   ④ 열풍식

21 로스팅 3단계 과정이 아닌 것은?

① Cooling Phase
② Popping Phase
③ Drying Phase
④ Roasting Phase

22 유전적 원인으로 인해 한 개의 체리 안에 세 개의 씨앗이 들어 있는 기형의 생두를 무엇이라 부르는가?

① 트라이앵글러 빈(Triangular Bean)
② 트리플 빈(Triple Bean)
③ 트리오 빈(Trio Bean)
④ 쓰리 빈(Three Bean)

23 커피 생두의 수확연도를 기준으로 2년 이상 된 생두에 붙이는 분류법은?

① Old Crop
② New Crop
③ Current Crop
④ Past Crop

24 피베리(Peaberry)의 또 다른 명칭은?

① Caracolillo
② Bourbon
③ Mattari
④ Typica

25 커피 가공 과정으로 올바른 순서는?

① Pulping → Fermenting → Rinsing → Parchment Coffee → Sun Drying → Hulling → Cleaning → Sizing → Grading
② Fermenting → Pulping → Rinsing → Sun Drying → Parchment Coffee → Hulling → Cleaning → Sizing → Grading
③ Fermenting → Parchment Coffee → Pulping → Rinsing → Sun Drying → Cleaning → Hulling → Sizing → Grading
④ Rinsing → Pulping → Fermenting → Parchment Coffee → Sun Drying → Cleaning → Hulling → Sizing → Grading

26 콜롬비아 커피 생두의 분류법이 아닌 것은?

① Excelso
② AA
③ U.G.Q
④ Supremo

27 검사에서 인체에 유해한 화학물질을 발견할 수 없었다는 것을 뜻하는 것은?

① Fair Trade   ② Organic Coffee

③ Organically Grown   ④ Residue Free

28 1922년 케냐에서 최초로 발견된 커피의 병은?

① 커피잎 녹병   ② 비늘 곤충

③ 커피 열매병   ④ 커피 열매 천공벌레

29 모비딕(Moby Dick)의 작품에 나오는 피쿼드(Pequod)호의 일등항해사의 이름을 따서 초기 커피 무역상들의 항해와 전통과 거친 바다의 로맨스를 연상시키는 커피전문점은 어느 것인가?

① Pascucci   ② Starbucks

③ Hollys   ④ Coffee Bean

30 다음은 커피생산지의 설명이다. 어느 나라의 커피특성인가?

> 전 국토의 1/3정도가 해발 1,700m이상의 고원 지대이고, 주요 산지는 베라크루즈 (Veracruz), 치아파스(Chiapas), 오악사카(Oaxaca)등에서 생산되며, 이 중 Veracruz, Chiapas에서 55% 이상을 차지한다.
> 코아테팍(Coatepec) 지역에서는 알투라 코아테팍(Altura Coatepec)이라는 최고의 커피가 생산되고 있다.

① Guatemala   ② Jamaica   ③ Mexico   ④ Colombia

31 루소, 발자크, 빅토르 위고 등 유명작가와 예술인들이 즐겨 모였고, 혁명 당시에는 개혁정치인들의 집합장소였던 1686년에 문을 연 프랑스 최초의 카페 이름은?

① Tchibo   ② Le Procope

③ Tim Horton's   ④ Cafe Florian

32 스페셜티 커피 협회(SCA) 분류법 중 Premium Grade의 설명으로 옳지 못한 것은?

① Body, Flavor, Aroma, Acidity중 1가지 이상은 특징이 있어야 한다.
② Quaker(덜 성숙된 생두)는 3개까지 허용된다.
③ 8개 이상의 Full Defects가 있으나 Primary Defects는 허용된다.
④ 생두의 크기는 95%가 17스크린 이상이여야 한다.

33 커피에 대한 일반적인 설명으로 올바른 것은?

① 에스프레소커피가 레귤러커피보다 카페인이 더 많다.
② 강한 맛의 커피가 반드시 순한 맛의 커피보다 카페인이 더 많지 않다.
③ 원두 커피는 적절하게만 보관한다면 몇 주가 지나도 신선함이 남아있다.
④ 스페셜티 커피는 에스프레소 커피와 관련성이 있다.

34 작고 둥근 편이며, 센터컷이 S자형으로 수확량은 타이피카에 비해 20~30% 많은 커피 품종은?

① Mundo Novo ② Catuai ③ Bourbon ④ Catura

35 1차 탬핑이 끝나면 필터 홀더 내벽에 붙어 있는 커피 가루를 떨어뜨리기 위해 하는 동작을 무엇이라 하는가?

① Tampering ② Tapping ③ Tapering ④ Taping

36 배전중에는 많은 복잡한 화학적 반응이 일어나 커피의 색상, 맛, 특징적인 향을 생성해 내게 된다. 이와 관련이 없는 것은?

① 메일라드(Maillard)반응 ② 열 분해
③ 가수분해 ④ 질량감소

37 그룹 가스킷 교체의 발생 원인이 아닌 것은?

① 고온 고압을 장시간 사용했을 때
② 고온의 열에 의해 탄력성이 저하될 때
③ 포터 필터가 사용할 때보다 옆으로 많이 돌아가 있어 누수될 때
④ 포터 필터의 인설트가 잘 빠질때

38 효과적인 커피장비 구입 시 고려할 사항이 아닌 것은?

① 차별성: 매장여건에 맞고 주 고객층을 고려하여 차별성을 가진 고가의 장비를 구입한다.

② 편의성: 애프터서비스가 확실한지 확인해서 신속한 보수가 이루어져야 매장의 매출에 영향을 끼치지 않는다.

③ 품질과 디자인: 매장의 환경과 흐름에 맞으며 고객의 니즈에 잘 맞는 품질과 디자인의 장비를 선택한다.

④ 합리성: 커피장비로 직접 커피를 추출하는 등의 테스팅을 거친 후 선택해야 합리적인 가격 내에서 최상의 선택을 할 수 있다.

39 커피를 우려내는 이 방식은 프랑스 인이 발명했고 프랑스에서 널리 사용되어서 붙여진 명칭인데 이 기구를 최초로 제작한 회사이름인 보덤(Bodum)으로도 불리고 또 영어로는 플린저(Plunger) 라고도 한다. 이 추출 방식을 무엇이라 하는가?

① Vacuum Brewer　　　　　② French Press

③ Espresso Machine　　　　④ Mocha Pot

40 1개의 추출구를 보완하여 일본에서 개발된 것으로 추출구는 3개이고 바닥은 수평이며 립은 드리퍼 끝까지 올라와 있는 기구의 이름은?

① Kalita　　　② Kono　　　③ Melitta　　　④ Hario

41 커피빈(Coffee Bean)의 취급과 보관하는 방법으로 적당치 않은 것은?

① 습기와 열에 손상되기 쉽기 때문에 서늘하고 건조 하며 직사광선이 닿지 않는 곳이어야 한다.

② 적절한 용기는 뚜껑에 고무가 물려 있어서 최대한 공기 접촉을 피할 수 있도록 한 것이 좋다.

③ 냉장고에 커피빈을 보관하면 향미에 손상을 주지 않고 습기도 제거할 수 있다.

④ 커피빈을 분쇄할 때 한 번에 필요한 양만큼만 갈고 커피빈의 상태로 보관하는 것이 좋다.

42 우유 거품을 낼 때 주의할 점으로 틀린 것은?

① 우유는 항상 유효기간을 확인하고 냉장고에 보관한다.
② 거품을 내기 전 스팀을 방출해 관과 노즐을 충분히 따뜻하게 한다.
③ 노즐에 남아있는 우유를 닦는 행주는 항상 깨끗한 것을 사용한다.
④ 우유는 절대 70℃이상 데우지 않으며 과열된 우유는 냉장고에서 식혀서 재사용한다.

43 에스프레소 기계를 청소할 때 필터 홀더에 구멍이 없는 바스켓 필터의 명칭은?

① Blind Filter　　　　　　② Shower Head
③ Gasket　　　　　　　　④ Spout Holder

44 '좁은', '제한된'의 의미로 15~20ml 정도의 소량으로 추출하는 농도 짙은 에스프레소 커피는?

① Lungo　　　② Ristretto　　　③ Latte　　　④ Doppio

45 커피 원두를 분쇄할 때 생기는 미분(微分)에 대한 설명으로 틀린 것은?

① 산패된 미분은 새로운 커피 원두를 분쇄할 때도 배출되지 않는다.
② 미분 중 상당량은 분쇄된 커피와 함께 배출되어 너무 고운 입자가 만들어내는 부정적인 커피 맛의 원인이 된다.
③ 배출되지 못한 미분은 그대로 커피 분쇄기 안에 남아 급격한 산패 과정을 겪는다.
④ 분쇄할 때 원두에 가해지는 강한 충격과 동시에 발생되는 마찰열로 인해 미분이 발생된다.

46 그룹 헤드에 포터 필터를 장착 후 추출버튼을 2초안에 눌러서 추출해야 한다고 World Barista Championship의 중요 심사항목에 포함되어 있다. 그 이유는?

① 시간이 길어지면 위쪽에 있는 커피의 향미 성분이 변하기에
② 빠른 시간내 추출버튼을 눌려야 우유스티밍을 할 수 있기에
③ 포터 필터를 여러 개 장착할 때 잊어버릴 수 있기에
④ 데워진 포터 필터의 온도가 덜어질 수 있기에

47 그늘 경작 커피(Shade-Grown Coffee)란?

① 유기농법의 재배환경과 더불어 커피 나무 주변에 다른 여러 종의 작물들과 함께 경작하는 프로그램

② 커피재배, 유통, 저장 그리고 로스팅 등 커피 빈 탄생의 전단계에서 일체의 인공적인 가공이나 화학비료를 사용하지 않은 것

③ 국제적으로 결정된 합리적인 가격으로 커피를 판매하는 생산자에게 부여하는 공증

④ 열대우림동맹에서 파견된 검사관이 재배 환경을 판별하여 부여

48 로스팅에서 1차와 2차 발열반응이 일어나는 온도는?

① 180~205℃, 220~240℃ ② 140~160℃, 220~240℃

③ 180~205℃, 200~220℃ ④ 140~160℃, 200~220℃

49 아라비카종과 로부스타종의 카페인 함량이 올바르게 짝지어진 것은?

① 0.5~1.2%, 1.5~3.0% ② 0.8~1.5%, 1.7~3.5%

③ 0.6~1.3%, 1.6~3.2% ④ 0.7~1.3%, 1.5~3.3%

50 커피 추출 기계(Brewing Equipment)의 3가지 올바른 조정이 요구된다. 아닌 것은?

① 좋은 물의 사용

② 물의 온도 조정

③ 터뷸런스(Turbulence)

④ 커피와 물이 접촉하고 있는 시간의 조정

51 최초의 상업용 에스프레소 기계는?

① 로이셀(Loysel) ② 라 파보니(La Pavoni)

③ 베제라(Bezzera) ④ 아르두이노(Arduino)

52 에스프레소 추출시 약한 추출(Under Extraction)의 원인이 아닌 것은?

① 30초 이내로 빨리 추출되고 크레마는 황갈색보다는 노란색을 띤다.
② 커피의 양이 적거나 탬핑이 잘 되지 않으면 저항이 약해 빠른 추출이 된다.
③ 낮은 보일러 압력은 추출 온도가 내려가 커피의 풍미나 크레마가 약한 커피가 된다.
④ 커피 분쇄의 정도가 굵으면 물이 빨리 통과 하여 빠른 추출이 된다.

53 바리스타가 사용하는 도구로 거리가 먼 것은?

① 샷 잔   ② 스팀피쳐   ③ 바 스푼   ④ 디켄더

54 필터 바스켓에 담긴 커피를 전체적으로 골고루 분사시키는 역할을 하는 곳은?

① Porter Filter   ② Pressure Gauge
③ Flow Meter   ④ Shower Screen

55 커피 생두의 지질 각 부위에 함유되어 있는 지방산 중 가장 적게 함유되어 있는 것은?

① Oleic Acid   ② Palmitic Acid
③ Linoleic Acid   ④ Arachidic Acid

56 커피 추출액 중 무기질성분이 약 40%로 가장 많이 함유되어 있는 성분은?

① K(칼륨)   ② Mg(마그네슘)   ③ Ca(칼슘)   ④ Na(나트륨)

57 서비스의 특성이 아닌 것은?

① 무형성   ② 분리성   ③ 소멸성   ④ 이질성

58 다음은 사이폰 추출 방식의 절차이다. 바른 순서대로 나열되어 있는 것을 고르시오.

> A. 로드에 물이 다 올라오면 대나무스틱으로 가볍게 골고루 저어 준다.
> B. 플라스크의 물이 끓으면 로드를 플라스크에 단단하게 고정시킨다.
> C. 플라스크에 정량의 미리 데워진 물을 부어 준다.
> D. 램프가 꺼져 차가워진 온도로 인해 커피는 로드에서 자연적으로 플라스크로 떨어진다.
> E. 로드를 좌우로 흔들어 플라스크에서 제거하고 커피를 서빙하면 된다.

① C-B-A-D-E   ② C-A-B-D-E
③ C-B-D-A-E   ④ C-D-A-B-E

59 커피를 테이스팅 할 때 세부적인 맛의 표현들을 올바르게 짝지어진 것은?

A. Fullness	1. 농익은
B. Sharp	2. 흙 냄새나는
C. Mellow	3. 자극이 강한
D. Grassy	4. 풍부한
E. Earthy	5. 풀 냄새나는

① A-1, B-4, C-2, D-3, E-5　　② A-2, B-5, C-3, D-4, E-1
③ A-3, B-4, C-2, D-1, E-5　　④ A-4, B-3, C-1, D-5, E-2

60 커피는 사용하는 추출 도구에 따라 분쇄의 정도가 다르다. 기구에 맞게 적절히 분쇄해야만 맛있는 커피를 추출 해낼 수 있다. 아주 고운 분쇄로부터 굵은 분쇄까지를 올바르게 나열된 것은?

① Turkish → Espresso → Water Drip → Plunger → Percolator → Jug
② Espresso → Turkish → Plunger → Water Drip → Percolator → Jug
③ Turkish → Espresso → Plunger → Water Drip → Percolator → Jug
④ Espresso → Turkish → Water Drip → Plunger → Percolator → Jug

제1회 바리스타 마스터 2급 필기시험문제 정답

1	④	2	④	3	④	4	③	5	③	6	①	7	③	8	④	9	②	10	②
11	②	12	④	13	①	14	①	15	②	16	③	17	①	18	④	19	①	20	①
21	②	22	①	23	①	24	①	25	①	26	②	27	④	28	③	29	①	30	③
31	②	32	③	33	③	34	③	35	②	36	④	37	③	38	①	39	④	40	①
41	③	42	④	43	①	44	②	45	①	46	①	47	①	48	③	49	②	50	①
51	③	52	①	53	④	54	④	55	④	56	①	57	②	58	①	59	④	60	①

바리스타 마스터
2급 필기시험문제

자격종목 및 등급	시험시간	수 험 번 호	성 명
Barista Master 2급	1시간		

1 다음은 주요 용어에 대한 설명이다. 틀린 것은?

① 추출(Extraction)이란 분쇄된 입자에서 물질을 제거하는 것이다.
② 추출된 물질은 물에 녹는 물질(Soluble)과 녹지 않는 물질(Insoluble)로 나뉜다.
③ 수용성 기체는 맛과 농도에 기여한다.
④ 물에 녹는 물질은 제조된 액체 속에 녹아들어 있는 고형물과 기체를 말한다.

2 에스프레소 추출에 대한 설명이다. 가장 거리가 먼 것은?

① 압력은 어느 한도까지는 높일수록 흐름 속도도 빨라지지만 그 한도를 넘어서면 흐름 속도는 반대로 느려진다.
② 물길을 따라 나 있는 커피 입자에서는 과소 추출이 일어나기에 쓴맛이 나타난다.
③ 커피층을 제대로 만들지 못하면 물 흐름 속도가 빠른 부분인 물길(Channel)이 만들어지기 쉽다.
④ 커피층에서 밀도가 높은 부분은 적은 양의 물이 흘러가게 되어 향을 끌어내지 못하며 농도도 낮아진다.

3 그라인더에 대한 설명이다. 틀린 것은?

① 미분은 어느 정도 이상 만들어지지 않아야 한다.
② 분쇄 중 입자에 발생하는 열은 가능한 많아야 한다.
③ 알맞은 흐름 저항이 나타 날 수 있는 적절한 입자 크기를 만들어야 한다.
④ 입자 크기가 이원적 또는 삼원적인 분포를 나타내어야 한다.

4 에스프레소는 매우 가는 입자를 사용해야 하는 이유의 설명으로 적절치 못한 것은?

① 표면적이 극도로 높아지고, 입자 표면에서 많은 양의 고형물을 재빨리 씻어내기에 적합하다.
② 보다 많은 입자 세포가 노출되므로 다량의 수용성 고분자 물질과 콜로이드성 물질이 추출물로 이동될 수 있다.
③ 입자 크기가 작아 표면력이 크게 늘어나고, 입자들끼리 밀착되기 쉬워진다.
④ 물이 세포로 들어와서 고형물이 세포 밖으로 빠져나가 확산되기까지의 평균시간이 길어지기 때문이다.

5 분쇄 중에 입자에 열을 최소한으로 가해야 하는 이유로 적절치 못한 것은?

① 가열로 인해 커피 향미가 손상되고 향 성분의 손실이 가속화된다.
② 오일이 입자 표면에 드러나 입자가 끈끈하게 뭉쳐진 덩어리로 만들어져 추출이 잘못될 수 있다.
③ 뭉쳐진 덩어리는 적심이 잘 일어나지 않아 커피층의 상당부분이 추출 내내 마른상태로 있게 한다.
④ 입자에 열이 가해지는 것 자체를 피해야한다.

6 도징 챔버에 커피 가루를 담아 둘 때의 단점이 아닌 것은?

① 커피가 일단 분쇄되면 가스 빠짐은 크게 가속된다.
② 도징 챔버 안에 커피 가루가 얼마나 많이 들어 있는지에 따라 그 양이 항상 변한다.
③ 추출되기까지 가스가 빠지는(Degassing) 시간이 다양하게 나타난다.
④ 도징이 매우 빨리 이루어질 수 있고 편리하다.

7 우유 스티밍을 할 때의 기본적인 목표가 아닌 것은?

① 공기를 불어넣을 때는 미세거품이 있는 구조로 만든다.
② 표면은 반들반들하면서 눈에 보이는 거품이 없어야 한다.
③ 우유는 최종 70도를 넘기지 않는다.
④ 에스프레소 추출이 끝난 뒤 밀크스티밍을 시작한다.

8 드립식 커피에 사용되는 필터매체에 대한 설명이다. 올바르지 못한 것은?

① 종이 필터(Paper Filter)는 바디가 가장 적고 가장 향미가 높은 음료를 만들어 낸다.
② 철제필터(Metal Filter)는 음료의 바디가 매우 낮고 향미의 깔끔함은 매우 높아진다.
③ 천 필터(Cloth Filter)는 바디가 높고 적당한 향미의 깔끔한 커피 음료가 만들어진다.
④ 천 필터(Cloth Filter)는 오일과 청소용 화학 물질을 흡수하기가 용이하여 품질이 나빠지기 쉽다.

9 미분의 양을 줄일 수 있는 방법이 아닌 것은?

① 보다 날이 잘 선 날(Burr)를 사용한다.
② 보다 약 로스팅된 원두를 사용한다.
③ 수분함량이 적는 원두를 사용한다.
④ 그라인딩 속도를 낮춘다.

10 유럽에서 첫 번째 커피 나무 재배를 성공한 나라는?

① 영국   ② 프랑스   ③ 오스트리아   ④ 네덜란드

11 세계 최초의 커피 수출국인 나라는?

① 네덜란드   ② 예멘   ③ 에티오피아   ④ 인도네시아

12 에스프레소 한 잔 분량의 커피를 질소 충전하여 밀봉한 커피로 낱개 포장된 커피를 무엇이라 하는가?

① Pack Coffee   ② Capsule Coffee   ③ Pod Coffee   ④ Single Coffee

13 '얼룩진'이라는 이태리어로 커피의 갈색 크레마위에 우유의 흰 거품이 얼룩져 조화를 이룬 커피를 의미하는 것은?

① Macchiato   ② Scuro   ③ Chiaro   ④ Freddo

14 가장 유명한 커피의 하나인 블루마운틴을 해발 1,525m의 높이에서 소량으로 생산하는 나라는?

① 자메이카   ② 케냐   ③ 과테말라   ④ 콜롬비아

15 영어의 쉐이크와 같은 뜻으로 갈아서 만든 음료를 가리키는 용어는?

① Freddo   ② Frappe   ③ Torino   ④ Smoothie

16 디카페인 커피에 대한 설명이다. 틀린 것은?

① 일반적으로 용매제를 사용하여 카페인을 제거한다.

② 로스팅을 한 뒤 카페인을 제거한다.

③ 카페인을 녹여내는 용매 액체속에 원두를 적신 다음 용매의 흔적을 제거한다.

④ 스위스 워터방식은 오직 물과 탄소필터만을 사용한다.

17 미국에서는 콜드 브류(Cold Brew)라고 불리는 커피로 네덜란드상인들이 과거 네덜란드령 인도네시아 식민지에서 유럽으로 커피를 운반해가는 과정에 오랫동안 커피를 보관해서 마실 수 없을까하는 생각에 의해 고안되었다고 하는 추출법의 커피는?

① Kono   ② Dutch   ③ Hario   ④ Melita

18 '커피의 귀부인'이라 불리는 세계 명품커피로 적절한 신맛, 흙냄새와 초콜릿 향이 오묘하게 조화를 이루는 커피는 맛을 내는 커피원산지는?

① Yemen Mocha Sanani   ② Yemen Mocha Mattari

③ Colombia Narino Supremo   ④ Colombia Huila Supremo

19 약한 크레마(Light Crema)의 원인이 아닌 것은?

① 물의 온도가 95℃보다 높은 경우

② 펌프압력이 9Bar보다 높은 경우

③ 물 공급이 제대로 안 되는 경우

④ 바스켓필터 구멍이 너무 큰 경우

20 포터 필터의 추출구 바깥으로 커피가 흘러나오는 경우가 아닌 것은?

① 포터 필터가 막힌 경우
② 개스킷이 낡았거나 경화된 경우
③ 포터 필터의 장착을 잘못한 경우
④ 펌프압력이 9bar보다 높은 경우

21 커피 3대 원종 중의 하나로 서아프리카가 원산지다. 저지대에서 생산되고 환경에 잘 적응하고 병충해도 강하다. 강한 쓴맛이 특징으로 현재 라이베리아를 중심으로 수리남이나 가이아나 등지에서 아주 적은 양이 생산되는 원두는?

① Arabica   ② Riberica   ③ Robusta   ④ Mocha

22 상부의 로트와 하부의 플라스크로 구성된 진공식 추출 기구는?

① Syphone   ② Cezve   ③ Kalita   ④ Melita

23 커피는 204℃에서 열분해가 시작되어 짙은 갈색으로 변하면서 볶은 커피로부터 나오는 향기로운 오일을 무엇이라 하는가?

① Caffeol   ② Coffee Oil   ③ Oil   ④ Essence

24 브랜디를 이용한 커피메뉴는?

① 카페 로열   ② 말리부 커피
③ 아이리시 커피   ④ 깔루아 커피

25 우유의 품질 기준 중 '1급'에 속하는 체세포수는?

① 10만 미만   ② 20만 미만
③ 20~50만 이하   ④ 50만 초과

26 시판되는 우유중에 포장용기에 세균수 기준 중 '1급 A'우유의 품질기준(세균수/ml)에 적합한 것은?

① 2만 미만   ② 3만 미만
③ 4만 미만   ④ 5만미만

27 브라질에서 발견된 버번(Bourbon)의 돌연변이로 1973년부터 상업적으로 재배되기 시작했고, 녹병에 강해 생산성이 높은 원두는?

① Catura   ② Typica   ③ Mundo Nobo   ④ Catuai

28 작고 둥근 편이며 센터컷이 S자형인 원두는?

① Bourbon   ② Maragogype   ③ Catura   ④ Typica

29 미국에서 부르는 로스팅의 단계의 순서로 알맞은 것은?

① Light → Medium → Medium High → Cinnamon → Full City → City → Heavy → Dark
② Cinnamon → Light → Medium High → Medium → City → Full City → Dark → Heavy
③ Cinnamon → Light → Medium → Medium High → City → Full City → Dark → Heavy
④ Light → Medium → Medium High → Cinnamon → City → Full City → Heavy → Dark

30 드리퍼 안쪽으로 길쭉하게 살짝 튀어나온 것이 있다. 이것의 명칭은?

① 페이퍼 필터   ② 서버   ③ 리브라   ④ 리브

31 다음에 괄호 안에 들어갈 수치로 바르게 짝지은 것은?

생두의 수분 함량은 대략 8%에서 13%이며, 대개는 10%에서 12% 정도이다. 수분 함량이 (   )%를 넘어설 경우에는 곰팡이나 균이 번식할 위험이 높아진다. 곰팡이가 억제되는 한계치로서 상대습도는 (   )%이다.

① 13.5, 75   ② 13.5, 70
③ 13.0, 75   ④ 13.0, 70

32 배전을 갓 마친 배전두의 수분 함량은?

① 0.4 ~ 3.5%   ② 0.5 ~ 1.0%
③ 0.5 ~ 2.5%   ④ 0.4 ~ 3.0%

33 아라비카종과 로부스타종에 함유된 지질의 평균 함량은?

① 아라비카 15.5%, 로부스타 9.1%

② 아라비카 9.1%, 로부스타 15.5%

③ 아라비카 10.0%, 로부스타 9.0%

④ 아라비카 9.0%, 로부스타 10.0%

34 드립용 필터에 대한 설명으로 올바르지 못한 것은?

① 융의 털이 닳아 없어지면 새것으로 갈아주어야 한다.

② 페이퍼 필터에 펄프 냄새가 날 경우 도금이 된 영구 필터를 사용한다.

③ 각각의 드리퍼는 드리퍼에 맞는 페이퍼 필터를 사용할 필요가 없다.

④ 융의 경우 천으로 드립을 하는 것이므로 페이퍼 필터를 사용할 필요가 없다.

35 커피 추출액 중 무기질성분이 약 40%로 가장 많이 함유되어 있는 성분은?

① Mg(마그네슘)   ② K(칼륨)

③ Na(나트륨)   ④ Ca(칼슘)

36 바리스타가 사용하는 도구로 부적합한 것은?

① 스팀 피쳐   ② 샷 잔   ③ 디켄더   ④ 바 스푼

37 마감 청소시 청소용 약과 구멍이 막힌 블라인드 필터를 사용할 때 물이 역류하지 않는 것을 무엇이라 하는가?

① Solenoid   ② Back Flushing

③ Filter Holder   ④ Pumper Motor

38 1960년 핸드 레버를 없애고 전기의 힘을 이용하여 커피를 추출하는 새로운 에스프레소 기계를 발명한 사람은?

① Edward Loysel de Santais   ② Archille Gaggia

③ Desidero Pavoni   ④ Carlo Ernesto Valente

39 현대식 에스프레소 기계의 모델이 된 Faema E61의 3가지 특징이 아닌 것은?

① 전자동 에스프레소 기계   ② 독특한 인퓨전(Infusion)

③ 열 교환기 튜브   ④ 전기식 펌프

40 1980년대 초 전자동으로 에스프레소 추출과 카푸치노 추출이 가능한 기계를 개발하여 1993년부터 시판한 회사는?

① La Pavoni　　② Faema　　③ Cimbali　　④ Gaggia

41 브루잉(Brewing)에 관한 설명이다. 틀리게 설명한 것은?

① 커피의 강도가 1% 미만이면 약한 추출, 1.5% 이상이면 너무 진한 추출이라 한다.
② 추출된 커피액에는 커피가 1~1.5%, 물이 99~98.5%의 비율이 되어야 한다.
③ 14% 이하라면 덜 우려낸 커피, 20% 이상이라면 진한 추출이 되어 쓴맛과 떫은맛이 나는 커피가 된다.
④ 올바르게 추출된 커피가 가진 풍미 중 18~22%를 물이 우려내야 한다.

42 다음 중 아라비카종에 대한 설명으로 부적합한 것은?

① 다 자란 크기는 5~6m이고, 주로 평균기온 20℃, 해발 600~2000m의 고지대에서 재배된다.
② 원산지가 에티오피아로 잎의 모양과 색깔, 꽃 등에서 로부스타와 미세한 차이를 나타낸다.
③ 모양은 로부스타에 비해 평평하고 길이가 길며 카페인 함유량도 로부스타에 비해 작다.
④ 잎과 나무의 크기가 로부스타종보다 크지만, 열매는 로부스타종이나 리베리카종보다 작다.

43 더블 포터 필터로 추출시 커피줄기가 일정하지 않거나 2잔의 추출량이 다른 경우가 발생한다. 그 원인이 아닌 것은?

① 포터 필터를 그룹 헤드에 정확히 장착 못했을 때
② 바스켓 필터나 추출구 한족에 커피 찌꺼기가 많이 쌓여 있을 때
③ 탬핑한 커피의 수평이 맞지 않거나 고르지 못할 때
④ 커피머신의 수평이 맞지 않을 때

44 다음 중 SCA의 커피 테이스팅이다. 잘못 짝지어진 것은?

① 커피의 뒷맛: Aftertaste　　② 입안에서 커피의 느낌: Taste
③ 추출된 커피의 향: Aroma　　④ 커피콩의 향: Fragrance

45 멕시코의 고도에 따른 분류 중 고지대에서 자란 커피를 무엇이라 하는가?

① Excelso   ② Altura   ③ Lavado   ④ SHG

46 열풍 로스터(Hot Air Roaster)의 설명으로 알맞지 않는 것은?

① 드럼 내부나 외부에 직접 화력이 공급된다.

② 고온의 열풍만을 사용하여 드럼 내부로 주입하는 방식이다.

③ 개성적인 커피 맛을 표현하기 어려운 것이 단점이다.

④ 균일한 로스팅을 할 수 있고 대량 생산 공정에 주로 사용된다.

47 원산지 에티오피아로부터 최초로 커피가 전파되어 경작된 나라는?

① 인도네시아   ② 인도   ③ 브라질   ④ 예멘

48 커피 나무의 경작에 보편적으로 이용되고 있는 방법은?

① 원목에 접붙이는 법   ② 분근법(分根法)

③ 조직배양법   ④ 파치먼트 커피 파종법

49 커피체리를 수확하는 방법 중 스트리핑(Stripping)에 대한 설명이 틀린 것은?

① 습식 가공 방식 커피(Washed Coffee)를 생산하는 지역에서 주로 사용하는 수확 방법이다.

② 핸드 피킹(Hand Picking) 방법에 비해 인건비 부담이 적다.

③ 나뭇잎, 나뭇가지 등의 이물질이 섞일 가능성이 크다.

④ 핸드 피킹(Hand Picking) 방법 보다 수확시간을 단축할 수 있다.

50 에스프레소 커피의 개발역사에 대한 설명이다. 이 중 틀린 것은?

① 프랑스인 에드워드 데산테는 1855년 파리만국박람회에 증기기관을 갖춘 커피 추출기계를 출품했다.

② 이탈리아인 베제라는 1901년에 증기압을 이용한 에스프레소 커피기계로 특허를 받았다.

③ 현재와 동일한 방식의 에스프레소 커피 기계는 1946년 이탈리아인 가기아에 의해 발명되었다.

④ 현재와 같이 스위치 하나로 원두의 분쇄에서 우유 거품까지 자동으로 만들어지는 전자동 머신은 1950년에 프랑스인 콘티가 발명했다.

51 에스프레소 추출 시 데미타스(Demitasse)나 카푸치노용 잔에 대한 설명이다. 틀린 것은?

① 잔을 두껍게 제작하는 것은 보온성 때문이다.

② 외부형태는 다를 수 있으나 안쪽은 U자형으로 곡선처리된 것이 좋다.

③ 외부 컬러는 다를 수 있으나 안쪽은 화이트 색으로 처리된 것이 좋다.

④ 재질은 사기잔이나 유리잔 또는 동으로 만들어진 것이 좋다.

52 커피 수확의 3가지 분류에 해당되지 않는 것은?

① Natural Picking   ② Hand Picking

③ Stripping   ④ Mechanical Picking

53 커피 보관 방법으로 적절치 못한 것은?

① 바닥에 닿지 않고 최대한 벽 가까이 안정되게 붙인다.

② 보관기간을 1년이 넘지 않도록 한다.

③ 온도는 20℃이하 습도는 40~50%를 유지한다.

④ 빛이 안 들고 통풍이 잘되는 장소

54 다음은 커피생산지의 설명이다. 어느 나라의 커피특성인가?

> 1829년부터 커피가 재배된 후 기술 개발에 의해 단위 면적 당 수확량이 많다. 250~750m에서 주로 재배되며, 주요 산지는 마우나 로아(Mauna Loa), 마우나 키(Mauna Kea) 화산 서쪽 경사면 지역에서 생산된다. 품질 등급은 Screen Size에 의해 Extra Fancy, Fancy, Prime 등으로 분류하며, 주요 특징은 녹색을 띠면서 Full Body, Aroma를 가졌고, 깨끗한 향미와 신맛, 부드러운 감칠 맛을 풍부하게 느낄 수 있다.

① Jamaica   ② Indonesia   ③ Kenya   ④ Hawaii

55 다음 에스프레소 관련용어 설명으로 맞지 않는 것은?

① Gasket: 고무 같은 재질의 밀봉재 패킹

② Knock Box: 찌꺼기 통

③ Steam Wand: 스팀 조절 손잡이

④ Group Head: 포터 필터를 끼우는 곳

56 다음 커피주문용어 설명으로 알맞지 않는 것은?

① with Whip: 휘핑 추가   ② Nonfat: 저지방우유

③ Single: 에스프레소 원샷   ④ Decaf: 카페인 없는 커피

57 다음은 그라인더 관련 명칭 설명으로 틀린 것은?

① Doser: 분할 계량기　　　② Grinder Burr: 그라인더 통
③ Obturator: 분쇄기 개폐판　　④ Bean Hopper: 커피 통

58 스페셜티 커피 협회(SCA) 분류법 중 Speciality Grade의 설명으로 옳지 못한 것은?

① 썩거나 부패한 생두는 허용하지 않는다.
② Body, Flavor, Aroma, Acidity중 1가지 이상은 특징이 있어야 한다.
③ 생두의 크기는 95%가 18스크린 이상이여야 한다.
④ 생두 300g당 7개 이내의 full defects를 허용하나 Primary defects는 단 한개도 허용되지 않는다.

59 튀르키예식 커피와 관련이 있는 커피 추출 기구는?

① Cezve　　　　　② Syphon
③ Dutch　　　　　④ Moch Pot

60 Plunger와 거리가 먼 것은?

① Tea Maker　　　② Percolator
③ Bodum　　　　　④ French Press

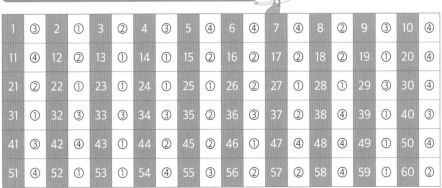

제2회 바리스타 마스터 2급 필기시험문제 정답

1	③	2	①	3	②	4	③	5	④	6	④	7	④	8	②	9	③	10	④
11	④	12	②	13	①	14	①	15	②	16	②	17	②	18	②	19	①	20	④
21	②	22	①	23	①	24	①	25	①	26	②	27	①	28	①	29	③	30	④
31	①	32	③	33	③	34	③	35	②	36	③	37	③	38	④	39	①	40	③
41	③	42	④	43	①	44	②	45	②	46	①	47	④	48	④	49	①	50	④
51	④	52	①	53	①	54	④	55	③	56	②	57	②	58	④	59	①	60	②

바리스타 마스터

2급 필기시험문제

자격종목 및 등급	시험시간	수 험 번 호	성 명
Barista Master 2급	1시간		

1 '커피의 귀부인'이라 불리는 세계 명품커피로 적절한 신맛, 흙냄새와 초콜릿 향이 오묘하게 조화를 이루는 커피는 맛을 내는 커피원산지는?

① Yemen Mocha Sanani　　② Colombia Huila Supremo
③ Colombia Narino Supremo　　④ Yemen Mocha Mattari

2 생두(Green Bean)를 크기에 따라 분류할 때 사용하는 기구는?

① Screen　　② Cezve　　③ Mocha Pot　　④ Dripper

3 로스팅 기기 중 예열시간이 비교적 짧은 방식은?

① 수망 로스터　　② 반열풍식
③ 열풍식　　④ 직화식

4 멕시코의 고도에 따른 분류 중 더 높은 지역에서 자란 커피를 무엇이라 하는가?

① Altura　　② Lavado　　③ SHG　　④ Excelso

5 스페셜티 커피 협회(SCA) 분류법 중 Premium Grade의 설명으로 옳지 못한 것은?

① 8개 이상의 Full Defects가 있으나 Primary Defects는 허용된다.
② 생두의 크기는 95%가 17스크린 이상이여야 한다.
③ Body, Flavor, Aroma, Acidity 중 1가지 이상은 특징이 있어야 한다.
④ Quaker(덜 성숙된 생두)는 3개까지 허용된다.

6 1개의 추출구를 보완하여 일본에서 개발된 것으로 추출구는 3개이고 바닥은 수평이며 립은 드리퍼 끝까지 올라와 있는 기구의 이름은?

① Hario　　　② Kalita　　　③ Kono　　　④ Melitta

7 로스팅을 잘못한 경우로 'Raw Nut'에 대한 설명으로 맞는 것은?

① 로스팅 과정 중 갑작스럽게 고온 로스팅을 한 경우
② 온도는 높고 로스팅 시간이 짧은 경우
③ 저온으로 짧게 로스팅을 한 경우
④ 투입량에 비해 너무 높은 온도로 로스팅한 경우

8 다음 중 크레마(Crema)에 대한 설명으로 틀린 것은?

① 그 자체가 부드럽고 상쾌한 맛을 지니고 있다.
② 원두, 분쇄정도, 탬핑, 물과는 상관이 없다.
③ 단열층의 역할을 하여 커피가 빨리 식는 것을 막아준다.
④ 지방 성분을 많이 지니고 있어 보다 풍부하고 강한 커피향을 느낄 수 있게 해 준다.

9 커피 원두를 분쇄할 때 생기는 미분(微分)에 대한 설명으로 틀린 것은?

① 산패된 미분은 새로운 커피 원두를 분쇄할 때도 배출되지 않는다.
② 미분 중 상당량은 분쇄된 커피와 함께 배출되어 너무 고운 입자가 만들어 내는 부정적인 커피 맛의 원인이 된다.
③ 분쇄할 때 원두에 가해지는 강한 충격과 동시에 발생되는 마찰열로 인해 미분이 발생된다.
④ 배출되지 못한 미분은 그대로 커피 분쇄기 안에 남아 급격한 산패 과정을 겪는다.

10 커피 체리에 대한 설명이다. 올바르지 않은 것은?

① 일반적으로 가지에서 가장 가까운 부분이 먼저 익는다.

② 체리의 가장 바깥쪽에는 껍질에 해당하는 파치먼트가 있다.

③ 커피체리는 약 15~17mm정도의 크기로 동그랗다.

④ 익기전의 상태는 초록색이나 익으면서 빨간색으로 변한다.

11 에스프레소 기계의 핵심이 되는 기능은 보일러이다. 보일러의 기능으로 볼 수 없는 것은?

① 스팀을 만들어 주는 기능

② 뜨거운 물을 끓여 주는 기능

③ 관통 튜브에 열을 전달해 주는 기능

④ 추출 그룹이나 순환 계통을 차갑게 해 주는 기능

12 1980년대 초 전자동으로 에스프레소 추출과 카푸치노 추출이 가능한 기계를 개발하여 1993년부터 시판한 회사는?

① Cimbali   ② Gaggia   ③ La Pavoni   ④ Faema

13 일본에서 사용하는 로스팅 8단계의 순서로 맞는 것은?

① Cinnamon → Light → Medium → City → Full City → High → French → Italian

② Light → Medium → Cinnamon → City → Full City → High → French → Italian

③ Light → Cinnamon → Medium → High → City → Full City → French → Italian

④ Cinnamon → Light → Medium → High → City → Full City → French → Italian

14 '얼룩진'이라는 이태리어로 커피의 갈색 크레마에 우유의 흰 거품이 얼룩져 조화를 이룬 커피를 의미하는 것은?

① Scuro   ② Macchiato   ③ Freddo   ④ Chiaro

15 상부의 로드와 하부의 플라스크로 구성된 진공식 추출 기구는?

① Syphone   ② Cezve   ③ Kalita   ④ Melita

16 루소, 발자크, 빅토르 위고 등 유명작가와 예술인들이 즐겨 모였고, 혁명 당시에는 개혁정치인들의 집합장소였던 1686년에 문을 연 프랑스 최초의 카페 이름은?

① Le Procope ② Tchibo ③ Tim Horton's ④ Cafe Florian

17 다음 중 아라비카종에 대한 설명으로 부적합한 것은?

① 모양은 로부스타에 비해 평평하고 길이가 길며 카페인 함유량도 로부스타에 비해 작다.

② 잎과 나무의 크기가 로부스타종보다 크지만, 열매는 로부스타종이나 리베리카종보다 작다.

③ 다 자란 크기는 5~6m이고, 주로 평균기온 20℃, 해발 600~2000m의 고지대에서 재배된다.

④ 원산지가 에티오피아로 잎의 모양과 색깔, 꽃등에서 로부스타와 미세한 차이를 나타낸다.

18 제빙기의 이상 징후 중 얼음이 생성되는 양이 적은 원인이 아닌 것은?

① 응축기 코일 주변에 여러 물건이 쌓여있다.

② 공기의 흐름에 문제가 있다.

③ 냉매가 떨어졌다.

④ 정수기 필터가 막혔다.

19 커피에 대한 일반적인 설명으로 올바른 것은?

① 원두 커피는 적절하게만 보관한다면 몇 개월이 지나도 신선함이 남아있다.

② 에스프레소커피가 레귤러커피보다 카페인이 더 많다.

③ 스페셜티 커피는 에스프레소 커피와 관련성이 있다.

④ 에스프레소가 반드시 드립 커피보다 카페인이 더 많지 않다.

20 커피장비 구입시 고려할 사항이 아닌 것은?

① 품질과 디자인: 매장의 환경과 흐름에 맞으며 고객의 니즈에 잘 맞는 품질과 디자인의 장비를 선택한다.

② 차별성: 매장여건에 맞고 주 고객층을 고려하여 차별성을 가진 고가의 장비만 구입한다.

③ 합리성: 커피장비로 직접 커피를 추출하는 등의 테스팅을 거친 후 선택해야 합리적인 가격 내에서 최상의 선택을 할 수 있다.

④ 편의성: 애프터서비스가 확실한지 확인해서 신속한 보수가 이루어져야 매장의 매출에 영향을 끼치지 않는다.

21 꼬리가 두 개 달린 인어인 사이렌(Siren)에 루벤스 풍의 상반신이 누드인 모습의 회사 로고를 가진 커피전문점의 이름은?

① Pascucci　　② Angel in us　　③ Starbucks　　④ Mr. coffee

22 다음 중 1스크린(Screen)에 해당하는 것은?

① 1/64 inch　　② 1/65 inch　　③ 1/66 inch　　④ 1/67 inch

23 커피빈의 취급과 보관하는 방법으로 적당치 않는 것은?

① 적절한 용기는 뚜껑에 고무가 물려 있어서 최대한 공기 접촉을 피할 수 있도록 한 것이 좋다.
② 습기와 열에 손상되기 쉽기 때문에 서늘하고 건조 하며 직사광선이 닿지 않는 곳이어야 한다.
③ 커피빈을 분쇄할 때 한 번에 필요한 양만큼만 갈고 커피빈의 상태로 보관하는 것이 좋다.
④ 냉장고에 커피빈을 보관하면 향미에 손상을 전혀 주지 않고 습기도 완전 제거할 수 있다.

24 푸른 불꽃을 연출 해내는 커피의 황제로 불리우며 나폴레옹 황제가 좋아했다는 브랜디를 넣어 만든 커피메뉴는?

① 말리부 커피　　　　　　② 카페 로열
③ 깔루아 커피　　　　　　④ 아이리시 커피

25 커피를 우려내는 이 방식은 프랑스 인이 발명했고 프랑스에서 널리 사용되어서 붙여진 명칭인데 이 기구를 최초로 제작한 회사이름인 보덤(Bodum)으로도 불리고 또 영어로는 플린저(Plunger) 라고도 한다. 이 추출 방식을 무엇이라 하는가?

① French Press　　　　　② Mocha Pot
③ Espresso Machine　　　④ Vacuum Brewer

26 영어의 'Long'과 같은 의미로 '긴','오랫동안의'의 뜻을 의미하는 것은?

① Doppio　　② Ristretto　　③ Lungo　　④ Espresso

27 생크림의 의미를 뜻하는 용어는?

① Con　　　　② Panna　　　　③ Macchiato　　　④ Latte

28 그라인더에 대한 설명이다. 틀린 것은?

① 알맞은 흐름 저항이 나타 날 수 있는 적절한 입자 크기를 만들어야 한다.

② 입자 크기가 이원적 또는 삼원적인 분포를 나타내어야 한다.

③ 미분은 어느 정도 이상 만들어지지 않아야 한다.

④ 분쇄 중 입자에 발생하는 열은 가능한 많아야 한다.

29 도징 챔버에 커피 가루를 담아 둘 때의 단점이 아닌 것은?

① 추출되기까지 가스가 빠지는 시간이 다양하게 나타난다.

② 도징이 매우 빨리 이루어질 수 있고 편리하다.

③ 커피가 일단 분쇄되면 가스 빠짐은 크게 가속된다.

④ 도징 챔버 안에 커피 가루가 얼마나 많이 들어 있는지에 따라 그 양이 항상 변한다.

30 원산지 에티오피아로부터 최초로 커피가 전파되어 경작된 나라는?

① 브라질　　　　② 예멘　　　　③ 인도네시아　　　④ 인도

31 다음은 어느 원산지를 설명한 것인가?

> 명실 공히 세계 최대 원두 생산국이며, 블렌드 커피를 만드는 데 기본베이스로 사용되는 필수적인 커피로, 콜롬비아와 더불어 생산량이나 수요량이 많다. 자연건조식이 주류를 이루기 때문에 에스프레소커피를 볶을 때 실버 스킨을 완전히 벗겨주는 것이 필요하다. 에스프레소커피에 사용되는 원두는 기본적으로 New Crop을 사용해야 양질의 커피를 만들 수 있다.

① 브라질　　　　② 예멘　　　　③ 에티오피아　　　④ 인도네시아

32 생두 18스크린(Screen)의 크기는?

① 7.1mm　　　② 7.12mm　　　③ 7.14mm　　　④ 7.16mm

33 자메이카 커피는 4가지로 분류된다. 해당되지 않는 것은?

① Blue Mountain　　　　　② High Mountain

③ Prime Mountain　　　　　④ Prime Berry

34 에스프레소에 대한 일반적인 설명이다. 올바르지 않은 것은?

① 용액(Slution), 유화층(Emulsion), 부유층(Suspension) 그리고 거품(Foam)이 혼합된 복합상(Multiphasic System)이다.

② 보통 한 잔의 에스프레소를 만들기 위해서는 약 3,300만 개의 커피 입자가 필요하다.

③ 에스프레소의 기본 요소는 커피콩의 블렌드, 적합한 로스팅, 커피의 분쇄 입도, 에스프레소 기계의 온도와 압력, 그리고 바리스타의 숙련도다.

④ 커피콩은 와인과 같이 재배하는 곳에 따라 다른 향기와 맛의 특성을 가지고 있어서, 한 지역의 커피콩으로만 해야만 좋은 에스프레소를 추출할 수 있다.

35 에스프레소 블렌딩(Blending for Espresso)의 설명으로 틀린 것은?

① 경쟁 제품과 차별화하기 위함이다. 고유의 향미가 필요한 각각의 커피브랜드의 입장에서 해당 브랜드만의 블렌딩은 차별화를 꾀할 수 있는 좋은 방법이다.

② 수확기나 재배 지역에 따라 변동되는 생두 품질의 불균일성을 보완하여 소비자들에게 균일한 품질의 커피를 공급하기 위함이다.

③ 커피 제품의 원가를 높이기 위함이다. 생산량이 많고 비싼 커피콩을 사용하면서도 제품의 품질을 유지할 수 있으므로 원가를 높일 수 있다.

④ 어떤 한 종류의 커피콩이 가지지 못한 향기와 맛의 특성을 두 종류 이상의 커피콩을 섞음으로써 만들어내는 기술이다.

36 이 커피는 1953년 아프리카에서 코스타리카(Costa Rica)로 전해진다. 10년 후인 1963년 코스타리카로부터 중앙아메리카에 위치한 파나마에 정착하게 된다. 2005년에서 2007년까지 3회에 걸쳐 'SCA Roasters Guild Cupping Pavilion'에서 우승하면서 마침내 세간의 뜨거운 관심을 끌게 된 커피는?

① 게이샤(Geisha) 커피

② 코피 루왁(Kopi Luwak) 커피

③ 모카 마타리(Mocha Mattari) 커피

④ 코나(Kona) 커피

37 데미타스(Demitasse)의 설명으로 옳은 것은?

① 약 10cm 높이의 작은 잔으로 30ml 정도의 에스프레소가 담기기 때문에 공기와의 접촉으로 온도가 빠르게 떨어진다.

② 잔과 손잡이는 얇게 만들고 잔 바닥을 평평하지 않게 둘레로 턱을 만들어 외부 온도로부터 보호한다.

③ 잔 받침은 바닥에 턱을 두는데 잔 아래 부분과 잔 받침을 떨어뜨려 놓음으로써 열의 손실을 최대한 낮추어 준다.

④ 도자기와 유리로 만들어진 단점을 보완하기 위해 만들어진 것이 스테인리스 이중 데미타스이다.

38 16~17세기 남자가 여자에게 커피 원두를 충분히 대주지 못하면 이혼당할 수 있는 법을 제정했던 국가는?

① 튀르키예   ② 이탈리아   ③ 예멘   ④ 에티오피아

39 다음은 인스턴트 커피에 대한 설명이다. 틀린 것은?

① SD(Spray Dried) 커피는 추출한 커피액을 분사하면서 열풍을 불어넣어 수분은 증발시키고 가루형태의 커피만 얻는 방식을 말한다.

② FD(Freeze Dried) 커피는 추출한 커피액을 급속으로 냉각해서 수분을 제거하는 방식이다.

③ SD커피는 맛과 향의 손실이 덜하므로 자판기에서 일반커피는 SD커피, 고급 커피는 FD 커피를 쓰는 경우가 많다.

④ SD커피에 증기를 뿌려 입자들이 수증기와 함께 엉켜 일정한 크기의 과립 커피는 찬물에 잘 녹기 때문에 아이스커피용으로 많이 사용한다.

40 다음중 커피를 부르는 말이 잘못 짝지어진 것은?

① 미국: Coffee   ② 튀르키예: Kava
③ 프랑스: Café   ④ 이탈리아: Caffe

41 프랑스어로 프로마주(Fromage), 이탈리아의 포르마찌오(Formaggio)로 부르는 것은 무엇인가?

① Sweet Potato   ② Cheese   ③ Caramel   ④ Coffee Jelly

42 휘핑기의 관리요령으로 적당치 않는 것은?

① 휘핑기를 분리할 때는 남아있는 가스를 제거한 후 분리한다.
② 용기는 찬물로 설거지하듯 세척한다.
③ 분리된 핀은 크림이 분사되는 부분으로 반드시 청소한다.
④ 헤드부분의 고무 개스킷을 제거하여 이물질이 끼어 있는지 확인한다.

43 칵테일 커피의 용어로 잘못 짝지어진 것은?

① Flaming: 불을 붙인 상태에서 제공하는 것
② Teaspoon: 1방울
③ Floating: 재료의 비중에 따라 층이 지게 하는 것
④ Dash: 5~7방울

44 일반적인 에스프레소의 품질의 4가지 기본적인 요소가 아닌 것은?

① 커피콩의 품질　　　　　　② 적합한 분쇄 입도
③ 에스프레소 머신의 조건　　④ 수압

45 커피 생두(Green Beans)의 품질요소에 해당하지 않는 것은?

① 커피품종은 향미특성을 결정한다.
② 재배지의 고도와 기후는 커피품질을 결정한다.
③ 커피콩의 가공방법에 따라 향미 특성이 달라진다.
④ 스크린 사이즈에 따라 품질등급이 결정된다.

46 커피 생두에 관한 용어이다. 올바르게 짝지어진 것은?

① Soft Bean: 향미 품질이 좋은 생두
② Heavy Bean: 향미 품질이 낮은 생두
③ SHB or SHG: 1,000m 이하의 고지대에서 재배한 고급등급의 커피콩
④ Dry Processed: 커피 열매를 발효, 펄핑한 후 과피와 과육을 물로 세척 후 건조하는 방법

47 로스팅 공정의 단계 설명이다. 올바르지 못한 것은?

① 건조공정(Drying Process): 열을 흡수하여 생두의 수분을 증발하는 흡열반응이다.

② 갈변반응(Caramelization): 생두의 당(糖) 성분이 Caramel Sugar로 변하며 커피의 향기와 맛 성분들이 생성된다.

③ 건열분해(Pyrolysis): 커피의 세포내에서 공기없이 화학 작용이 일어나면서 열이 생성되어 외부로 발산하는 Endothermic Reaction이 일어난다.

④ 냉각공정(Cooling Process): 커피의 온도를 신속히 낮추는 공정으로 물을 분사하여 커피온도를 낮추는 물 냉각방법과 공기를 순환하여 온도를 낮추는 공기 냉각방법이 있다.

48 커피 분쇄기(Grinder) 종류에 해당하지 않는 것은?

① Flat Burr Grinder   ② Conical Burr Grinder

③ Roll Grinder   ④ Spin Grinder

49 그라인딩에 관한 설명이다. 올바른 것은?

① 평면형보다는 원추형 분쇄기가 더 균일하게 분쇄하며 열을 적게 발생한다.

② 에스프레소를 추출하기 위해서 미리 커피를 분쇄하여 추출한다.

③ 에스프레소 추출 시간을 유지하기 위해 매일 충전량(Dosing)이나 탬핑 압력을 조절한다.

④ 분쇄기에 열이 발생해도 커피의 향미에 영향을 미치지 못한다.

50 1935년 스팀대신 공기를 사용하는 자동 에스프레소머신을 발명한 사람은?

① Francesco Illy   ② L. Bezzera

③ Achille Gaggia   ④ Ernesto Valente

51 커피 후각에 관한 관능용어이다. 잘못 연결된 것은?

① Chocolaty: 초콜릿 향   ② Bouquet: 추출 커피 향기

③ Flat: 향기없는   ④ Fragrance: 볶은 커피 향기

52 포터 필터에서 커피가 흘러나오는 곳?

① Steel Cut ② Sprout
③ Spout ④ Spodo

53 커피 미각에 관한 관능용어가 아닌 것은?

① Astringent: 떫은 맛 ② Bitter: 쓴맛
③ Mellow: 달콤한 맛 ④ Rich: 향기가 진한

54 로스팅을 통해 생두형태의 변화로 올바른 것은?

① 주름발생 → 주름의 펴짐 → 주름의 변화 → 주름이 완전히 펴짐
② 주름의 펴짐 → 주름발생 → 주름의 변화 → 주름이 완전히 펴짐
③ 주름이 완전히 펴짐 → 주름의 변화 → 주름의 펴짐 → 주름발생
④ 주름발생 → 주름의 변화 → 주름의 펴짐 → 주름이 완전히 펴짐

55 결점두의 형태에 대한 설명이다. 올바른 것은?

① Sour Bean: 생두의 표면은 주름져 있고 은피 색깔이 녹색 또는 노란색을
   띤다.
② Insect Damage Bean: 생두표면이 전체적으로 검은 경우.
③ Shell: 유전적인 원인 또는 잘못된 가공 과정.
④ Twig: 외피가 벗겨지지 않은 건조된 체리.

56 청각을 통한 생두의 차이에 대한 설명으로 적합하지 못한 것은?

① 수분함량에 따라 New Crop이 Old Crop보다 무거운 소리가 난다.
② 같은 수분의 아라비카종 보다 로부스타종이 무거운 소리가 난다.
③ 조밀도에 따라 고지대 재배 생두가 저지대 생두 보다 둔탁한 소리가 난다.
④ 아라비카종이 로부스타종에 비해 훨씬 단단하게 느껴진다.

57 댐퍼(Damper) 역할과 관계없는 것은?

① 은피를 배출하는 역할
② 드럼내부의 열량을 조절 하는 역할
③ 드럼내부의 공기 흐름을 조절 하는 역할
④ 흡열과 발열 반응을 조절하는 역할

58 유럽 최초의 커피하우스의 나라는?

① 이탈리아   ② 영국

③ 프랑스   ④ 독일

59 미국인의 아침식탁에서 영국산 홍차를 몰아내고 커피를 놓이게끔 만든 사건은?

① 보스턴 차 사건   ② 금주법

③ 2차 세계대전   ④ 차 금지령

60 수확된 커피를 유럽으로 싣고 가기 위해 항구에서 해풍을 맞고, 아프리카 남단으로 돌아가는 도중에 다시 해풍에 노출되어 막상 유럽에 도착했을 때는 발효가 많이 되어 있었다. 이렇게 유럽에 닿기까지 약6개월이라는 긴 시간 동안 산도는 줄어들고 묵은 맛과 향이 나는 독특한 향미를 가지게 된 커피는?

① India Monsooned Coffee   ② Indonesia Mandheling

③ Ethiopia Mocha Sidamo   ④ Yemen Mocha Mattari

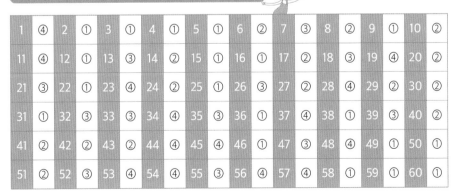

제3회 바리스타 마스터 2급 필기시험문제 정답

1	④	2	①	3	①	4	①	5	①	6	②	7	③	8	②	9	①	10	②
11	④	12	①	13	③	14	②	15	①	16	①	17	②	18	③	19	④	20	②
21	③	22	①	23	④	24	②	25	①	26	②	27	②	28	④	29	②	30	②
31	①	32	③	33	①	34	④	35	①	36	①	37	④	38	①	39	③	40	②
41	②	42	②	43	②	44	④	45	④	46	②	47	③	48	④	49	①	50	①
51	②	52	③	53	④	54	④	55	③	56	④	57	④	58	①	59	①	60	①

바리스타 마스터

2급 필기시험문제

제 **4** 회

자격종목 및 등급	시험시간	수 험 번 호	성 명
Barista Master 2급	1시간		

1 핸드 드립에 필요한 도구에 해당되지 않는 것은?

① Steam Pitcher

② Drip Pot

③ Dripper

④ Server

2 드리퍼 안쪽으로 길쭉하게 살짝 튀어나온 것은 무엇인가?

① Paper Filter ② Rib ③ Aroma Hole ④ Server

3 다음은 사이폰 추출 방식의 절차이다. 올바른 순서대로 나열된 것은?

> A. 로드에 물이 다 올라오면 대나무스틱으로 가볍게 골고루 저어 준다.
> B. 플라스크의 물이 끓으면 로드를 플라스크에 단단하게 고정시킨다.
> C. 플라스크에 정량의 미리 데워진 물을 부어 준다.
> D. 램프가 꺼져 차가워진 온도로 인해 커피는 로드에서 자연적으로 플라스크로 떨어진다.
> E. 로드를 좌우로 흔들어 플라스크에서 제거하고 커피를 서빙하면 된다.

① C-D-A-B-E

② C-A-B-D-E

③ C-B-A-D-E

④ C-B-D-A-E

4 커피는 사용하는 추출 도구에 따라 분쇄의 정도가 다르다. 기구에 맞게 적절히 분쇄해야만 맛있는 커피를 추출해낼 수 있다. 아주 고운 분쇄로부터 굵은 분쇄까지 올바르게 나열된 것은?

① Espresso → Turkish → Water Drip → Plunger → Percolator → Jug
② Espresso → Turkish → Plunger → Water Drip → Percolator → Jug
③ Turkish → Espresso → Plunger → Water Drip → Percolator → Jug
④ Turkish → Espresso → Water Drip → Plunger → Percolator → Jug

5 다음에 괄호 안에 들어갈 수치로 바르게 짝지은 것은?

생두의 수분 함량은 대략 8%에서 13%이며, 대개는 10%에서 12% 정도이다. 수분 함량이 (　　)%를 넘어설 경우에는 곰팡이나 균이 번식할 위험이 높아진다. 곰팡이가 억제되는 한계치로서 상대습도는 (　　)%이다.

① 13.0, 70　　　　　　　　② 13.5, 70
③ 13.0, 75　　　　　　　　④ 13.5, 75

6 배전을 갓 마친 배전두의 수분 함량은?

① 0.5 ~ 3.5%　　　　　　② 0.5 ~ 1.0%
③ 0.4 ~ 2.5%　　　　　　④ 0.4 ~ 3.0%

7 최초의 상업용 에스프레소 기계는?

① 베제라(Bezzera)　　　　② 라 파보니(La Pavoni)
③ 로이셀(Loysel)　　　　　④ 아르두이노(Arduino)

8 그늘 경작 커피(Shade-Grown Coffee)란?

① 열대우림동맹에서 파견된 검사관이 재배 환경을 판별하여 부여
② 커피재배, 유통, 저장 그리고 로스팅 등 커피 빈 탄생의 전 단계에서 일체의 인공적인 가공이나 화학비료를 사용하지 않은 것
③ 국제적으로 결정된 합리적인 가격으로 커피를 판매하는 생산자에게 부영하는 공증
④ 유기농법의 재배환경과 더불어 커피 나무 주변에 다른 여러 종의 작물들과 함께 경작하는 프로그램

9 그라인더 날(Burr)에 대한 설명으로 알맞은 것은?

① 라인더는 수동식 핸드밀에서부터 전동식까지 다양하지만 커피전문점에서는 대개 수동식 핸드밀을 사용한다.

② 그라인더에서 칼날은 중요하기에 정기적으로 점검을 하면 반영구적으로 사용이 가능하다.

③ 그라인더는 1분간 1,500여회 회전하면서 분쇄되며 두 개의 날이 맞물린 상태에서 위쪽의 날이 빠르게 돌아가며 분쇄한다.

④ 그라인더 날의 종류에는 Flat Grinding Burr와 Conical Grinding Burr 2가지 종류가 있다.

10 미국과 유럽 등 서양권에서 많이 사용하는 커피 추출 방식으로 분쇄한 커피 가루 위에 물을 쏟아 붓는 느낌의 추출법은?

① Cezve   ② Syphon   ③ Pour Over   ④ Mocha Pot

11 1차 탬핑이 끝나면 필터 홀더 내벽에 붙어 있는 커피 가루를 떨어뜨리기 위해 하는 동작을 무엇이라 하는가?

① Taping   ② Tampering   ③ Tapping   ④ Tapering

12 다음 에스프레소 관련용어 설명으로 맞지 않는 것은?

① Knock Box: 찌꺼기 통

② Steam Wand: 스팀 조절 손잡이

③ Group Head: 포터 필터를 끼우는 곳

④ Gasket: 고무 같은 재질의 밀봉재 패킹

13 커피 가공 과정으로 올바른 순서는?

① Fermenting → Parchment Coffee → Pulping → Rinsing → Sun Drying → Cleaning → Hulling → Sizing → Grading

② Fermenting → Pulping → Rinsing → Sun Drying → Parchment Coffee → Hulling → Cleaning → Sizing → Grading

③ Rinsing → Pulping → Fermenting → Parchment Coffee → Sun Drying → Cleaning → Hulling → Sizing → Grading

④ Pulping → Fermenting → Rinsing → Parchment Coffee → Sun Drying → Hulling → Cleaning → Sizing → Grading

14 커피 생두의 수확연도를 기준으로 2년 이상 된 생두에 붙이는 분류법은?

① New Crop ② Old Crop ③ Current Crop ④ Past Crop

15 커피 나무의 경작에 보편적으로 이용되고 있는 방법은?

① 조직배양법 ② 분근법(分根法)
③ 파치먼트 커피 파종법 ④ 원목에 접붙이는 법

16 포터 필터와 그룹 헤드 사이의 간격을 차단하여 추출 시 고온고압의 물이 새지 않도록 하는 역할을 하는 것은?

① Diffuser ② Gasket
③ Shower Screen ④ Flower Meter

17 자석의 회전수를 감지하여 커피 추출 물량을 감지해 주는 부품은?

① Diffuser ② Gasket
③ Shower Screen ④ Flower Meter

18 분쇄된 커피를 보관하고 있다가 커피 추출시 일정량을 포터 필터에 공급하는 역할을 하는 것은?

① Hopper ② Doser
③ Adjusting knob ④ Bean Gate

19 넬(Nel) 드립이라고도 하는데 이는 프란넬(Flannel)의 일본식 표현이며 핸드 드립 중 가장 뛰어난 맛을 추출하는 기구로 '여과법의 제왕'으로 불리는 추출법은?

① 칼리타 추출 ② 멜리타 추출
③ 고노 추출 ④ 융 추출

20 1840년경 사이폰의 원형인 진공식 추출 기구를 개발한 스코틀랜드인은?

① Robert Napier ② M. Vassieux
③ Melita Bentz ④ Edward Lloyd

21 모카포트는 추출 압력이 낮아 크레마가 형성되지 않는데 이를 보완하여 추출구에 압력 밸브를 달아 크레마 형성이 가능한 제품은?

① Dama   ② Brikka   ③ Moka   ④ Kitty Oro

22 커피의 관능 평가(Sensory Evaluation)에 해당하지 않는 것은?

① 후각   ② 촉각   ③ 미각   ④ 시각

23 향기의 구성(Aromatic Profile) 중 추출된 커피의 표면에서 방출되는 증기로부터 느낄 수 있는 것을 무엇이라 하는가?

① Fragrance   ② Nose   ③ Aroma   ④ Aftertaste

24 커핑(Cupping)의 준비 과정에 관한 설명으로 올바른 것은?

① 커핑을 하기 전 48시간 이내에 로스팅이 되어야 한다.
② 분쇄는 커핑하기 전 1시간 이내 이루어져야 한다.
③ 커피와 물의 비율은 물 150ml에 커피 8.25g이다.
④ 컵의 재질은 강화유리만 사용한다.

25 커핑(Cupping)의 순서로 올바른 것은?

① 분쇄 커피 담기 → Pouring → Dry Aroma → Break Aroma → Skimming → 3개(Sweetness, Uniformity, Cleanliness) 항목평가 → 5개(Flavor, Aftertaste, Acidity, Body & Balance) 항목 평가 → 결과기록
② 분쇄 커피 담기 → Dry Aroma → Pouring → Break Aroma → Skimming → 5개(Flavor, Aftertaste, Acidity, Body & Balance) 항목 평가 → 3개(Sweetness, Uniformity, Cleanliness) 항목평가 → 결과기록
③ 분쇄 커피 담기 → Pouring → Dry Aroma → Skimming → Break Aroma → 5개(Flavor, Aftertaste, Acidity, Body & Balance) 항목 평가 → 3개(Sweetness, Uniformity, Cleanliness) 항목평가 → 결과기록
④ 분쇄 커피 담기 → Pouring → Skimming → Dry Aroma → Break Aroma → 5개(Flavor, Aftertaste, Acidity, Body & Balance) 항목평가 → 3개(Sweetness, Uniformity, Cleanliness) 항목평가 → 결과기록

26 다크 로스트(Dark Roast)의 특성이 아닌 것은?

① 온도는 신맛과 쓴맛에 영향을 미치므로 다크 로스트 커피는 온도에 무관하게 거의 다른 맛을 보이는 경향이 있다.

② 쓴맛은 쓴맛 성분의 농도가 증가하게 되면 실제로 더 진하게 느껴진다.

③ 강하게 로스팅된 커피를 에스프레소로 추출하면 전통적인 커피 추출 방법보다 쓴맛이 더 느껴진다.

④ 커피의 산 성분은 로스팅 과정에서 당과 함께 연소되어 다크 로스트커피에서 신맛이 나는 경우는 거의 없다.

27 커피 나무 가지치기(Pruning)의 필요성이 아닌 것은?

① 너무 많은 가지가 달리지 않도록 하기 위해서

② 가지가 사방으로 자라서 모양이 좋지 않고 약해지므로

③ 수확과 위생관리가 어렵기에

④ 과잉생산을 위해서

28 1931년 브라질에서 발견된 Bourbon과 Typica계열의 Sumatura의 자연교배종은?

① Caturra   ② Catuai   ③ Mondo Novo ④ Timor

29 다음 중 로부스타 품종이 아닌 것은?

① Ruiru 11   ② Icatu   ③ Arabusta   ④ Kent

30 카리브 해에 위치한 이 커피산지는 1,500개의 작은 섬으로 구성된 천혜자연조건을 지닌 커피 재배국가로 Bourbon, Typica, Catura, Catuai 종이 주종을 이루며 아이티(Haiti)에서 커피 나무가 전해졌다. 커피등급은 생두의 스크린 size에 따라 Extra Turquino, Turquino로 구분되는 커피산지는?

① Cuba   ② Mexico   ③ Hawaii   ④ Indonesia

31 '얼룩진'이라는 이태리어로 커피의 갈색 크레마에 우유의 흰 거품이 얼룩져 조화를 이룬 커피를 의미하는 것은?

① Chiaro   ② Scuro   ③ Macchiato   ④ Freddo

32 가장 유명한 커피인 블루마운틴은 해발 1,525m의 높이에서 소량으로 생산하는 나라는?

① 케냐　　　　② 자메이카　　　③ 과테말라　　　④ 콜롬비아

33 다음은 주요 용어에 대한 설명이다. 틀린 것은?

① 추출(Extraction)이란 분쇄된 입자에서 물질을 제거하는 것이다.
② 추출된 물질은 물에 녹는 물질(Soluble)과 녹지 않는 물질(Insoluble)로 나뉜다.
③ 물에 녹는 물질은 제조된 액체 속에 녹아들어 있는 고형물과 기체를 말한다.
④ 수용성 기체는 맛과 농도에 기여한다.

34 다음 중 바리스타의 올바른 역할이 아닌 것은?

① 흐름 저항이 전체적으로 균일하도록 만든다.
② 원하는 흐름 저항이 되도록 물은 원하는 온도가 되도록 한다.
③ 샷마다 일정한 양이 되도록 분량이 정한다.
④ 커피층에 빈 공간이 없도록 그리고 커피층 표면에 빈공간이 없을 만큼 다진다.

35 우유 스티밍을 할 때의 기본적인 목표가 아닌 것은?

① 공기를 불어넣을 때는 미세거품이 있는 구조로 만든다.
② 표면은 반들반들하면서 눈에 보이는 거품이 없어야 한다.
③ 에스프레소 추출이 끝난 뒤 밀크스티밍을 시작한다.
④ 우유는 최종 70도를 넘기지 않는다.

36 분쇄 중에 입자에 열을 최소한으로 가해야 하는 이유로 적절치 못한 것은?

① 가열로 인해 커피 향미가 손상되고 향 성분의 손실이 가속화된다.
② 오일이 입자 표면에 드러나 입자가 끈끈하게 뭉쳐진 덩어리로 만들어져 추출이 잘못될 수 있다.
③ 뭉쳐진 덩어리는 적심이 잘 일어나지 않아 커피층의 상당부분이 추출 내내 마른상태로 있게 한다.
④ 입자에 열이 가해지는 것 자체를 피해야한다.

37 미분의 양을 줄일 수 있는 방법이 아닌 것은?

① 수분함량이 적는 원두를 사용한다.
② 보다 약 로스팅된 원두를 사용한다.
③ 보다 날이 잘 선 날(Burr)를 사용한다.
④ 그라인딩 속도를 낮춘다.

38 브라질에서 발견된 버번의 돌연변이로 1973년부터 상업적으로 재배되기 시작했고, 녹병에 강해 생산성이 높은 원두는?

① Catuai   ② Typica   ③ Mundo Nobo   ④ Catura

39 에스프레소 한 잔 분량의 커피를 질소 충전하여 밀봉한 커피로 낱개 포장된 커피를 무엇이라 하는가?

① Pack Coffee   ② Package Coffee
③ Single Coffee   ④ Capsule Coffee

40 하와이의 생두 크기와 결점두 수에 따른 분류법이 아닌 것은?

① Extra Fancy   ② Prime Washed
③ Prime   ④ Fancy

41 멕시코의 고도에 따른 분류 중 더 높은 지역에서 자란 커피를 무엇이라 하는가?

① Excelso   ② Altura   ③ Lavado   ④ SHG

42 커피 추출액 중 무기질성분이 약40%로 가장 많이 함유되어 있는 성분은?

① Mg(마그네슘)   ② Ca(칼슘)
③ Na(나트륨)   ④ K(칼륨)

43 바리스타가 사용하는 도구로 부적합한 것은?

① 스팀 피쳐   ② 샷 잔
③ 칵테일 쉐이크   ④ 탬퍼

44 마감 청소시 청소용 약과 구멍이 막힌 블라인드 필터를 사용할 때 물이 역류하지 않는 것을 무엇이라 하는가?

① Solenoid
② Filter Holder
③ Back Flushing
④ Pumper Motor

45 휘핑기의 사용되는 가스는?

① 산소
② 이산화탄소
③ 수소
④ 질소

46 다음은 커피 그라인더에 대한 설명이다. 틀린 것은?

① 평면날은 장시간 연속사용 시 열이 발생한다.
② 원뿔날은 회전속도는 평면날보다 빠르다.
③ 분쇄날은 하루사용량에 비례하여 교체하여준다.
④ 세라믹날은 열에 강하여 열 발생이 적다.

47 다음 중 에스프레소 머신의 물의 흐름을 통제하는 부품은?

① 플로우 미터
② 솔레노이드 밸브
③ 바큠 밸브
④ 온도 조절기

48 커피에 대한 명칭으로 옳지 않는 것은?

① 건조된 커피씨앗: Green Bean
② 향이 첨가된 커피: Regular Coffee
③ 분쇄된 커피: Ground Coffee
④ 카페인이 첨가되지 않은 커피: Decaffeine Coffee

49 다음 중 결점두(Defect Bean)가 아닌 것은?

① Black Bean
② Sour Bean
③ Hull
④ Peaberry

50 로부스타 커피의 원산지는?

① 인도
② 인도네시아
③ 콩고
④ 예멘

51 다음은 생두의 품질을 평가하는 기준을 설명한 것이다. 틀린 내용은?

① 아라비카종은 모두 고급이다.
② 결점수가 작을수록 고급이다.
③ 초록빛을 띠고 크기가 일정한 것이 고급이다.
④ 생두는 일반적으로 클수록 고급이고 가격도 비싸다.

52 커피에 함유된 지방 성분을 잘 우려낼 수 있는 추출 방법은?

① 프렌치 프레스   ② 하리오
③ 칼리타   ④ 멜리타

53 다음 중 커피 종자를 개량하는 목적이 아닌 것은?

① 수확량의 증가를 위하여
② 커피 품질개선
③ 커피 나무의 키를 높이기 위하여
④ 성장속도를 빠르게 하기 위하여

54 다음 중 커피의 쓴맛을 내는 성분은?

① 탄닌   ② 카페인   ③ 카제인   ④ 칼륨

55 커피 서비스 방법에 대한 설명 중 틀린 것은?

① 고객의 오른쪽에서 제공하고 여성에게 먼저 서비스한다.
② 고객에게 커피를 서비스할 때 먼저 인사를 한다.
③ 커피 잔 받침위의 스푼은 잔의 뒤쪽으로 놓는다.
④ 커피 잔의 손잡이는 고객의 오른쪽으로 한다.

56 커피를 로스팅할때 커피콩 안의 공간에 갇혀 있던 오일이 흘러나와 표면전체로 스며 나오는 단계에 해당하는 배전도는?

① 시티 로스트(City Roast)
② 풀시티 로스트(Full city Roast)
③ 이탈리안 로스트(Italian Roast)
④ 프렌치 로스트(French Roast)

57 다음은 로스팅에 의한 커피콩의 변화를 설명한 것이다. 틀린 내용은?

① 수분함량이 감소한다.　　　　② 밀도가 커진다.

③ 갈변화가 일어난다.　　　　　④ 부피가 늘어난다.

58 갓 로스팅 된 커피의 보관 방법으로 적합한 것은?

① 밀폐 용기에 넣어 서늘한 곳에 보관한다.

② 밀폐 용기에 넣어 냉장고에 보관한다.

③ 공기 중에 하루 동안 방치한다.

④ 밀폐 용기에 넣어 냉동실에 보관한다.

59 도피오(Doppio)란?

① 추출 시간을 길게 한 연한 커피를 말한다.

② 추출 시간을 제한한 진한 맛의 커피를 말한다.

③ 물의 양을 두 배로 늘린 희석된 커피를 말한다.

④ 에스프레소 양을 2배로 한 커피를 말한다.

60 탬핑(Tamping)을 하는 가장 중요한 목적은?

① 필터에 가능한 커피를 많이 담기 위하여

② 크레마를 고르게 하기 위하여

③ 커피 추출 농도를 높게 하기 위하여

④ 커피에 물을 고르게 통과시키기 위하여

제4회 바리스타 마스터 2급 필기시험문제 정답

1	①	2	②	3	③	4	④	5	④	6	①	7	①	8	④	9	④	10	③
11	③	12	②	13	④	14	②	15	③	16	②	17	④	18	②	19	④	20	①
21	②	22	④	23	③	24	③	25	②	26	④	27	④	28	③	29	④	30	①
31	③	32	②	33	③	34	④	35	③	36	④	37	①	38	④	39	④	40	②
41	②	42	④	43	③	44	③	45	④	46	②	47	②	48	②	49	④	50	③
51	①	52	①	53	③	54	②	55	③	56	④	57	②	58	③	59	④	60	④

바리스타 마스터

2급 필기시험문제

제**5**회

자격종목 및 등급	시험시간	수 험 번 호	성 명
Barista Master 2급	1시간		

1 다음 비알코올성 음료 중 커피가 속하는 것은?

① 영양음료　　　　② 청량음료　　　　③ 탄산음료　　　　④ 기호음료

2 생두(Green Bean)를 크기에 따라 분류할 때 사용하는 기구는?

① Screen　　　　② Cezve　　　　③ Mocha Pot　　　　④ Dripper

3 로스팅 기기 중 예열시간이 비교적 짧은 방식은?

① 수망 로스터　　　② 반열풍식　　　③ 열풍식　　　④ 직화식

4 멕시코의 고도에 따른 분류 중 더 높은 지역에서 자란 커피를 무엇이라 하는가?

① Altura　　　　② Lavado　　　　③ SHG　　　　④ Excelso

5 생두를 넣는 방식에서 g(그램) 단위로 세어서 넣는 방식을 무엇이라고 하는가?

① 배치식　　　　② 배분식　　　　③ 연속식　　　　④ 비율식

6 1개의 추출구를 보완하여 일본에서 개발된 것으로 추출구는 3개이고 바닥은 수평이며 리브는 드리퍼 끝까지 올라와 있는 기구의 이름은?

① Hario   ② Kalita   ③ Kono   ④ Melitta

7 로스팅을 잘못한 경우로 'Raw Nut'에 대한 설명으로 맞는 것은?

① 로스팅 과정 중 갑작스럽게 고온 로스팅을 한 경우
② 온도는 높고 로스팅 시간이 짧은 경우
③ 저온으로 짧게 로스팅을 한 경우
④ 투입량에 비해 너무 높은 온도로 로스팅한 경우

8 다음 중 크레마(Crema)에 대한 설명으로 틀린 것은?

① 그 자체가 부드럽고 상쾌한 맛을 지니고 있다.
② 원두, 분쇄정도, 탬핑, 물과는 상관이 없다.
③ 단열층의 역할을 하여 커피가 빨리 식는 것을 막아준다.
④ 지방 성분을 많이 지니고 있어 보다 풍부하고 강한 커피향을 느낄 수 있게 해 준다.

9 커피는 사용하는 추출 도구에 따라 분쇄의 정도가 다르다. 기구에 맞게 적절히 분쇄해야만 맛있는 커피를 추출해낼 수 있다. 아주 고운 분쇄로부터 굵은 분쇄 까지 올바르게 나열된 것은?

① Espresso → Turkish → Water Drip → Plunger → Percolator → Jug
② Espresso → Turkish → Plunger → Water Drip → Percolator → Jug
③ Turkish → Espresso → Plunger → Water Drip → Percolator → Jug
④ Turkish → Espresso → Water Drip → Plunger → Percolator → Jug

10 다음에 괄호 안에 들어갈 수치로 바르게 짝지은 것은?

> 생두의 수분 함량은 대략 8%에서 13%이며, 대개는 10%에서 12% 정도이다. 수분 함량이 (　)%를 넘어설 경우에는 곰팡이나 균이 번식할 위험이 높아진다. 곰팡이 가 억제되는 한계치로서 상대습도는 (　)%이다.

① 13.0, 70   ② 13.5, 70
③ 13.0, 75   ④ 13.5, 75

11 커피의 향미를 관능적으로 평가할 때 사용되지 않는 감각은?

① 시각   ② 후각

③ 미각   ④ 촉각

12 최초의 상업용 에스프레소 기계는?

① 베제라(Bezzera)   ② 라 파보니(La Pavoni)

③ 로이셀(Loysel)   ④ 아르두이노(Arduino)

13 그늘 경작 커피(Shade-Grown Coffee)란?

① 열대우림동맹에서 파견된 검사관이 재배 환경을 판별하여 부여

② 커피재배, 유통, 저장 그리고 로스팅 등 커피 빈 탄생의 전 단계에서 일체의 인공적인 가공이나 화학비료를 사용하지 않은 것

③ 국제적으로 결정된 합리적인 가격으로 커피를 판매하는 생산자에게 부영하는 공증

④ 유기농법의 재배환경과 더불어 커피 나무 주변에 다른 여러 종의 작물들과 함께 경작하는 프로그램

14 그라인더 날(Burr)에 대한 설명으로 가장 알맞은 것은?

① 그라인더는 수동식 핸드밀에서부터 전동식까지 다양하지만 커피전문점에서는 대개 수동식 핸드밀을 사용한다.

② 그라인더에서 칼날은 중요하기에 정기적으로 점검을 하면 반영구적으로 사용이 가능하다.

③ 그라인더는 1분간 1,500여회 회전하면서 분쇄되며 두 개의 날이 맞물린 상태에서 위쪽의 날이 빠르게 돌아가며 분쇄한다.

④ 그라인더 날의 종류에는 일반적으로 평면형 그라인더 날(Flat Grinding Burr)과 원뿔형 그라인더 날(Conical Grinding Burr) 2가지 종류가 있다.

15 찬물에 장시간 우려 카페인이 적은 것으로 알려진 커피로, 풍미를 잃지 않는 기간이 다른 커피보다 길어 유통이 유리한 커피는?

① Cezve Coffee   ② Syphon Coffee

③ Cold Brew Coffee   ④ Mocha Pot Coffee

16 1차 탬핑이 끝나면 필터 홀더 내벽에 붙어 있는 커피 가루를 떨어뜨리기 위해 하는 동작을 무엇이라 하는가?

① Taping   ② Tampering   ③ Tapping   ④ Tapering

17 다음 에스프레소 관련용어 설명으로 맞지 않는 것은?

① Knock Box: 찌꺼기 통
② Steam Wand: 스팀 조절 손잡이
③ Group Head: 포터 필터를 끼우는 곳
④ Gasket: 고무 같은 재질의 밀봉재 패킹

18 커피 가공 과정으로 올바른 순서는?

① Fermenting → Parchment Coffee → Pulping → Rinsing → Sun Drying → Cleaning → Hulling → Sizing → Grading
② Fermenting → Pulping → Rinsing → Sun Drying → Parchment Coffee → Hulling → Cleaning → Sizing → Grading
③ Rinsing → Pulping → Fermenting → Parchment Coffee → Sun Drying → Cleaning → Hulling → Sizing → Grading
④ Pulping → Fermenting → Rinsing → Parchment Coffee → Sun Drying → Hulling → Cleaning → Sizing → Grading

19 로스터기의 진화단계는?

① 구형 → 드럼형 → 원통형 → 프라이팬형
② 프라이팬형 → 구형 → 원통형 → 드럼형
③ 드럼형 → 원통형 → 프라이팬형 → 구형
④ 원통형 → 프라이팬형 → 구형 → 드럼형

20 당일 판매 가능한 양만큼 준비해 두는 것을 무엇이라 하는가?

① Coffee Break   ② Par Stock
③ FIFO   ④ Inventory

21 커피 컵 중 Demitasse의 크기는?

① 70ml 정도의 크기 　　　　② 50ml 정도의 크기

③ 30ml 정도의 크기 　　　　④ 60ml 정도의 크기

22 덜 익은 콩을 의미하는 단어는?

① Sour Bean　　② Floater Bean　　③ Quakers　　④ Parchment

23 다음 중 아라비카종의 원종(Orginal)에 해당하는 품종은?

① Catimor　　② Mundo Novo　　③ Bourbon　　④ Ruiru

24 커피에 함유된 지방 성분을 잘 우려 낼 수 있는 추출 방법은?

① 프렌치 프레스　　② 캐맥스　　③ 고노　　④ 메리타

25 다음 중 커피의 쓴맛을 내는 성분은?

① 탄닌　　② 카페인　　③ 카제인　　④ 칼륨

26 드립 커피의 기초가 되는 커피 가루가 나오지 않게 헝겊조각을 덮은 드립포트를 만든 사람은?

① 돈 마틴　　② 벨로이　　③ 로버트 네이피어　　④ 롤랑

27 광무 4년(1900년)에 고종은 덕수궁 내의 동북쪽 경치 좋은 곳에 우리나라 최초의 양관(洋館)을 짓게 했다. 한국적 분위기가 나는 로마네스크풍의 건물로 커피와 관계가 깊은 이 건물의 명칭은 무엇인가?

① 대불호텔　　② 정동구락부　　③ 정관헌　　④ 손탁호텔

28 에스프레소 기계의 추출 온도를 정밀하게 조절, 유지, 관리 할 수 있는 장치는?

① 추출 챔버(Extraction Chamber)　　　　② PID 제어장치

③ 열 교환기(Heat Exchanger)　　　　④ 체크 밸브(Check Valve)

29 1922년 케냐에서 최초로 발견된 커피의 병은?

① 커피잎 녹병　　　　② 커피 열매병

③ 커피 열매 천공벌레　　　　④ 비늘 곤충

30 그룹 헤드에 포터 필터를 장착 후 추출버튼을 2초안에 눌러서 추출해야 한다고 World Barista Championship의 중요 심사항목이다. 그 이유는?

① 시간이 길어지면 위쪽에 있는 커피의 향미 성분이 변하기에
② 빠른 시간내 추출버튼을 눌러야 우유스티밍을 할 수 있기에
③ 포터 필터를 여러 개 장착할 때 잊어버릴 수 있기에
④ 데워진 포터 필터의 온도가 덜어질 수 있기에

31 휘핑기에 사용되는 가스는?

① 산소   ② 이산화탄소   ③ 수소   ④ 질소

32 수평형(Flat) 그라인더의 장점이 아닌 것은?

① 단위 처리량이 좋다.
② 다양한 분쇄도가 가능하다.
③ 열 발생이 가장 적다.
④ 입자 크기가 곱고 고르다.

33 에스프레소 추출에 대한 설명이다. 가장 거리가 먼 것은?

① 압력은 어느 한도까지는 높일수록 흐름 속도도 빨라지지만 그 한도를 넘어서면 흐름 속도는 반대로 느려진다.
② 물길을 따라 나 있는 커피 입자에서는 과소 추출이 일어나기에 쓴맛이 나타난다.
③ 커피층을 제대로 만들지 못하면 물 흐름 속도가 빠른 부분인 물길(Channel)이 만들어지기 쉽다.
④ 커피층에서 밀도가 높은 부분은 적은 양의 물이 흘러가게 되어 향을 끌어내지 못하며 농도도 낮아진다.

34 그라인더에 대한 설명이다. 틀린 것은?

① 미분은 어느 정도 이상 만들어지지 않아야 한다.
② 분쇄 중 입자에 발생하는 열은 가능한 많아야 한다.
③ 알맞은 흐름 저항이 나타 날 수 있는 적절한 입자 크기를 만들어야 한다.
④ 입자 크기가 이원적 또는 삼원적인 분포를 나타내어야 한다.

35 에스프레소는 매우 가는 입자를 사용해야 하는 이유의 설명으로 적절치 못한 것은?

① 표면적이 극도로 높아지고, 입자 표면에서 많은 양의 고형물을 재빨리 씻어내기에 적합하다.

② 보다 많은 입자 세포가 노출되므로 다량의 수용성 고분자 물질과 콜로이드성 물질이 추출물로 이동될 수 있다.

③ 입자 크기가 작아 표면력이 크게 늘어나고, 입자들끼리 밀착되기 쉬워진다.

④ 물이 세포로 들어와서 고형물이 세포 밖으로 빠져나가 확산되기까지의 평균시간이 길어지기 때문이다.

36 분쇄 중에 입자에 열을 최소한으로 가해야 하는 이유로 적절치 못한 것은?

① 가열로 인해 커피 향미가 손상되고 향 성분의 손실이 가속화된다.

② 오일이 입자 표면에 드러나 입자가 끈끈하게 뭉쳐진 덩어리로 만들어져 추출이 잘못될 수 있다.

③ 뭉쳐진 덩어리는 적심이 잘 일어나지 않아 커피층의 상당부분이 추출 내내 마른상태로 있게 한다.

④ 입자에 열이 가해지는 것 자체를 피해야한다.

37 도징 챔버에 커피 가루를 담아 둘 때의 단점이 아닌 것은?

① 커피가 일단 분쇄되면 가스 빠짐은 크게 가속된다.

② 도징 챔버 안에 커피 가루가 얼마나 많이 들어 있는지에 따라 그 양이 항상 변한다.

③ 추출되기까지 가스가 빠지는(Degassing) 시간이 다양하게 나타난다.

④ 도징이 매우 빨리 이루어질 수 있고 편리하다.

38 우유 스티밍을 할 때의 기본적인 목표가 아닌 것은?

① 공기를 불어넣을 때는 미세거품이 있는 구조로 만든다.

② 표면은 반들반들하면서 눈에 보이는 거품이 없어야 한다.

③ 우유는 최종 70℃를 넘기지 않는다.

④ 에스프레소 추출이 끝난 뒤 밀크스티밍을 시작한다.

39 미분의 양을 줄일 수 있는 방법이 아닌 것은?

① 보다 날이 잘 선 날(Burr)를 사용한다.

② 보다 약 로스팅된 원두를 사용한다.

③ 수분함량이 적는 원두를 사용한다.

④ 그라인딩 속도를 낮춘다.

40 효소가 쓰이지 않는 갈변화 과정으로 환원당이 아미노산과 반응하는 이러한 현상을 무엇이라 하는가?

① 메일라드 반응　　　　　　② 카라멜화

③ 유기물질 손실　　　　　　④ 휘발성 아로마

41 에스프레소 한 잔 분량의 커피를 질소 충전하여 밀봉한 커피로 낱개 포장된 커피를 무엇이라 하는가?

① Pack Coffee　　　　　　② Package Coffee

③ Capsule Coffee　　　　　④ Single Coffee

42 '얼룩진'이라는 이태리어로 커피의 갈색 크레마에 우유의 흰 거품이 얼룩져 조화를 이룬 커피를 의미하는 것은?

① Macchiato　　② Scuro　　③ Chiaro　　④ Freddo

43 세계에서 가장 유명한 커피인 블루마운틴(Blue Mountain)을 생산하는 나라는?

① 자메이카　　② 케냐　　③ 과테말라　　④ 콜롬비아

44 '커피의 귀부인'이라 불리는 세계 명품커피로 적절한 신맛, 흙냄새와 초콜릿 향이 오묘하게 조화를 이루는 커피는 맛을 내는 커피원산지는?

① Yemen Mocha Sanani　　　② Yemen Mocha Mattari

③ Colombia Narino Supremo　　④ Colombia Huila Supremo

45 흐린 크레마(Light Crema)의 원인이 아닌 것은?

① 물의 온도가 95℃보다 높은 경우

② 펌프압력이 9bar보다 높은 경우

③ 물 공급이 제대로 안 되는 경우

④ 바스켓필터 구멍이 너무 큰 경우

46 다음은 사이폰 추출 방식의 절차이다. 바른 순서대로 나열되어 있는 것을 고르시오

> A. 로드에 물이 다 올라오면 대나무스틱으로 가볍게 골고루 저어 준다.
> B. 플라스크의 물이 끓으면 로드를 플라스크에 단단하게 고정시킨다.
> C. 플라스크에 정량의 미리 데워진 물을 부어 준다.
> D. 램프가 꺼져 차가워진 온도로 인해 커피는 로드에서 자연적으로 플라스크로 떨어진다.
> E. 로드를 좌우로 흔들어 플라스크에서 제거하고 커피를 서빙하면 된다.

① C-B-A-D-E   ② C-A-B-D-E
③ C-B-D-A-E   ④ C-D-A-B-E

47 커피를 테이스팅 할 때 세부적인 맛의 표현들을 올바르게 짝지어진 것은?

A. Fullness	1. 농익은
B. Sharp	2. 흙 냄새나는
C. Mellow	3. 자극이 강한
D. Grassy	4. 풍부한
E. Earthy	5. 풀 냄새나는

① A-1, B-4, C-2, D-3, E-5   ② A-2, B-5, C-3, D-4, E-1
③ A-3, B-4, C-2, D-1, E-5   ④ A-4, B-3, C-1, D-5, E-2

48 커피를 생산하는 몇 개의 국가에서 전문가들의 평가로 순위를 매겨 경매를 통해 가장 좋은 질의 맛을 선보이게 만든 기구는?

① SCA   ② COE   ③ KBC   ④ ICO

49 로스팅 시 발생하는 현상이라고 볼 수 없는 것은?

① 수분의 감소   ② 향기의 감소
③ 부피의 증가   ④ 무게의 감소

50 가공 방식의 하나인 건식법의 설명으로 알맞은 것은?

① 생산 단가가 싸고 친환경적이다.
② 품질이 높고 균일하다.
③ 발효 과정에서 악취가 날 수 있다.
④ 물을 많이 사용하므로 환경을 오염시킨다.

51 생산고도에 의한 분류에 속하지 않는 국가는?

① 코스타리카 ② 멕시코
③ 파라과이 ④ 온두라스

52 카페인(Caffeine)에 대한 설명으로 틀린 것은?

① 인체에 흡수되면 신경계, 호흡계, 심장혈관계에 영향을 주나 일시적이다.
② 혼합성분의 두통약에도 일정량 포함되어 있다.
③ 식약청 권장 성인기준 하루 600mg 섭취를 권장하고 있다.
④ 1819년 독일 화학자 룽게(Runge)가 처음으로 분리에 성공했다.

53 추출구가 한 개인 원추형으로 리브(Rib)가 나선형으로 된 드리퍼는?

① Kalita ② Melita ③ Kono ④ Hario

54 핸드 드립 커피 추출단계에서 첫 번재 단계인 뜸을 주는 이유가 아닌 것은?

① 물이 균일하게 확산되며 물이 고르게 퍼지게 된다.
② 커피의 수용성 성분이 물에 녹게 되어 추출이 원활하게 이루어진다.
③ 뜸 들이는 과정을 생략하면 진한 커피가 추출 될 수밖에 없다.
④ 커피에 함유되어 있는 탄산가스와 공기를 빼주는 역할을 한다.

55 로스팅 단계에서 휴지기(Pause)의 의미는?

① 1차 크랙과 2차 크랙의 사이의 단계이다.
② 센터컷이 벌어지면서 크랙 소리가 들리는 단계이다.
③ 갈색에서 진한 갈색으로 바뀌는 단계이다.
④ 생두의 수분함량이 감소되는 단계이다.

56 다음 중 결점두의 종류로 잘못 짝지어진 것은?

① Insect Damage: 벌레 먹은 콩
② Fungus Damage: 곰팡이에 의해 노란색을 띤 콩
③ Floater: 깨진 콩이나 콩 조각
④ Withered Bean: 작고 기형인 콩

57 커피 수확량에 대한 세 가지 통계기준이 아닌 것은?

① Crop Year
② Coffee Year
③ Calendar Year
④ Harvest Year

58 커피 추출 방식 중 우려내기(Steeping)에 해당되는 기구는?

① Percolator
② Espresso
③ Mocha Pot
④ French Press

59 커피 추출 방식 중 달이기(Decoction)에 해당되는 기구는?

① Cezve
② Mocha Pot
③ Coffee Urn
④ Vacuum Brewer

60 커피 산패의 요인이 아닌 것은?

① 산소
② 수분
③ 온도
④ 밀도

제5회 바리스타 마스터 2급 필기시험문제 정답

1	④	2	①	3	①	4	①	5	①	6	②	7	③	8	②	9	④	10	④
11	①	12	①	13	④	14	④	15	③	16	③	17	②	18	④	19	②	20	②
21	①	22	③	23	③	24	①	25	②	26	①	27	③	28	②	29	②	30	①
31	④	32	③	33	①	34	②	35	④	36	④	37	①	38	④	39	③	40	①
41	③	42	①	43	①	44	②	45	①	46	①	47	④	48	②	49	②	50	①
51	③	52	③	53	④	54	③	55	①	56	③	57	④	58	④	59	①	60	④

바리스타 마스터

제6회 2급 필기시험문제

자격종목 및 등급	시험시간	수험번호	성 명
Barista Master 2급	1시간		

1 '커피의 귀부인'이라 불리는 세계 명품커피로 적절한 신맛과 흙냄새 그리고 초콜릿 향이 오묘하게 조화를 이루는 맛을 내는 커피의 원산지는?

① Yemen Mocha Sanani　　② Yemen Mocha Mattari

③ Colombia Narino Supremo　　④ Colombia Huila Supremo

2 브라질에서 많이 사용하는 방식으로 체리를 물에 가볍게 씻은 후 건조하는 방법을 무엇이라 하는가?

① Natural Coffee　　② Washed Coffee

③ Pulped Natural Coffee　　④ Semi-washed Coffee

3 커피의 산패에 대한 내용 중 다른 것은?

① 외부의 산소가 커피조직바깥으로 빠져나가 커피를 산화시킨다.

② 유기물이 산화되어 지방산이 발생된다.

③ 맛과 향이 변하는 현상이다.

④ 습도가 높을수록 커피는 쉽게 변질된다.

4 멕시코의 고도에 따른 분류 중 고지대에서 자란 커피를 무엇이라 하는가?

① Excelso　　② Lavado　　③ SHG　　④ Altura

5 생두를 넣는 방식에서 g(그램) 단위로 세어서 넣는 방식을 무엇이라고 하는가?

① 배치식　　　② 배분식　　　③ 연속식　　　④ 비율식

6 생산고도에 의한 분류 중 SHB(Strictly Hard Bean)의 등급을 사용하는 국가는?

① 코스타리카　　② 멕시코　　　③ 온두라스　　　④ 콜롬비아

7 로스팅을 잘못한 경우로 'Raw Nut'에 대한 설명으로 맞는 것은?

① 로스팅 과정 중 갑작스럽게 고온 로스팅을 한 경우

② 온도는 높고 로스팅 시간이 짧은 경우

③ 저온으로 짧게 로스팅을 한 경우

④ 투입량에 비해 너무 높은 온도로 로스팅한 경우

8 다음 중 크레마(Crema)에 대한 설명으로 틀린 것은?

① 그 자체가 부드럽고 상쾌한 맛을 지니고 있다.

② 원두, 분쇄정도, 탬핑, 물과는 상관이 없다.

③ 단열층의 역할을 하여 커피가 빨리 식는 것을 막아준다.

④ 지방 성분을 많이 지니고 있어 보다 풍부하고 강한 커피향을 느낄 수 있게 해 준다.

9 다음은 드리퍼 형태에 따른 설명이다. 맞지 않는 것은?

① 멜리타는 추출구가 한 개이며 전체 폭이 약간 크고 칼리타에 비해 경사가 가파르다.

② 칼리타는 리브(Rib)가 촘촘하게 설계되어 있다.

③ 고노는 리브(Rib)의 갯수가 칼리타에 비해 많으며 드리퍼의 중간까지만 있다.

④ 하리오는 리브(Rib)가 나선형으로 드리퍼 끝까지 있다.

10 다음에 괄호 안에 들어갈 수치로 바르게 짝지은 것은?

> 생두의 수분 함량은 대략 8%에서 13%이며, 대개는 10%에서 12% 정도이다. 수분 함량이 (　　)%를 넘어설 경우에는 곰팡이나 균이 번식할 위험이 높아진다. 곰팡이가 억제되는 한계치로서 상대습도는 (　　)% 이다.

① 13.0%, 70%　　　　　　② 13.5%, 70%

③ 13.0%, 75%　　　　　　④ 13.5%, 75%

11 중세유럽에서 지식인과 문학가들은 카페에 모여 학문을 토론하고 환담을 나누었다. 시간이 지나면서 카페가 정치 논쟁의 장소로 자리 잡자 카페가 과격분자들의 소굴로 변한 것을 우려해서 카페를 폐쇄하도록 명령한 나라는?

① 영국　　　　② 프랑스　　　③ 튀르키예　　④ 이탈리아

12 커피를 우려내는 이 방식은 프랑스 인이 발명했고 프랑스에서 널리 사용되어서 붙여진 명칭인데 이 기구를 최초로 제작한 회사이름인 보덤(Bodum)으로도 불리고 또 영어로는 플린저(Plunger) 라고도 한다. 이 추출 방식을 무엇이라 하는가?

① French Press　　　　　　② Mocha Pot
③ Espresso Machine　　　　④ Vacuum Brewer

13 미분의 양을 줄일 수 있는 방법이 아닌 것은?

① 수분함량이 적는 원두를 사용한다.
② 보다 약 로스팅된 원두를 사용한다.
③ 보다 날이 잘 선 날(Burr)를 사용한다.
④ 그라인딩 속도를 낮춘다.

14 그라인더 날(Burr)에 대한 설명으로 가장 알맞은 것은?

① 그라인더는 수동식 핸드밀에서 부터 전동식까지 다양하지만 커피전문점에서는 대개 수동식 핸드밀을 사용한다.
② 그라인더에서 칼날은 중요하기에 정기적으로 점검을 하면 반영구적으로 사용이 가능하다.
③ 그라인더는 1분간 1,500여회 회전하면서 분쇄되며 두 개의 날이 맞물린 상태에서 위쪽의 날이 빠르게 돌아가며 분쇄한다.
④ 그라인더 날의 종류에는 일반적으로 평면형 그라인더 날(Flat Grinding Burr)과 원뿔형 그라인더 날(Conical Grinding Burr) 2가지 종류가 있다.

15 드립포트(Drip Pot)에 대한 설명이다. 틀린 것은?

① 직접 불에 올려놓으면 안 된다.
② 사용 후에는 물을 버리고 뒤집어 보관하는 것이 좋다.
③ 추출구를 정면으로 봤을 때 좌우균형이 정확한 것을 구입해야 한다.
④ 배출구가 좁으면 물줄기가 가늘어 컨트롤이 원활하지 않다.

16 커피 나무의 성장에 관한 설명이다. 틀린 것은?

① 파치먼트상태의 씨앗을 묘판에 심거나 폴리백에 채워 심는다.
② 개화에서 성숙까지 소요기간은 일반적으로 아라비카는 6~9개월, 로부스타는 9~11개월 동안 익는다.
③ 종자를 파종하고 나서 약 1년 후에는 개화가 시작된다.
④ 씨앗을 심고 약 30-60일정도가 지나면 새순이 나온다.

17 리베리카(Liberica)종에 대한 설명으로 옳은 것은?

① 생산량이 많아 시장성이 높다.
② 아시아가 원산지이다.
③ 고지대에서 잘 자란다.
④ 대부분 산지에서만 소비된다.

18 커피 생두에 관한 용어이다. 올바르게 짝지어진 것은?

① Soft Bean: 향미 품질이 좋은 생두
② Heavy Bean: 향미 품질이 낮은 생두
③ SHB or SHG: 1,000m 이하의 고지대에서 재배한 고급등급의 커피콩
④ Dry Processed: 커피 열매를 발효, 펄핑한 후 과피와 과육을 물로 세척 후 건조하는 방법

19 입안에 머금은 커피의 농도, 점도 등을 의미하며 진한느낌, 연한느낌 등으로 표현된다. 무엇을 말하는 것인가?

① 맛(Taste)　　　　　② 바디(Body)
③ 아로마(Aroma)　　　④ 플레버(Flavor)

20 댐퍼(Damper)의 역할과 관계없는 것은?

① 은피를 배출하는 역할
② 드럼내부의 열량을 조절 하는 역할
③ 드럼내부의 공기 흐름을 조절 하는 역할
④ 흡열과 발열 반응을 조절하는 역할

21 프란넬(Flannel) 필터에 대한 설명 중 가장 먼 것은?

① 항상 사용 후 건조해서 보관한다.
② 항상 수분을 머금고 있는 상태에서 보관한다.
③ 새 필터는 물에 10분간 삶아서 사용한다.
④ 프란넬을 담은 용기의 물은 주기적으로 갈아준다.

22 수확된 커피를 유럽으로 싣고 가기 위해 항구에서 해풍을 맞고, 아프리카 남단으로 돌아가는 도중에 다시 해풍에 노출되어 막상 유럽에 도착했을 때는 발효가 많이 되어 있었다. 이렇게 유럽에 닿기까지 약 6개월이라는 긴 시간 동안 산도는 줄어들고 묵은 맛과 향이 나는 독특한 향미를 가지게 된 커피는?

① India Monsooned Coffee ② Indonesia Mandheling
③ Ethiopia Mocha Sidamo ④ Yemen Mocha Mattari

23 다음 중 아라비카종의 원종(Original)에 해당하는 품종은?

① Catimor ② Mundo Novo
③ Bourbon ④ Ruiru

24 커피신선도의 기준에 가장 큰 영향을 미치는 것은?

① 상품포장시점 ② 로스팅시점
③ 상품개봉시점 ④ 보관장소

25 다음은 신선한 커피를 추출하는 방법이다. 아닌 것은?

① 로스팅 한지 일주일이내 커피 원두 구입
② 구입한 원두는 가능한 빨리 소비한다.
③ 보관은 밀폐한 상태에서 냉장고에 한다.
④ 추출직전에 적정량만 분쇄하여 사용한다.

26 침지법과 여과법의 장점을 절충해 커피 가루가 밖으로 빠져나오는 것을 방지할 수 있도록 안에 천 조각을 댄 추출구를 가진 커피 포트를 만든 사람은?

① 돈 마틴 ② 벨로이
③ 로버트 네이피어 ④ 롤랑

27 커피에 함유된 지방 성분을 잘 우려낼 수 있는 추출 방법은?

① 프렌치 프레스   ② 하리오

③ 칼리타   ④ 멜리타

28 결점두와 이물질에 대한 설명으로 틀린 것은?

① 파손된 콩: 깨진 콩은 무리하게 과육을 제거하는 과정에서 생긴다.

② 변색된 콩 : 급하게 건조시켰거나 오래된 생두는 녹색에서 황색으로 변질된다.

③ 갈라진 콩: 가공 과정의 착오로 발효나 세척을 잘못하거나 과도한 건조가 원인이다.

④ 얼룩진 콩: 덜 익은 열매나 반대로 익어서 땅에 떨어진 열매를 수확했을 때 생긴다.

29 커피 체리에 대한 설명이다. 올바르지 않은 것은?

① 커피체리는 약 15~17mm정도의 크기로 동그랗다.

② 익기전의 상태는 초록색이나 익으면서 빨간색으로 변한다.

③ 일반적으로 가지에서 가장 가까운 부분이 먼저 익는다.

④ 체리의 가장 바깥쪽에는 껍질에 해당하는 파치먼트가 있다.

30 그룹 헤드에 포터 필터를 장착 후 추출버튼을 2초안에 눌러서 추출해야 한다고 World Barista Championship의 중요 심사항목이다. 그 이유는?

① 데워진 포터 필터의 온도가 떨어질 수 있기에

② 빠른 시간내 추출버튼을 눌러야 우유스티밍을 할 수 있기에

③ 포터 필터를 여러 개 장착할 때 잊어버릴 수 있기에

④ 시간이 길어지면 위쪽에 있는 커피의 향미 성분이 변하기에

31 커피 나무의 치명적인 녹병(Coffee Rust)은 커피 재배를 궤멸시킨 병으로서, 커피 주산지를 중남미로 옮기게 만든 주범이다. 발생한 곳은?

① Ceylon   ② Para   ③ Mysore   ④ Mocha

32 수평형(Flat) 그라인더의 장점이 아닌 것은?

① 단위 처리량이 좋다.   ② 다양한 분쇄도가 가능하다.

③ 열 발생이 가장 적다.   ④ 입자 크기가 곱고 고르다.

33 파푸아뉴기니 커피 산지의 설명으로 옳은 것은?

① 영국의 지배를 받던 1889년에 첫 번째 커피 나무가 식물원에 심어졌다.

② 주민의 일부만 커피생산에 종사하고 있다.

③ 주로 로부스타종을 경작하고 해마다 70만 kg의 생두가 생산된다.

④ 아라비카종은 2,500미터 고산지에서 자라고 계곡에 소규모 경작자들이 몰려있다.

34 카페인을 제거하는 기술에 대한 많은 특허가 등록되었으나 크게 세 종류로 분류할 수 있다. 틀린 것은?

① 용매로 카페인을 추출해 내는 방법

② 액화탄산가스를 이용하는 방법으로 초임계추출법

③ 물로 카페인을 추출해 내는 방법

④ 커피 원두를 건조시킬 때 카페인을 추출해 내는 방법

35 다음 중 '~을 넣은'을 의미하는 커피 메뉴의 용어는?

① Con   ② Panna   ③ Macchiato   ④ Latte

36 밀크 스티밍에 관한 내용이다. 틀린 것은?

① 우유는 3℃ 정도에 가까울수록 스팀된 우유의 품질이 좋아질 확률이 높다.

② 국내 우유의 유지방 함량은 3.5%가 보통이다.

③ 밀크 스티밍에 사용되는 우유는 상온에 보관해도 무관하다.

④ 유지방 함량이 높으면 밀크 스티밍의 품질이 좋아질 확률이 높다.

37 드립식 커피에 사용되는 필터매체에 대한 설명이다. 올바르지 못한 것은?

① 종이 필터(Paper Filter)는 바디가 가장 적고 가장 향미가 높은 음료를 만들어 낸다.

② 철제 필터(Metal Filter)는 음료의 바디가 매우 낮고 향미의 깔끔함은 매우 높아진다.

③ 천 필터(Cloth Filter)는 바디가 높고 적당한 향미의 깔끔한 커피 음료가 만들어진다.

④ 천 필터(Cloth Filter)는 오일과 청소용 화학 물질을 흡수하기가 용이하여 품질이 나빠지기 쉽다.

38 다음 생산국과 유명커피 브랜드와 잘못 짝지어진 것은?

① Brazil-Santos   ② Hawaii-Maragogype

③ Puerto Rico-Yauco Selecto   ④ Jamaica-Peaberry

39 에스프레소 머신에서 커피 추출 후 필터 홀더를 분리했는데 물이 흥건하거나 홀이 생겼다. 그 이유 중 가장 틀린 것은?

① 커피파우더 투입량이 적었다.

② 커피파우더 고르기가 잘못되었다.

③ 메시가 너무 가늘었다.

④ 필터 홀더 부착이 잘못되었다.

40 효소가 쓰이지 않는 갈변화 과정으로 환원당이 아미노산과 반응하는 이러한 현상을 무엇이라 하는가?

① 메일라드 반응   ② 카라멜화

③ 유기물질 손실   ④ 휘발성 아로마

41 에스프레소 한 잔 분량의 커피를 질소 충전하여 밀봉한 커피로 낱개 포장된 커피를 무엇이라 하는가?

① Pack Coffee   ② Package Coffee

③ Capsule Coffee   ④ Single Coffee

42 피베리(Peaberry)의 또 다른 명칭은?

① Caracolillo   ② Bourbon

③ Mattari   ④ Typica

43 커피체리를 수확하는 방법 중 스트리핑(Stripping)에 대한 설명으로 맞는 것은?

① 핸드 피킹(Hand Picking) 방법 보다 수확시간을 단축할 수 있다.

② 핸드 피킹(Hand Picking) 방법에 비해 인건비 부담이 많다.

③ 나뭇잎, 나뭇가지 등의 이물질이 섞일 가능성이 적다.

④ 습식 가공 방식 커피(Washed Coffee)를 생산하는 지역에서 주로 사용하는 수확 방법이다.

44 다음 로스팅 단계 가운데 가장 강배전은?

① High Roast   ② Italian Roast
③ Cinnamon Roast   ④ French Roast

45 커피 3대 원종 중의 하나로 서아프리카가 원산지다. 저지대에서 생산되고 환경에 잘 적응하고 병충해도 강하다. 강한 쓴맛이 특징으로 현재 라이베리아를 중심으로 수리남이나 가아나 등지에서 아주 적은 양이 생산되는 원두는?

① Arabica   ② Riberica   ③ Robusta   ④ Mocha

46 가공 방식의 하나인 건식법의 설명으로 알맞은 것은?

① 생산 단가가 싸고 친환경적이다.
② 품질이 높고 균일하다.
③ 발효 과정에서 악취가 날 수 있다.
④ 물을 많이 사용하므로 환경을 오염시킨다.

47 다음은 사이폰 추출 방식의 절차이다. 바른 순서대로 나열되어 있는 것을 고르시오

> A. 로드에 물이 다 올라오면 대나무스틱으로 가볍게 골고루 저어 준다.
> B. 플라스크의 물이 끓으면 로드를 플라스크에 단단하게 고정시킨다.
> C. 플라스크에 정량의 미리 데워진 물을 부어 준다.
> D. 램프가 꺼져 차가워진 온도로 인해 커피는 로드에서 자연적으로 플라스크로 떨어진다.
> E. 로드를 좌우로 흔들어 플라스크에서 제거하고 커피를 서빙하면 된다.

① C-B-D-A-E   ② C-A-B-D-E
③ C-B-A-D-E   ④ C-D-A-B-E

48 친환경(Rainforest Alliance) 커피 인증 또는 Bird Friendly 커피 인증이란?

① 토착 품종나무를 최소한 10가지 품종 이상 포함
② 키 큰 나무들의 농지 점유율이 최소 80% 이상
③ '그늘' 나무들이 서로 키가 같은 점층적 구조를 가진 농장
④ 미국에서 한 가지 기관을 통해 그늘재배 커피 인증

49 커피 미각에 관한 관능용어가 아닌 것은?

① Astringent: 아주 떫고 짠맛
② Rough: Sharp가 변화되어 나타나는 2차 맛
③ Mellow: 단맛 성분이 있을 때 느껴지는 맛
④ Rich: 커피의 전체향기를 양적으로 표현한 용어

50 저지방 우유는 원유의 지방분을 몇 %이하로 조정한 것을 말하는가?

① 0.5%   ② 1%   ③ 2%   ④ 5%

51 생산고도에 의한 분류에 속하지 않는 국가는?

① 코스타리카   ② 멕시코   ③ 파라과이   ④ 온두라스

52 커피감별사가 일련의 절차에 따라 미각과 후각을 사용하여 커피 맛을 평가하는 것을 무엇이라 하는가?

① Aroma   ② Acidity   ③ Cupping   ④ Body

53 온두라스, 엘살바도르, 니카라과 국가의 생두등급 분류법으로 옳은 것은?

① SHG   ② SHB   ③ AA   ④ High Mountain

54 다음 에스프레소 관련용어 설명으로 맞지 않는 것은?

① Knock Box: 찌꺼기 통
② Group Head: 포터 필터를 끼우는 곳
③ Steam Wand: 스팀 조절 손잡이
④ Gasket: 고무 같은 재질의 밀봉재 패킹

55 로스팅 단계에서 휴지기(Pause)의 의미는?

① 1차 크랙과 2차 크랙의 사이의 단계이다.
② 센터컷이 벌어지면서 크랙 소리가 드리는 단계이다.
③ 갈색에서 진한 갈색으로 바뀌는 단계이다.
④ 생두의 수분함량이 감소되는 단계이다.

56 커피 추출 방법중 에스프레소 커피 추출 방법은?

① Pressed Extraction   ② Infusion

③ Decoction   ④ Brewing

57 커피 수확량에 대한 세 가지 통계기준이 아닌 것은?

① Harvest Year   ② Coffee Year

③ Calendar Year   ④ Crop Year

58 로스팅 3단계 과정이 아닌 것은?

① Cooling Phase   ② Roasting Phase

③ Drying Phase   ④ Popping Phase

59 WBC(World Barista Championship)의 에스프레소 추출기준이 아닌 것은?

① 추출량 30 ± 5㎖ (크레마 포함)   ② 물의 압력 9 ± 0.5bar

③ 추출 시간 25 ± 5초 (권장사항)   ④ 물의 온도 85~95.0℃

60 로스팅시 발생하는 현상이라고 볼 수 없는 것은?

① 생두수분의 감소   ② 생두향기의 감소

③ 생두부피의 증가   ④ 생두무게의 감소

제6회 바리스타 마스터 2급 필기시험문제 정답

1	②	2	④	3	①	4	④	5	①	6	①	7	③	8	②	9	③	10	④
11	①	12	①	13	①	14	④	15	④	16	③	17	④	18	①	19	②	20	④
21	①	22	④	23	③	24	②	25	③	26	①	27	①	28	④	29	④	30	④
31	②	32	③	33	①	34	④	35	①	36	③	37	②	38	②	39	④	40	①
41	③	42	①	43	②	44	②	45	④	46	①	47	③	48	①	49	④	50	③
51	③	52	②	53	①	54	③	55	①	56	①	57	①	58	④	59	④	60	②

바리스타 마스터

2급 필기시험문제

자격종목 및 등급	시험시간	수험번호	성 명
Barista Master 2급	1시간		

1 일반적으로 커피 나무는 5년이 지난 성숙한 커피 나무에서 한 그루당 2,000개 정도의 열매를 채취할 수 있는데 이는 가공된 커피의 500g에 해당되는 양이다. 커피 나무의 경제적인 수령은 몇 년 정도 일까?

① 약 5~10년 정도   ② 약 20~30년 정도
③ 약 40~50년 정도   ④ 약 60~70년 정도

2 브라질에서 많이 사용하는 방식으로 체리를 물에 가볍게 씻은 후 건조하는 방법을 무엇이라 하는가?

① Natural Coffee   ② Washed Coffee
③ Pulped Natural Coffee   ④ Semi Washed Coffee

3 연수기와 관련된 사항이다. 틀린 것은?

① 완전연수는 커피의 모든 맛을 그대로 드러내기 때문에 좋은 것이다.
② 연수기는 광물질을 걸러낸다.
③ 기계 내부에 스케일이 축적되는 것을 방지한다.
④ 좀 더 섬세한 커피 맛을 위해서 필요하다.

4 원두 커피 포장 방법에 따른 유통기한의 차이가 있다. 알루미늄 팩 포장에 에어 밸브가 부착되어 있을 경우 일반적인 소비기한은 몇 개월 인가?

① 3개월 　　　② 6개월 　　　③ 12개월 　　　④ 24개월

5 에어채널과 Handle이 있는 커피 추출 도구는?

① 제즈베 　　　　　　　② 프랜치 프레스
③ 캐맥스 　　　　　　　④ 모카포트

6 커피를 생산고도에 따른 분류를 하는 국가 중 SHB(Strictly Hard Bean)의 등급을 사용하는 국가는?

① 코스타리카 　　② 멕시코 　　③ 온두라스 　　④ 콜롬비아

7 에스프레소 추출 도구가 아닌 것은?

① 그룹청소용 솔(Group Cleaning Brush) 　　② 싱글 포타필터(Single Portafilter)
③ 도징(Dosing) 　　　　　　　　　　　　　④ 덤프박스(Dump Box)

8 다음 중 크레마(Crema)에 대한 설명으로 틀린 것은?

① 그 자체가 부드럽고 상쾌한 맛을 지니고 있다.
② 원두, 분쇄정도, 탬핑, 물과는 상관이 없다.
③ 단열층의 역할을 하여 커피가 빨리 식는 것을 막아준다.
④ 지방 성분을 많이 지니고 있어 보다 풍부하고 강한 커피향을 느낄 수 있게 해 준다.

9 다음은 드리퍼 형태에 따른 설명이다. 맞지 않는 것은?

① 멜리타는 추출구가 한 개이며 전체 폭이 약간 크고 칼리타에 비해 경사가 가파르다.
② 칼리타는 리브(Rib)가 촘촘하게 설계되어 있다.
③ 고노는 리브(Rib)의 갯수가 칼리타에 비해 많으며 드리퍼의 중간까지만 있다.
④ 하리오는 리브(Rib)가 나선형으로 드리퍼 끝까지 있다.

10 다음에 괄호 안에 들어갈 수치로 바르게 짝지은 것은?

> 생두의 수분 함량은 대략 8%에서 13%이며, 대개는 10%에서 12% 정도이다. 수분 함량이 (　　)%를 넘어설 경우에는 곰팡이나 균이 번식할 위험이 높아진다. 곰팡이가 억제되는 한계치로서 상대습도는 (　　)% 이다.

① 13.0%, 70%　　　　　　　　② 13.5%, 70%

③ 13.0%, 75%　　　　　　　　④ 13.5%, 75%

11 커피 생두의 지질 각 부위에 함유되어 있는 지방산 중 가장 적게 함유되어 있는 것은?

① Oleic Acid　　　　　　　　② Palmitic Acid

③ Linoleic Acid　　　　　　　④ Arachidic Acid

12 커피의 주요 특징은 약간의 푸른색과 밝은 녹색으로 신맛과 감칠 맛이 양호하고 부드럽다. 특히 이 커피는 3,000피트이상 재배되는 최고급품으로 평가받는다. 페루에서 생산되는 이 커피의 이름은?

① Cuzco　　　　　　　　　　② Chanchamayo

③ Haunuco　　　　　　　　　④ Tingo Maria

13 수확한 커피체리를 종단면으로 잘라 봤을 때 외피부터 시작해서 가장 나중에 나타나는 것은?

① 생두　　　　② 실버 스킨　　　③ 파치먼트　　　④ 과육

14 그라인더 날(Burr)에 대한 설명으로 알맞은 것은?

① 그라인더는 수동식 핸드밀에서 부터 전동식까지 다양하지만 커피전문점에서는 대개 수동식 핸드밀을 사용한다.

② 그라인더에서 칼날은 중요하기에 정기적으로 점검을 하면 반영구적으로 사용이 가능하다.

③ 그라인더는 1분간 1,500여회 회전하면서 분쇄되며 두 개의 날이 맞물린 상태에서 위쪽의 날이 빠르게 돌아가며 분쇄한다.

④ 그라인더 날의 종류에는 Flat Grinding Burr와 Conical Grinding Burr 2가지 종류가 있다.

15 드립포트(Drip Pot)에 대한 설명이다. 틀린 것은?

① 일반 드립포트는 직접 불에 올려놓으면 안 된다.
② 사용 후에는 물을 버리고 뒤집어 보관하는 것이 좋다.
③ 추출구를 정면으로 봤을 때 좌우균형이 정확한 것을 구입해야 한다.
④ 배출구가 좁으면 물줄기가 가늘어 컨트롤이 원활하지 않다.

16 가족단위로 재배하면서 일일이 손으로 열매를 채취하고 최고급 커피만을 생산하려고 노력하는 커피재배가로 Farwell Coffee Estate 가 있는 나라는?

① 케냐   ② 탄자니아   ③ 우간다   ④ 짐바브웨

17 에스프레소가 너무 빠르게 추출될 경우 그 원인이 아닌 것은?

① 분쇄가 너무 굵게 되었다.   ② 탬핑의 강도가 약하다.
③ 커피 가루의 양이 너무 적다.   ④ 물의 온도가 너무 높다.

18 커피 생두에 관한 용어이다. 올바르게 짝지어진 것은?

① Soft Bean: 향미 품질이 좋은 생두
② Heavy Bean: 향미 품질이 낮은 생두
③ SHB or SHG: 1,000m 이하의 고지대에서 재배한 고급등급의 커피콩
④ Dry Processed: 커피 열매를 발효, 펄핑한 후 과피와 과육을 물로 세척 후 건조하는 방법

19 입안에 머금은 커피의 농도, 점도 등을 의미하며 진한느낌, 연한느낌 등으로 표현된다. 무엇을 말하는 것인가?

① 맛(Taste)   ② 바디(Body)
③ 아로마(Aroma)   ④ 플레버(Flavor)

20 댐퍼(Damper)의 역할과 관계없는 것은?

① 은피를 배출하는 역할
② 흡열과 발열 반응을 조절하는 역할
③ 드럼내부의 공기 흐름을 조절 하는 역할
④ 드럼내부의 열량을 조절 하는 역할

21 프란넬(Flannel) 필터에 대한 설명 중 가장 먼 것은?

① 항상 사용 후 건조해서 보관한다.
② 항상 수분을 머금고 있는 상태에서 보관한다.
③ 새 필터는 물에 10분간 삶아서 사용한다.
④ 프란넬을 담은 용기의 물은 주기적으로 갈아준다.

22 수확된 커피를 유럽으로 싣고 가기 위해 항구에서 해풍을 맞고, 아프리카 남단으로 돌아가는 도중에 다시 해풍에 노출되어 막상 유럽에 도착했을 때는 발효가 많이 되어 있었다. 이렇게 유럽에 닿기까지 약 6개월이라는 긴 시간 동안 산도는 줄어들고 묵은 맛과 향이 나는 독특한 향미를 가지게 된 커피는?

① India Monsooned Coffee   ② Indonesia Mandheling
③ Ethiopia Mocha Sidamo   ④ Yemen Mocha Mattari

23 다음 중 아라비카종의 원종(Original)에 해당하는 품종은?

① Bourbon   ② Mundo Novo   ③ Catimor   ④ Ruiru

24 커피신선도의 기준에 가장 큰 영향을 미치는 것은?

① 상품포장시점   ② 로스팅시점
③ 상품개봉시점   ④ 보관장소

25 다음은 신선한 커피를 추출하는 방법이다. 아닌 것은?

① 로스팅한지 일주일이내 커피 원두 구입
② 구입한 원두는 가능한 빨리 소비한다.
③ 보관은 밀폐한 상태에서 냉장고에 한다.
④ 추출직전에 적정량만 분쇄하여 사용한다.

26 커피 추출 시 커피 윗 부분에 황금색 거품이 생기는 것을 발견하게 되었으며, 이 기계로 말미암아 현재까지 에스프레소 머신의 모태가 된 커피머신 제조회사 이름은?

① Achille Gaggia   ② Tipo Gigante
③ Luigi Bezzer   ④ Desidero Pavoni

27 커피에 함유된 지방 성분을 잘 우려낼 수 있는 추출 방법은?

① 프렌치 프레스　　　　　　② 사이폰
③ 칼리타　　　　　　　　　　④ 멜리타

28 결점두와 이물질에 대한 설명으로 틀린 것은?

① 파손된 콩: 깨진 콩은 무리하게 과육을 제거하는 과정에서 생긴다.
② 변색된 콩: 급하게 건조시켰거나 오래된 생두는 녹색에서 황색으로 변질된다.
③ 갈라진 콩: 가공 과정의 착오로 발효나 세척을 잘못하거나 과도한 건조가 원인이다.
④ 얼룩진 콩: 덜 익은 열매나 반대로 익어서 땅에 떨어진 열매를 수확했을 때 생긴다.

29 다음은 피베리(Peaberry)에 대한 내용이다. 거리가 먼 것은?

① 체리 자체가 작으며 쓴맛이 강하다.
② 커피 생산면에서 하나의 결함으로 간주한다.
③ 하나의 콩만 가지고 있는 것을 말한다.
④ 카라콜(Caracol)이라고도 부른다.

30 커피 나무가 자라기 좋은 토양과 거리가 먼 것은?

① 습기가 풍부한 토양　　　　② 부식토가 함량이 높은 토양
③ 물이 잘 빠지는 토양　　　　④ 유기성이 풍부한 화산회질 토양

31 우유 스티밍할때 주의해야할 행주사용법과 가장 거리가 먼 것은?

① 스팀 완드에만 사용할 수 있는 전용 행주를 준비한다.
② 물에 젖은 상태로 스팀 완드 아래에 드립 트레이(Drip Tray)에 비치한다.
③ 마시는 우유를 데우기 때문에 행주의 위생관리를 철저히 한다.
④ 스팀 완드를 사용하기 전에 젖은 행주를 사용하여 꼭 닦는다.

32 다음 중 에티오피아에서 생산 되는 커피가 아닌 것은?

① Harar Coffee　　　　　　　② Yirgacheffe Coffee
③ Altura Coffee　　　　　　　④ Sidamo Coffee

33 파푸아뉴기니 커피 산지의 설명으로 옳은 것은?

① 영국의 지배를 받던 1889년에 첫 번째 커피 나무가 식물원에 심어졌다.

② 주민의 일부만 커피생산에 종사하고 있다.

③ 주로 로부스타종을 경작하고 해마다 70만 킬로의 생두가 생산된다.

④ 아라비카종은 2,500미터 고산지에서 자라고 계곡에 소규모 경작자들이 몰려있다.

34 카페인을 제거하는 기술에 대한 많은 특허가 등록되었으나 크게 세 종류로 분류할 수 있다. 틀린 것은?

① 용매로 카페인을 추출해 내는 방법

② 액화탄산가스를 이용하는 방법으로 초임계추출법

③ 물로 카페인을 추출해 내는 방법

④ 커피 원두를 건조시킬 때 카페인을 추출해 내는 방법

35 영국에서 수입되는 차에 세금을 부과한 타운젠트 법안이 통과되면서 이 지역 주민들이 영국 상선에 실린 차를 모두 바다에 내던진 사건이 발생했는데 이후 커피의 인기가 차의 인기를 앞질렀다. 이곳은?

① 예맨   ② 보스턴   ③ 암스테르담   ④ 베네치아

36 밀크스티밍에 관한 내용이다. 틀린 것은?

① 우유는 3℃ 정도에 가까울수록 스팀된 우유의 품질이 좋아질 확률이 높다.

② 국내 우유의 유지방 함량은 3.5%가 보통이다.

③ 밀크스티밍에 사용되는 우유는 상온에 보관해도 무관하다.

④ 유지방 함량이 높으면 밀크스티밍의 품질이 좋아질 확률이 높다.

37 드립식 커피에 사용되는 필터매체에 대한 설명이다. 올바르지 못한 것은?

① 종이 필터(Paper Filter)는 바디가 가장 적고 가장 향미가 높은 음료를 만들어 낸다.

② 철제 필터(Metal Filter)는 음료의 바디가 매우 낮고 향미의 깔끔함은 매우 높아진다.

③ 천 필터(Cloth Filter)는 바디가 높고 적당한 향미의 깔끔한 커피 음료가 만들어진다.

④ 천 필터(Cloth Filter)는 오일과 청소용 화학 물질을 흡수하기가 용이하여 품질이 나빠지기 쉽다.

38 다음 커피 품종중 쓴맛이 가장 강한 것은?

① Coffea Riberica   ② Coffea Robusta

③ Bourbon   ④ Maragogype

39 자극적인 맛이며, 쓴맛이다. 배전하는 동안 트리고넬린이 분해되어 생긴 물질로. 이 향의 이름은?

① 아세톤(Acetone)   ② 피롤(Pyrrole)

③ 푸르푸랄(Furfural)   ④ 피리딘(Pyridine)

40 효소가 쓰이지 않는 갈변화 과정으로 환원당이 아미노산과 반응하는 이러한 현상을 무엇이라 하는가?

① 메일라드 반응   ② 카라멜화

③ 유기물질 손실   ④ 휘발성 아로마

41 에스프레소 한 잔 분량의 커피를 질소 충전하여 밀봉한 커피로 낱개 포장된 커피를 무엇이라 하는가?

① Pack Coffee   ② Single Coffee

③ Package Coffee   ④ Capsule Coffee

42 커피의 쓴맛(Bitter)을 형성하는 물질과 거리가 먼 것은?

① 산화칼륨   ② 칼슘   ③ 마그네슘   ④ 카페인

43 커피체리를 수확하는 방법 중 스트리핑(Stripping)에 대한 설명으로 맞는 것은?

① 핸드 피킹(Hand Picking) 방법 보다 수확시간을 단축할 수 있다.

② 핸드 피킹(Hand Picking) 방법에 비해 인건비 부담이 많다.

③ 나뭇잎, 나뭇가지 등의 이물질이 섞일 가능성이 적다.

④ 습식 가공방식 커피(Washed Coffee)를 생산하는 지역에서 사용하는 수확방법이다.

44 커피블렌딩의 3가지 기본원칙이 있다. 거리가 먼 것은?

① 섬세한 맛을 보완해 줄 생두를 우선으로 한다.

② 생두의 성격을 잘 알고 있어야 한다.

③ 안정된 품질을 기본으로 삼는다.

④ 개성이 강한 것을 우선으로 한다.

45 커피 3대 원종 중의 하나로 서아프리카가 원산지다. 저지대에서 생산되고 환경에 잘 적응하고 병충해도 강하다. 강한 쓴맛이 특징으로 현재 라이베리아를 중심으로 수리남(Suriname)이나 가아나(Guyana) 등지에서 아주 적은 양이 생산되는 원두는?

① Arabica   ② Riberica   ③ Robusta   ④ Mocha

46 로스팅시 사용되는 연료가운데 완전연소를 시키는 우수한 버너가 있어야 하는 연료는?

① 천연가스   ② 경유   ③ 프로판 가스   ④ 백탄

47 데미타스(Demitasse)에 대한 설명이라 거리가 먼 것은?

① 약 5㎝높이 이며 30㎖정도 담는다.

② 디자인보다 보온성에 최대한 중점을 둔다.

③ 이중 스테인레스잔은 보온성이 낮다.

④ 잔바닥을 평평하지 않게 둘레에 턱을 만든다.

48 그늘재배(Rainforest Alliance) 커피 인증 또는 Bird Friendly 커피 인증이란?

① 토착 품종나무를 최소한 10가지 품종 이상 포함

② 키 큰 나무들의 농지 점유율이 최소 80% 이상

③ 그늘 나무들이 서로 키가 같은 점층적 구조를 가진 농장

④ 미국에서 한 가지 기관을 통해 그늘재배 커피 인증

49 커피 미각에 관한 관능용어가 아닌 것은?

① Rich: 커피의 전체향기를 양적으로 표현한 용어

② Rough: Sharp가 변화되어 나타나는 2차 맛

③ Mellow: 단맛 성분이 있을 때 느껴지는 맛

④ Astringent: 아주 떫고 짠맛

50 커피의 역사로서 가장 거리가 먼 것을 고르시오?

① 10세기 경 아라비아의 의사 라제스가 처음으로 커피에 대한 기술을 했다.
② 12세기경 예맨에서 최초로 커피를 재배한 것으로 추정된다.
③ 13세기경 예맨 사람들이 커피를 마셨다는 최초의 역사적인 흔적을 발견했다.
④ 13세기경 이슬람교도 시크, 오마르가 음료로서 커피를 발견했다.

51 커피 생산국 가운데 생산고도에 의한 분류를 하는 국가가 아닌 것은?

① 파라과이　　　② 멕시코　　　③ 코스타리카　　　④ 온두라스

52 커퍼(Cupper)가 커핑(Cupping)시 하는 각 단계별 동작들과 거리가 먼 것은?

① 삼키기　　　② 거품 넣기　　　③ 냄새 맡기　　　④ 흡입(Slurping)

53 온두라스, 엘살바도르, 니카라과 국가의 생두등급 분류법으로 옳은 것은?

① SHG　　　② SHB　　　③ AA　　　④ High Mountain

54 다음 에스프레소 관련용어 설명으로 맞지 않는 것은?

① Knock Box: 찌꺼기 통
② Group Head: 포터 필터를 끼우는 곳
③ Steam Wand: 스팀 조절 손잡이
④ Gasket: 고무 같은 재질의 밀봉재 패킹

55 다음의 로스팅 머신 가운데 가장 거리가 먼 것은?

① 유동출 로스터　　　　② 반열풍식 로스터
③ 직화식 로스터　　　　④ 디지털식 로스터

56 에스프레소 머신에서 커피 추출 시 주의 사항과 거리가 먼 것은?

① 태핑을 할 때는 커피파우더가 부족한 방향으로 친다.
② 분사필터(Spout)가 오염되지 않도록 한다.
③ 덤프박스 위에서 커피파우더가 담긴 필터 홀더를 청소한다.
④ 필터 홀더는 그룹 헤드에 장착시켜두어야 한다.

57 커피의 맛을 따질 때 없어서는 안 되며, 이 맛이 없으면 커피의 감칠 맛을 잃게 되고 아무런 감흥을 주지 못한다. 맛에 활력을 주는 원천인 이 맛은?

① 쓴맛　　　② 짠맛　　　③ 신맛　　　④ 떫은 맛

58 다음 중 가장 높은 압력이 걸리는 커피 추출 방법은?

① 프렌치 프레스　　　② 퍼콜레이터(Perolator)
③ 모카포트　　　④ 베큐엄 브루어(Vacuum Brewer)

59 WBC(World Barista Championship)의 에스프레소 추출기준이 아닌 것은?

① 추출량 30±5㎖(크레마 포함)　　　② 물의 압력 9±0.5bar
③ 추출 시간 25±5초(권장사항)　　　④ 물의 온도 85~95.0℃

60 커피의 후미(Aftertaste)에 대한 내용이다 거리가 먼 것은?

① 커피를 삼키고 난 후에 입안에 감도는 느낌이다.
② 양질의 커피일수록 후미가 좋고, 오래 지속된다.
③ 추출된 커피의 농도, 밀도, 점도 등과 밀접한 관계가 있다.
④ 초콜릿 맛, 탄 맛, 향신료 맛, 송진 맛 등으로 표현된다.

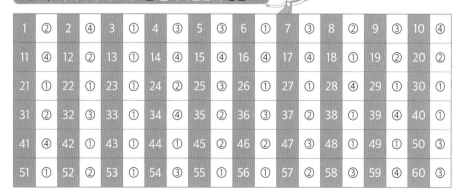

제7회 바리스타 마스터 2급 필기시험문제 정답

1	②	2	④	3	①	4	③	5	③	6	①	7	③	8	②	9	③	10	④
11	④	12	②	13	①	14	④	15	④	16	④	17	④	18	①	19	②	20	②
21	①	22	①	23	①	24	②	25	③	26	①	27	①	28	④	29	①	30	①
31	②	32	③	33	①	34	④	35	④	36	①	37	②	38	①	39	④	40	①
41	④	42	①	43	①	44	①	45	①	46	②	47	①	48	①	49	①	50	③
51	①	52	②	53	①	54	③	55	①	56	①	57	②	58	③	59	④	60	③

바리스타 마스터

제8회

2급 필기시험문제

자격종목 및 등급	시험시간	수 험 번 호	성 명
Barista Master 2급	1시간		

1 나라 이름에 따른 로스팅의 분류 순서로 맞는 것은?

① 아메리카 → 뉴잉글랜드 → 프렌치 → 비엔나 → 이탈리아 → 에스프레소 → 스페인

② 뉴잉글랜드 → 아메리카 → 비엔나 → 프렌치 → 에스프레소 → 이탈리아 → 스페인

③ 뉴잉글랜드 → 아메리카 → 비엔나 → 에스프레소 → 이탈리아 → 프렌치 → 스페인

④ 뉴잉글랜드 → 아메리카 → 비엔나 → 에스프레소 → 프렌치 → 이탈리아 → 스페인

2 스페셜티 커피 협회(SCA) 분류법 중 프리미엄 그레이드(Premium Grade)의 설명으로 옳지 못한 것은?

① Body, Flavor, Aroma, Acidity중 1가지 이상은 특징이 있어야 한다.

② 원두 100g당 Quaker(덜 성숙된 생두)는 3개까지 허용된다.

③ 생두 350g에서 8개 이상의 Full Defects가 있으나 Primary Defects는 허용된다.

④ 생두의 크기는 95%가 17스크린 이상이여야 한다.

3 우유 스티밍을 할 때의 기본적인 목표가 아닌 것은?

① 공기를 불어넣을 때는 미세거품이 있는 구조로 만든다.

② 표면은 반들반들하면서 눈에 보이는 거품이 없어야 한다.

③ 우유는 최종 70℃를 넘기지 않는다.

④ 에스프레소 추출이 끝난 뒤 밀크스티밍을 시작한다.

4 '커피의 귀부인'이라 불리는 세계 명품커피로 적절한 신맛과 흙냄새 그리고 초콜릿 향이 오묘하게 조화를 이루는 맛을 내는 커피의 원산지는?

① Yemen Mocha Sanani　　　② Yemen Mocha Mattari

③ Colombia Narino Supremo　　④ Colombia Huila Supremo

5 커피장비 구입시 고려할 사항이 아닌 것은?

① 품질과 디자인: 매장의 환경과 흐름에 맞으며 고객의 니즈에 잘 맞는 품질과 디자인의 장비를 선택한다.

② 차별성: 매장여건에 맞고 주 고객층을 고려하여 차별성을 가진 고가의 장비만 구입한다.

③ 합리성: 커피장비로 직접 커피를 추출하는 등의 테스팅을 거친 후 선택해야 합리적인 가격 내에서 최상의 선택을 할 수 있다.

④ 편의성: 애프터서비스가 확실한지 확인해서 신속한 보수가 이루어져야 매장의 매출에 영향을 끼치지 않는다.

6 휘핑기의 관리요령으로 적당치 않는 것은?

① 휘핑기를 분리할 때는 남아있는 가스를 제거한 후 분리한다.

② 용기는 찬물로 설거지하듯 세척한다.

③ 분리된 핀은 크림이 분사되는 부분으로 반드시 청소한다.

④ 헤드부분의 고무 개스킷을 제거하여 이물질이 끼어 있는지 확인한다.

7 그늘 경작 커피(Shade-Grown Coffee)란?

① 열대우림동맹에서 파견된 검사관이 재배 환경을 판별하여 부여

② 커피재배, 유통, 저장 그리고 로스팅 등 커피 빈 탄생의 전 단계에서 일체의 인공적인 가공이나 화학비료를 사용하지 않은 것

③ 국제적으로 결정된 합리적인 가격으로 커피를 판매하는 생산자에게 부여하는 공증

④ 유기농법의 재배환경과 더불어 커피 나무 주변에 다른 여러 종의 작물들과 함께 경작하는 프로그램

8 커핑(Cupping)의 순서로 올바른 것은?

① 분쇄 커피 담기 → Pouring → Dry Aroma → Break Aroma → Skimming → 3개(Sweetness, Uniformity, Cleanliness) 항목평가 → 5개(Flavor, Aftertaste, Acidity, Body & Balance) 항목 평가 → 결과기록

② 분쇄 커피 담기 → Dry Aroma → Pouring → Break Aroma → Skimming → 5개(Flavor, Aftertaste, Acidity, Body & Balance) 항목 평가 → 3개(Sweetness, Uniformity, Cleanliness) 항목평가 → 결과기록

③ 분쇄 커피 담기 → Pouring → Dry Aroma → Skimming → Break Aroma → 5개(Flavor, Aftertaste, Acidity, Body & Balance) 항목 평가 → 3개(Sweetness, Uniformity, Cleanliness) 항목평가 → 결과기록

④ 분쇄 커피 담기 → Pouring → Skimming → Dry Aroma → Break Aroma → 5개(Flavor, Aftertaste, Acidity, Body & Balance) 항목 평가 → 3개(Sweetness, Uniformity, Cleanliness) 항목평가 → 결과기록

9 카리브 해에 위치한 이 커피산지는 1,500개의 작은 섬으로 구성된 천혜자연 조건을 지닌 커피 재배국가로 Bourbon, Typica, Catura, Catuai 종이 주종을 이루며 Haiti에서 커피 나무가 전해졌다. 커피등급은 생두의 스크린 size에 따라 Extra Turquino, Turquino로 구분되는 커피산지는?

① Cuba   ② Mexico   ③ Hawaii   ④ Indonesia

10 1922년 케냐에서 최초로 발견된 커피의 병은?

① 커피잎 녹병   ② 커피 열매병
③ 커피 열매 천공벌레   ④ 비늘 곤충

11 일반적으로 커피 나무는 5년이 지난 성숙한 커피 나무에서 한 그루당 2,000개 정도의 열매를 채취할 수 있는데 이는 가공된 커피의 500g에 해당되는 양이다. 커피 나무의 경제적인 수령은?

① 약 5~10년 정도   ② 약 20~30년 정도
③ 약 40~50년 정도   ④ 약 60~70년 정도

12 우유 스티밍할 때 주의해야할 행주사용법과 가장 거리가 먼 것은?

① 스팀 완드에만 사용할 수 있는 전용 행주를 준비한다.
② 물에 젖은 상태로 스팀 완드 아래에 드립 트레이(Drip Tray)에 비치한다.
③ 마시는 우유를 데우기 때문에 행주의 위생관리를 철저히 한다.
④ 스팀 완드를 사용하기 전에 젖은 행주를 사용하여 꼭 닦는다.

13 자극적인 맛이며, 쓴맛이다. 배전하는 동안 트리고넬린이 분해되어 생긴 물질로. 이 향의 이름은?

① 아세톤(Acetone) 　　　② 피롤(Pyrrole)
③ 푸르푸랄(Furfural) 　　 ④ 피리딘(Pyridine)

14 커퍼(Cupper)가 커핑(Cupping)시 하는 각 단계별 동작들과 거리가 먼 것은?

① 삼키기 　　② 거품 넣기 　　③ 냄새 맡기 　　④ 흡입(Slurping)

15 커피는 사용하는 추출 도구에 따라 분쇄의 정도가 다르다. 기구에 맞게 적절히 분쇄해야만 맛있는 커피를 추출해낼 수 있다. 아주 고운 분쇄로부터 굵은 분쇄까지 올바르게 나열된 것은?

① Espresso → Turkish → Water Drip → Plunger → Percolator → Jug
② Espresso → Turkish → Plunger → Water Drip → Percolator → Jug
③ Turkish → Espresso → Plunger → Water Drip → Percolator → Jug
④ Turkish → Espresso → Water Drip → Plunger → Percolator → Jug

16 루소, 발자크, 빅토르 위고 등 유명작가와 예술인들이 즐겨 모였고, 혁명 당시에는 개혁정치인들의 집합장소였던 1686년에 문을 연 프랑스 최초의 카페 이름은?

① Le Procope 　　② Tchibo
③ Tim Horton's 　④ Cafe Florian

17 커피 나무의 경작에 보편적으로 이용되고 있는 방법은?

① 조직배양법 　　　　② 분근법(分根法)
③ 파치먼트 커피 파종법 ④ 원목에 접붙이는 법

18 1931년 브라질에서 발견된 Bourbon과 Typica계열의 Sumatura의 자연교배종은?

① Caturra   ② Catuai   ③ Mondo Novo   ④ Timor

19 다음 중 에스프레소 머신의 물의 흐름을 통제하는 부품은?

① 플로우 미터   ② 솔레노이드 밸브
③ 바큠 밸브   ④ 온도 조절기

20 하와이의 생두 크기와 결점두 수에 따른 분류법이 아닌 것은?

① Extra Fancy   ② Prime Washed
③ Prime   ④ Fancy

21 1727년 프랑스령 기아나(Guiana)에서 커피를 가져와 브라질 아마존 유역의 파라(Para) 지역에 심은 사람은?

① 가브리엘마씨외 드 클루외   ② 프란치스코드 멜로 팔헤타
③ 바바부단   ④ 아비센나

22 커피콩에 대한 첫 기록을 한 이란 출신 철학자 겸 천문학자는?

① 가레온하르트 라우볼프   ② 프란치스코드 멜로 팔헤타
③ 야곱   ④ 라제스

23 커피 체리구조의 순서로 올바른 것은?

① Outer Skin → Pulp → Parchment → Silver Skin
② Outer Skin → Silver Skin → Parchment → Pulp
③ Outer Skin → Parchment → Pulp → Silver Skin
④ Outer Skin → Pulp → Silver Skin → Parchment

24 아라비카 원종에 가장 가까운 품종이며, 좋은 향과 신맛을 가지고 있고, 자메이카 블루마운틴, 하와이 코나가 대표적인 품종계통인 것은?

① Bourbon   ② Caturra   ③ Mundo Novo   ④ Typica

25 스페셜티 커피 협회(SCA)에서 정한 스페셜티 샘플 커피의 무게는?

① 300g   ② 350g   ③ 200g   ④ 250g

26 잘못된 로스팅에 관한 용어 스코칭(Scorching)에 대한 설명으로 올바른 것은?

① 로스팅 시 열을 과하게 주었거나 생두가 고르게 섞이지 못해 얼룩덜룩해진 것이다.
② 열을 과하게 주어 배아가 먼저 타 원두 끝부분만 검게 변한 것이다.
③ 생두가 올바르게 건조되지 않았거나 균질화가 잘못되어 수분이 한꺼번에 배출 된 것이다.
④ Coffee Borer라는 해충에 의해 생긴 콩을 로스팅 했을때 생긴다.

27 일반적인 핸드 드립의 자세로 올바르지 않는 것은?

① 두 발은 어깨 넓이보다 조금 벌려서 드립작업대에 최대한 가깝게 선다.
② 드립포트를 최대한 몸에 가깝게 붙이지 않는다.
③ 서버를 최대한 드립 작업대 앞쪽으로 빼서 눈과의 거리를 가깝게 해준다.
④ 드립포트를 잡지 않은 손은 작업대를 지지해줌으로써 몸이 흔들리는 것을 막아준다.

28 스크린 사이즈(Screen Size) 18번에 대한 설명으로 거리가 먼 것은?

① AA   ② Supremo   ③ Peaberry   ④ Kona Fancy

29 에스프레소 추출 과정의 순서로 올바른 것은?

① 포터 필터 분리 → 물기 제거 → Grinding → Dosing → Leveling → Tamping → Purging → 포타필터 결합 → 추출
② 포터 필터 분리 → 물기 제거 → Grinding → Leveling → Dosing → Tamping → Purging → 포타필터 결합 → 추출
③ 포터 필터 분리 → 물기 제거 → Dosing → Grinding → Leveling → Tamping → Purging → 포타필터 결합 → 추출
④ 포터 필터 분리 → 물기 제거 → Grinding → Dosing → Tamping → Leveling→ Purging → 포타필터 결합 → 추출

30 바리스타의 창의적인 부분으로 가장 중요한 항목은?

① 장식(Garnish)　　　　　　　② 부재료 선택

③ 커피 선택　　　　　　　　　④ 글라스 선택

31 덜 익은 콩을 의미하는 단어는?

① Sour Bean　　　　　　　　② Floater Bean

③ Quakers　　　　　　　　　④ Parchment

32 로스팅을 잘못한 경우로 'Raw Nut'에 대한 설명으로 맞는 것은?

① 로스팅 과정 중 갑작스럽게 고온 로스팅을 한 경우

② 온도는 높고 로스팅 시간이 짧은 경우

③ 저온으로 짧게 로스팅을 한 경우

④ 투입량에 비해 너무 높은 온도로 로스팅한 경우

33 입안에 머금은 커피의 농도, 점도 등을 의미하며 진한느낌, 연한느낌 등으로 표현된다. 무엇을 말하는 것인가?

① 맛(Taste)　　　　　　　　　② 바디(Body)

③ 아로마(Aroma)　　　　　　④ 플레버(Flavor)

34 커피에 함유된 지방 성분을 잘 우려낼 수 있는 추출 방법은?

① 프렌치 프레스　　　　　　　② 사이폰

③ 칼리타　　　　　　　　　　④ 멜리타

35 그룹 헤드에 포터 필터를 장착 후 추출버튼을 2초안에 눌러서 추출해야 한다고 World Barista Championship의 중요 심사항목이다. 그 이유는?

① 데워진 포터 필터의 온도가 떨어질 수 있기에

② 빠른 시간내 추출버튼을 눌려야 우유스티밍을 할 수 있기에

③ 포터 필터를 여러 개 장착할 때 잊어버릴 수 있기에

④ 시간이 길어지면 위쪽에 있는 커피의 향미 성분이 변하기에

36 효소가 쓰이지 않는 갈변화 과정으로 환원당이 아미노산과 반응하는 이러한 현상을 무엇이라 하는가?

① 메일라드 반응
② 카라멜화
③ 유기물질 손실
④ 휘발성 아로마

37 커피감별사가 일련의 절차에 따라 미각과 후각을 사용하여 커피 맛을 평가하는 것을 무엇이라 하는가?

① Aroma
② Acidity
③ Cupping
④ Body

38 수평형(Flat) 그라인더의 장점이 아닌 것은?

① 단위 처리량이 좋다.
② 다양한 분쇄도가 가능하다.
③ 열 발생이 가장 적다.
④ 입자 크기가 곱고 고르다.

39 다음 중 습식법(Wet Processing) 공정 순서로 올바른 것은?

① Harvesting → Separation → Pulping → Mucilage Removal → Washing → Drying → Hulling → Cleaning → Grading
② Harvesting → Pulping → Separation → Mucilage Removal → Washing → Drying → Hulling → Cleaning → Grading
③ Harvesting → Separation → Pulping → Washing → Mucilage Removal → Drying → Hulling → Cleaning → Grading
④ Harvesting → Separation → Washing → Pulping → Mucilage Removal → Drying → Hulling → Cleaning → Grading

40 에어채널과 Handle이 있는 커피 추출 도구는?

① 제즈베
② 프랜치 프레스
③ 모카포트
④ 캐맥스

41 다음 중 스트레이트 커피(Straight Coffee)로 이용되는 의미가 아닌 것은?

① 동일 국가
② 동일 종류
③ 동일 등급
④ 동일한 추출법

42 커피 생두 생산과정에 관한 내용 중 틀린 것은?

① 잘 익은 체리만을 선별한 것이 품질이 우수하다.
② 보통 1포대는 60kg을 기준으로 포장한다.
③ 습식법 건조를 한 생두일수록 희고 맑은 색이다.
④ 생두의 밀도는 경작지의 고도와 관련이 있다.

43 다음 중 원두를 보관하는 방법 중 가장 부적절한 것은?

① 아로마 밸브를 장착한 봉투에 넣어서 보관한다.
② 밀폐력이 좋은 불투명한 용기에 보관한다.
③ 커피 양보다 넉넉한 크기의 용기에 보관한다.
④ 장기간 보관 시에는 냉장고 보다 냉동실이 좋다.

44 다음 중 추출 방식이 다른 콜드 브루 커피 추출 기구는?

① 칼리타 더치　　　　　　② 토디 콜드 브루
③ 하리오 워터 드립　　　　④ 모이카 워터 드립

45 다음은 에스프레소를 이용한 베리에이션 메뉴들이다. 설명이 맞는 것은?

① 에스프레소 마끼아또: 에스프레소 위에 우유 거품 2~3스푼 올린 것
② 카페 라떼: 에스프레소에 우유와 우유 거품을 2:8로 넣은 것
③ 카페 콘빠냐: 에스프레소 위에 데운 우유와 생크림을 넣은 것
④ 카페모카: 에스프레소 위에 데운 우유와 카라멜 시럽을 넣은 것

46 다음은 커피의 미각에 관한 용어이다. 틀린 것은?

① Clean: 깔끔한 맛　　　　② Bitter: 떫은 맛
③ Mellow: 달콤한 맛　　　④ Rich: 풍부한 맛

47 과다 추출(Over Extraction)의 원인이 아닌 것은?

① 너무 높은 보일러 압력　　② 너무 강한 탬핑
③ 너무 많은 커피사용　　　　④ 높은 펌프 압력

48 아라비카 원종에 가장 가까운 품종으로 생두의 모양이 긴 편이고 좋은 향과 산미를 가지나 녹병에 취약하고, 격년 생산되어 생산성이 낮다는 단점이 있는 커피품종은?

① 버본(Bourbon)
② 카투라(Cattura)
③ 타이피카(Typica)
④ 켄트(Kent)

49 에스프레소 머신에 관한 내용이다. 틀린 것은?

① 일체형 보일러는 물의 온도가 빨리 떨어진다.
② 솔레노이드 밸브는 머신의 물 흐름을 통제하는 기능을 한다.
③ 펌프 모터의 압력은 수동으로 조절이 가능하다.
④ 그룹 헤드의 가스켓은 2년에 한 번씩 교환을 해주는 것이 좋다.

50 커피 핸드 드립 추출법에 관한 내용이다. 맞는 것은?

① 커피 양은 1인분에 7g을 사용한다.
② 드리퍼의 리브가 촘촘하고 긴 것이 추출이 용이하다.
③ 뜸들이기 시간이 길수록 연한 커피가 추출된다.
④ 메리타 드리퍼는 카리타 보다 추출속도가 빠르다.

51 에티오피아에서의 커피재배방식과 거리가 먼 것은?

① 집집마다 서너그루의 Buni가 있다.
② 소규모 커피농가의 Garden Coffee가 90%된다.
③ 하라(Harrar)는 해발 고도 2,000이상에서 재배되어 바디감과 신맛이 좋다.
④ 하라, 시다모, 김비가 주요생산지역이다.

52 주원료 성분 배합기준에 의한 커피의 분류가운데 볶은 커피의 가용성 추출액을 건조한 것을 지칭하는 것은?

① 볶은 커피
② 조제 커피
③ 추출건조 커피
④ 인스턴트 커피

53 커피의 분류가운데 다른 하나는?

① 원두 커피
② 인스턴트 커피
③ 조제 커피
④ 액상 커피

54 아라비카와 로부스타의 커피 원두 100개의 일반적 무게는?

① 아라비카 약 18~22g과 로부스타 약 12~15g
② 아라비카 약 12~15g과 로부스타 약 18~22g
③ 아라비카 약 20~25g과 로부스타 약 18~22g
④ 아라비카 약 18~22g과 로부스타 약 20~25g

55 리베리카(Coffea Liberica)에 대한 설명 중 틀린 것은?

① 고온다습한 저지에서 재배가능하며 수확량도 적다.
② 콩의 크기가 작고, 쓴맛이 강하여 품질이 좋지 않다.
③ 외관이 마름모꼴이며 극히 일부지역에서 생산되어 현지에서 소비된다.
④ 로부스타와 함께 3대 원종으로 분류된다.

56 아래의 내용에 해당되는 나라는?

> 가) 마일드 커피의 대명사로 고급 커피를 생산한다.
> 나) 절반이상이 해발 1,400m이상 고지대 아라비카 커피만 생산한다.
> 다) 모두 수세건조방법가공을 한다.

① 브라질　　　　　　　　　　② 콜롬비아
③ 코스타리카　　　　　　　　④ 콰테말라

57 커피 나무의 성장에 관한 설명이다. 틀린 것은?

① 종자를 파종하고 나서 약 1년 후에 개화가 시작된다.
② 파치먼트 상태의 씨앗을 묘판에 심거나 폴리백에 채워 심는다.
③ 개화에서 성숙까지 소요기간은 일반적으로 아라비카는 6~9개월 로부스타
　는 9~11개월 걸린다.
④ 씨앗을 심고 약 30~60일 정도 지나면 새순이 나온다.

58 다음은 코닐론(Conilon)에 대한 설명이다. 다른 것은?

① 다소 약한 산미와 약간의 쓴맛이 있다.
② 로스팅을 하면 센터 컷(Center Cut)이 먼저 까맣게 타들어 간다.
③ 균형잡힌 중성의 맛이 특징으로 아라비카종이다.
④ 로부스타종이다.

59 다음 중 로스팅에 영향을 미치는 요소가 아닌 것은?

① 로스팅 가스의 온도와 지속시간에 영향
② 뜨거운 로스팅 가스가 커피콩에 미치는 영향
③ 열에 의해 함수생두가 건조과정에서 영향
④ 일정온도에 따라 방출되고 변화의 영향

60 커피에 관한 내용이다 거리가 먼 것은?

① 커피 열매에서 가장 중요한 부분은 씨앗이다.
② 커피과육이 건조되어야 씨앗을 쉽게 얻을 수 있다.
③ 대기 중의 산소와 분리하면 오래 보관할 수 없다.
④ 음용하기 위해서는 갈아야 한다.

제8회 바리스타 마스터 2급 필기시험문제 정답

1	④	2	③	3	④	4	②	5	②	6	②	7	④	8	②	9	①	10	②
11	②	12	②	13	④	14	②	15	④	16	①	17	③	18	③	19	②	20	②
21	②	22	④	23	①	24	④	25	②	26	①	27	②	28	③	29	①	30	①
31	③	32	③	33	③	34	①	35	②	36	①	37	③	38	③	39	①	40	④
41	④	42	③	43	③	44	④	45	①	46	②	47	④	48	③	49	④	50	②
51	③	52	④	53	①	54	①	55	②	56	②	57	①	58	③	59	④	60	③

제**9**회

2급 필기시험문제

자격종목 및 등급	시험시간	수 험 번 호	성 명
Barista Master 2급	1시간		

1 커피의 주요 특징은 약간의 푸른색과 밝은 녹색으로 신맛과 감칠 맛이 양호하고 부드럽다. 특히 이 커피는 3,000피트이상 재배되는 최고급품으로 평가받는다. 페루에서 생산되는 이 커피의 이름은?

① Cuzco   ② Chanchamayo ③ Haunuco   ④ Tingo Maria

2 다음은 커피 원두를 보관하는 방법이다. 가장 맞는 것은?

① 산패의 지연을 위해 냉장고에 보관한다.
② 냉동 보관한 커피는 바로 갈아야 신선하다.
③ 질소가스를 충전하면 보존기간이 길어진다.
④ 커피보다 용기가 넉넉하게 큰 것이 좋다.

3 휘핑기의 관리요령으로 적당치 않은 것은?

① 휘핑기를 분리할 때는 남아있는 가스를 제거한 후 분리한다.
② 용기는 찬물로 설거지하듯 세척해도 된다.
③ 분리된 핀은 크림이 분사되는 부분으로 반드시 청소한다.
④ 헤드부분의 고무 개스킷을 제거하여 이물질이 끼어 있는지 확인한다.

4 커피 추출 시 사용되는 물에 대한 사항 중 맞는 것은?

① 철분과 같은 미네랄이 풍부한 물이 커피 맛이 좋다.
② 물은 100℃ 까지 끓이면 커피 맛이 좋지 않다.
③ 한번 끓인 물을 다시 끓이면 커피 맛이 좋지 않다.
④ 물은 연수일 때가 가장 커피 맛이 좋다.

5 커피 추출에 대한 내용 중 적절하지 않는 것은?

① 추출물의 온도가 높을수록 쓴맛이 강해진다.
② 약배전일수록 물의 온도를 높여준다.
③ 추출 시간이 길수록 가용 성분이 많아진다.
④ 강배전일때 추출 성분이 많아진다.

6 일반적으로 커피 나무는 5년이 지난 성숙한 커피 나무에서 한 그루당 2,000개 정도의 열매를 채취할 수 있는데 이는 가공된 커피의 500g에 해당되는 양이다. 커피 나무의 가장 활발한 경제적인 수령은?

① 약 5~10년 정도   ② 약 20~30년 정도
③ 약 40~50년 정도   ④ 약 60~70년 정도

7 드립 추출 커피의 특징이 아닌 것은?

① 주로 개성 있는 커피를 블렌딩한 커피를 사용한다.
② 비교적 시간이 오래 걸린다.
③ 메뉴가 제한이 된다.
④ 추출 자에 따라 커피 맛에 영향을 준다.

8 다음은 드립추출용 드리퍼에 대한 사항이다. 틀린 것은?

① 메리타는 추출구가 한 개이며 카리타에 비해 경사가 가파르다.
② 카리타는 추출구가 세 개이며 리브가 메리타에 비해 촘촘하다 .
③ 고노는 추출구가 한 개이며 리브가 하리오에 비해 길다.
④ 하리오는 추출구가 고노에 비해 크며 리브가 나선형이다.

9 스페셜티 커피 협회(SCA) 분류법 중 프리미엄 그레이드(Premium Grade)의 설명으로 옳지 못한 것은?

① Body, Flavor, Aroma, Acidity중 1가지 이상은 특징이 있어야 한다.
② 원두 100g당 Quaker(덜 성숙된 생두)는 3개까지 허용된다.
③ 생두 350g에서 8개 이상의 Full Defects가 있으나 Primary Defects는 허용된다.
④ 생두의 크기는 95%가 17스크린 이상이여야 한다.

10 일체형 보일러의 특징이 아닌 것은?

① 열 교환기를 사용한다.
② 커피 추출 수는 간접 가열 방식이다.
③ 스케일은 1~2년에 한번 씩 제거해 주는 것이 좋다.
④ 연속추출에도 물 온도가 일정하며 안정된 맛을 낼 수 있다.

11 1960년 핸드 레버를 없애고 전기의 힘을 이용하여 커피를 추출하는 새로운 에스프레소 기계를 발명한 사람은?

① Edward Loysel de Santais　　② Archille Gaggia
③ Desidero Pavoni　　④ Carlo Ernesto Valente

12 캐맥스 커피 추출 기구의 종류가 아닌 것은?

① 클래식　　② 쉴럼봄　　③ 핸드블로운　　④ 글라스핸들

13 다음은 커피 성분에 대한 설명이다. 옳지 않은 것은?

① 커피 단맛의 주요 성분은 클로로겐산이다.
② 로스팅이 된 커피의 맛의 성분은 신맛, 쓴맛, 단맛, 떫은맛이 있다. 특히 선호하는 신맛으로는 감귤계통의 감미롭고 산뜻하면서 상쾌한 신맛을 들 수 있다.
③ 생두를 구성하고 있는 성분은 탄수화물, 수분, 지방질, 단백질, 무기질, 카페인등 각종 성분 등이 있다.
④ 신맛의 성분은 아라비카종이 로부스타종보다 많아 신맛이 강하다.

14 결점두와 발생원인 대한 설명이다. 틀린 것은?

① Black Bean: 늦게 수확되었거나 흙과 접촉하여 발효한 경우
② Insect Damage: 벌레의 공격
③ Parchment: 습식 가공법에서 발생
④ Immature: 익지 않은 상태에서 수확

15 마감 청소시 청소용 약과 구멍이 막힌 블라인드 필터를 사용할 때 물이 역류하지 않는 것을 무엇이라 하는가?

① Solenoid
② Back Flushing
③ Filter Holder
④ Pumper Motor

16 직화식 로스팅의 특징을 설명한 것이다. 틀린 것은?

① 예열 시간이 짧은 편이다.
② 즉각적인 화력 조절이 가능하여 다양한 방식의 로스팅이 가능하다.
③ 오일 생성이 잘 안되어 바디감이 약하다.
④ 내부까지 열전달이 잘되어 일정한 로스팅이 가능하다.

17 다음은 드리퍼 형태에 따른 설명이다. 맞지 않는 것은?

① 메리타는 추출구가 한 개이며 전체 폭이 약간 크고 칼리타에 비해 경사가 가파르다.
② 칼리타는 리브(Rib)가 촘촘하게 설계되어 있다.
③ 고노는 리브(Rib)의 개수가 칼리타에 비해 많으며 드리퍼의 중간까지만 있다.
④ 하리오는 리브(Rib)가 나선형으로 드리퍼 끝까지 있다.

18 커피 원두용 그라인더의 특징에 대한 사항 중 틀린 것은?

① 칼날형 그라인더는 분쇄 입자가 고르며 입자조절이 쉽다.
② 원뿔형 그라인더는 회전수가 적으며 분쇄속도가 느리다.
③ 평면형 그라인더는 다양한 굵기의 분쇄가 가능하다.
④ 롤형은 균일한 입자로 분쇄할 수 있다.

19 커피 생두의 지질 각 부위에 함유되어 있는 지방산 중 가장 적게 함유되어 있는
것은?

① Oleic Acid   ② Palmitic Acid
③ Linoleic Acid   ④ Arachidic Acid

20 그늘 경작 커피(Shade-Grown Coffee)란?

① 열대우림동맹에서 파견된 검사관이 재배 환경을 판별하여 부여
② 커피재배, 유통, 저장 그리고 로스팅 등 커피 빈 탄생의 전 단계에서 일체
의 인공적인 가공이나 화학비료를 사용하지 않은 것
③ 국제적으로 결정된 합리적인 가격으로 커피를 판매하는 생산자에게 부영
하는 공증
④ 유기농법의 재배환경과 더불어 커피 나무 주변에 다른 여러 종의 작물들
과 함께 경작하는 프로그램

21 입안에 머금은 커피의 농도, 점도 등을 의미하며 진한느낌, 연한느낌 등으로
표현된다. 무엇을 말하는 것인가?

① 맛(Taste)   ② 바디(Body)
③ 아로마(Aroma)   ④ 플레버(Flavor)

22 다음은 로스터에 대한 설명이다, 열풍식 로스터를 가장 잘 설명한 글은?

① 가장 오래된 일반적인 로스터로 회전하는 드럼의 몸체에 구멍을 뚫어 고
온의 연소가스가 드럼 내부를 지나도록 고안된 로스터이다.
② 1970년대 일본에서 고안된 숯불을 이용한 로스터로, 직접 커피콩에 열기
가 전달되면서 커피를 볶는 로스터다.
③ 가스버너의 불로 인해 가열된 드럼표면의 열기가 커피콩과 접촉되면서 전
도열로 커피콩을 볶는 로스터다.
④ 뜨거운 열기를 불어 넣어 로스팅하는 방식으로 로스팅 시간 단축이 가능
하다. 뜨거운 열기에 의해 원두가 공중에 뜬 상태로 섞이면서 로스팅 되는
로스터도 있다.

23 자극적인 맛이며, 쓴맛이다. 배전하는 동안 트리고넬린이 분해되어 생긴 물질로. 이 향의 이름은?

① 아세톤(Acetone)　　　　　　② 피롤(Pyrrole)

③ 푸르푸랄(Furfural)　　　　　　④ 피리딘(Pyridine)

24 커피는 사용하는 추출 도구에 따라 분쇄의 정도가 다르다. 기구에 맞게 적절히 분쇄해야만 맛있는 커피를 추출해낼 수 있다. 아주 고운 분쇄로부터 굵은 분쇄까지 올바르게 나열된 것은?

① Espresso → Turkish → Water Drip → Plunger → Percolator → Jug

② Espresso → Turkish → Plunger → Water Drip → Percolator → Jug

③ Turkish → Espresso → Plunger → Water Drip → Percolator → Jug

④ Turkish → Espresso → Water Drip → Plunger → Percolator → Jug

25 루소, 발자크, 빅토르 위고 등 유명작가와 예술인들이 즐겨 모였고, 혁명 당시에는 개혁정치인들의 집합장소였던 1686년에 문을 연 프랑스 최초의 카페 이름은?

① Le Procope　　② Tchibo　　③ Tim Horton's　④ Cafe Florian

26 커피 나무의 경작에 보편적으로 이용되고 있는 방법은?

① 조직배양법　　　　　　　　② 분근법(分根法)

③ 파치먼트 커피 파종법　　　　④ 원목에 접붙이는 법

27 1931년 브라질에서 발견된 Bourbon과 Typica계열의 Sumatura의 자연교배종은?

① Caturra　　　② Catuai　　　③ Mondo Novo　④ Timor

28 다음 중 에스프레소 머신의 물의 흐름을 통제하는 부품은?

① 플로미터　　　　　　　　　② 솔레노이드 밸브

③ 바큠 밸브　　　　　　　　　④ 온도 조절기

29 1727년 프랑스령 기아나(Guiana)에서 커피를 가져와 브라질 아마존 유역의 Para 지역에 심은 사람은?

① 가브리엘 마띠외 드 클루외　　② 프란치스코 드 멜로 팔헤타

③ 바바부단　　　　　　　　　　④ 아비센나

30 다음 중 습식법(Wet Processing) 공정 순서로 올바른 것은?

① Harvesting → Separation → Pulping → Mucilage Removal → Washing → Drying → Hulling → Cleaning → Grading

② Harvesting → Pulping → Separation → Mucilage Removal → Washing → Drying → Hulling → Cleaning → Grading

③ Harvesting → Separation → Pulping → Washing → Mucilage Removal → Drying → Hulling → Cleaning → Grading

④ Harvesting → Separation → Washing → Pulping → Mucilage Removal → Drying → Hulling → Cleaning → Grading

31 다음 중 스트레이트 커피(Straight Coffee)로 이용되는 의미가 아닌 것은?

① 동일 국가　　② 동일 종류　　③ 동일 등급　　④ 동일한 추출법

32 다음 중 종이 필터의 크기가 가장 큰 추출 기구는?

① 고노　　　　　　　　② 캐맥스
③ 모카포트　　　　　　④ 칼리타

33 다음은 에스프레소를 이용한 베리에이션 메뉴들이다. 설명이 맞는 것은?

① 에스프레소 마끼아또: 에스프레소 위에 우유 거품 2~3스푼 올린 것.
② 카페 라떼: 에스프레소에 우유와 우유 거품을 2:8로 넣은 것.
③ 카페 콘빠냐: 에스프레소 위에 데운 우유와 생크림을 넣은 것.
④ 카페모카: 에스프레소 위에 데운 우유와 캐러멜 시럽을 넣은 것.

34 다음은 커피의 미각에 관한 용어이다. 가장 틀린 것은?

① Clean: 깔끔한 맛　　　　② Bitter: 떫은 맛
③ Sour: 짠맛을 띈 신맛　　④ Rich: 풍부한 맛

35 아라비카 원종에 가장 가까운 품종으로 생두의 모양이 긴 편이고 좋은 향과 산미를 가지나 녹병에 취약하고, 격년 생산되어 생산성이 낮다는 단점이 있는 커피품종은?

① 버본(Bourbon)　　　　　② 카투라(Cattura)
③ 타이피카(Typica)　　　　④ 켄트(Kent)

36 에스프레소 머신에 관한 내용이다. 틀린 것은?

① 일체형 보일러는 물의 온도가 빨리 떨어진다.

② 솔레노이드 밸브는 머신의 물 흐름을 통제하는 기능을 한다.

③ 펌프 모터의 압력은 수동으로 조절이 가능하다.

④ 그룹 헤드의 개스킷은 2년에 한 번씩 교환을 해주는 것이 좋다.

37 커피 핸드 드립 추출법에 관한 내용이다. 맞는 것은?

① 커피 양은 1인분에 7g을 사용한다.

② 드리퍼의 리브가 촘촘하고 긴 것이 추출이 용이하다.

③ 뜸들이기 시간이 길수록 연한 커피가 추출된다.

④ 메리타 드리퍼는 카리타 보다 추출속도가 빠르다.

38 에티오피아에서의 커피재배방식과 거리가 먼 것은?

① 집집마다 서너 그루의 Buni가 있다.

② 소규모 커피농가의 Garden Coffee가 90%된다.

③ 하라(Harrar)는 해발 고도 2,000이상에서 재배되어 바디감과 신맛이 좋다.

④ 하라, 시다모, 김비가 주요생산지역이다.

39 주원료 성분 배합기준에 의한 커피의 분류가운데 볶은 커피의 가용성 추출액을 건조한 것을 지칭하는 것은?

① 볶은 커피   ② 조제 커피

③ 추출건조 커피   ④ 인스턴트 커피

40 수평형(Flat) 그라인더의 장점이 아닌 것은?

① 단위 처리량이 좋다.   ② 다양한 분쇄도가 가능하다.

③ 열 발생이 적다.   ④ 입자 크기가 곱고 고르다.

41 커피 생두 생산과정에 관한 내용 중 틀린 것은?

① 잘 익은 체리만을 선별한 것이 품질이 우수하다.

② 보통 1포대는 60kg을 기준으로 포장한다.

③ 습식법 건조를 한 생두일수록 희고 맑은 색이다.

④ 생두의 밀도는 경작지의 고도와 관련이 있다.

42 다음은 '커피'에 대한 설명이다. 적합하지 않은 내용은?

① 커피는 꼭두서니과에 속하는 상록수이다.

② 커피 열매는 흔히 체리(Cherry) 또는 베리(Berry)라고 부른다.

③ 로부스타 커피의 원산지는 아프리카 북부 에티오피아다.

④ 커피벨트는 남북회기선 사이로 적도를 중심으로 아래위 25도 이내를 말한다.

43 커피 생두 이름을 명명하는 방식에는 몇 가지 전통적으로 내려온 원칙이 있다. 다음의 열거된 내용에서 생두이름의 명명 방식이 아닌 것은?

① 생산국가 + 산지   ② 생산국가 + 농부이름

③ 생산국가 + 수출항구   ④ 생산국가 + 등급명칭

44 에스프레소 커피와 일반 커피의 차이점을 설명한 것이다. 틀린 것은?

① 에스프레소 커피는 터어키쉬 커피보다 더 곱게 분쇄된 커피를 사용한다.

② 에스프레소 커피는 일반커피에 비해서 강배전된 커피를 사용한다.

③ 에스프레소 커피는 다른 커피에 비해 추출 시간이 짧다.

④ 에스프레소 커피는 다른 커피에 비해 농도가 짙다.

45 에스프레소 커피의 개발역사에 대한 설명이다. 이 중 틀린 것은?

① 프랑스인 에드워드 데산테는 1855년 파리만국박람회에 증기기관을 갖춘 커피 추출기계를 출품했다.

② 이탈리아인 베제라는 1901년에 증기압을 이용한 에스프레소 커피기계로 특허를 받았다.

③ 현재와 동일한 방식의 에스프레소 커피 기계는 1946년 이탈리아인 가기아에 의해 발명되었다.

④ 현재와 같이 스위치 하나로 원두의 분쇄에서 우유 거품까지 자동으로 만들어지는 전자동 머신은 1950년에 프랑스인 콘티가 발명했다.

46 커피의 생두는 대부분 1년에 한번 수확하기 때문에 신선한 커피를 위해서는 생두를 오래 보관하면 안 된다. 하지만, 보관기간이 1년이 지난 전년도의 생두를 지칭하는 말은?

① 뉴 크롭(New Crop)   ② 올드 크롭(Old Crop)

③ 에이지드 크롭(Aged Crop)   ④ 패스트 크롭(Past Crop)

47 다음은 에스프레소 커피의 크레마(Crema)에 관한 설명이다. 적절하지 않은 것은?

① 크레마는 에스프레소 커피 상부에 나타나며 미세한 황금색 거품이다.

② 에스프레소의 크레마는 추출된 커피가 빨리 식지 않도록 해주는 단열기능이 있다.

③ 크레마는 에스프레소 커피의 향미를 함유하고 있으며 단백질성분을 가지고 있다.

④ 크레마가 많은 에스프레소 커피를 만들려면 신선한 원두, 좋은 에스프레소 머신, 적절한 분쇄 입도, 적절한 탬핑, 신선하고 깨끗한 물이 꼭 필요하다.

48 아래의 내용에 해당되는 나라는?

> 가) 마일드 커피의 대명사로 고급 커피를 생산한다.
> 나) 절반이상이 해발 1,400m이상 고지대 아라비카 커피만 생산한다.
> 다) 모두 수세건조방법가공을 한다.
> 라) 카페테로라고 불리는 농부들에 의해서 수확된다.
> 마) 스크린 사이즈 13이하는 자국에서 소비하며 수출이 금지되어 있다.

① 브라질　　　　　　　　　② 콜롬비아
③ 코스타리카　　　　　　　④ 과테말라

49 커피를 볶기전, 부적절한 생두를 골라내는 일을 '핸드픽(Hand Pick)'이라 한다. 이때 골라낼 필요가 없는 콩은?

① 벌레먹은 콩　　　　　　② 변질되어 시큼한 냄새가 나는 콩
③ 성숙되기전에 떨어진 검은 콩　　④ 연녹색 콩

50 에스프레소 추출 과정의 순서로 올바른 것은?

① 포터 필터 분리 → 물기제거 → Grinding → Dosing → Leveling → Tamping → Purging → 포타필터 결합 → 추출

② 포터 필터 분리 → 물기제거 → Grinding → Leveling → Dosing → Tamping → Purging → 포타필터 결합 → 추출

③ 포터 필터 분리 → 물기제거 → Dosing → Grinding → Leveling → Tamping → Purging → 포타필터 결합 → 추출

④ 포터 필터 분리 → 물기제거 → Grinding → Dosing → Tamping → Leveling→ Purging → 포타필터 결합 → 추출

51 다음 보기 중 커피산지와 등급이 잘못 표기되어 있는 것은?

① Ethiopia Yirgacheffe G.2　　　② Colombia Excelso

③ Kenya AB　　　④ Guatemala SHG

52 다음 보기 중 생두의 처리방식이 다른 나라는?

① Colombia　　② Jamaica　　③ Kenya　　④ Yemen

53 다음 보기 중 커피의 품질에 가장 큰 영향을 주는 부분은 무엇인가?

① 로스팅　　　② 생두　　　③ 그라인딩　　　④ 추출

54 커피 로스팅 과정 중 일어나는 변화를 설명한 것 중 잘못 설명한 것은?

① 부피의 증가　　　② 수분의 증가

③ 무게의 감소　　　④ 온도의 상승

55 커핑을 위한 조건 중 맞지 않는 것은?

① 로스팅후 8시간 이후, 24시간 이내 커핑

② 커피 8.25그램에 물 200ml 사용

③ 물온도 섭씨 93도 사용

④ 물의 TDS(용존 미네랄)를 150ppm 정도로 맞춤

56 SCA 커핑폼에 따른 평가항목이 아닌 것은?

① Acidity　　② Body　　③ Aftertaste　　④ Quality

57 생두의 처리방식중 체리의 과육을 제거한 뒤, 파치먼트에 점액질이 붙어있는 상태로 말리는 방식은?

① Pulped Natural Process　　　② Washed Process

③ Natural Process　　　④ Dry Process

58 다음 보기중 아라비카종이 아닌 것은?

① SL34　　② Bourbon　　③ Typica　　④ Icatu

59 커피체리를 단면으로 잘랐을 때 바깥쪽부터 안쪽으로 순서대로 나열된 것은?

① 과육 – 외피 – 파치먼트 – 실버 스킨 – 커피콩
② 외피 – 파치먼트 – 실버 스킨 – 과육 – 커피콩
③ 외피 – 과육 – 파치먼트 – 실버 스킨 – 커피콩
④ 외피 – 과육 – 실버 스킨 – 파치먼트 – 커피콩

60 커피생산국을 커피의 가공방식과 그에 따른 품질관리에 따라 몇 개의 그룹으로 분류할 수 있는 데 국제커피기구(ICO: International Coffee Organization)에 의한 그룹별 분류가 다른 나라는?

① Tanzania   ② Colombia
③ Kenya   ④ Costa Rica

 ICO(International Coffee Organization)

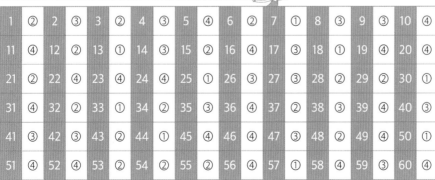

제9회 바리스타 마스터 2급 필기시험문제 정답

1	②	2	③	3	②	4	③	5	④	6	②	7	①	8	③	9	③	10	④
11	④	12	②	13	①	14	③	15	②	16	④	17	③	18	①	19	④	20	④
21	②	22	④	23	④	24	④	25	①	26	③	27	③	28	②	29	②	30	①
31	④	32	②	33	①	34	④	35	④	36	④	37	②	38	③	39	④	40	③
41	③	42	③	43	②	44	①	45	④	46	④	47	③	48	②	49	④	50	①
51	④	52	④	53	②	54	②	55	②	56	④	57	①	58	④	59	③	60	④

바리스타 마스터

제10회

2급 필기시험문제

자격종목 및 등급	시험시간	수 험 번 호	성 명
Barista Master 2급	1시간		

1 커피의 기본 맛은 단맛, 신맛, 짠맛, 쓴맛이다. 이중에서 가장 민감한 맛은(역가가 가장 낮은 정미물질의 맛)?

① 단맛   ② 신맛   ③ 짠맛   ④ 쓴맛

2 생두(Green Bean)를 크기에 따라 분류할 때 사용하는 기구는?

① Screen   ② Cezve   ③ Mocha Pot   ④ Dripper

3 탬핑(Tamping)을 하는 가장 중요한 목적은?

① 필터에 가능한 커피를 많이 담기 위하여
② 크레마를 고르게 하기 위하여
③ 커피 추출 농도를 높게 하기 위하여
④ 커피에 물을 고르게 통과시키기 위하여

4 다음은 커피 원두를 보관하는 방법이다. 가장 맞는 것은?

① 산패지연을 위하여 냉장고에 보관한다.
② 냉동보관한 커피는 바로 갈아야 신선하다.
③ 질소가스를 충전하면 보존기간이 길어진다.
④ 커피보다 용기가 넉넉하게 큰 것이 좋다.

5 커피에 함유된 지방 성분을 잘 우려낼 수 있는 추출 방법은?

① 프렌치 프레스 ② 사이폰
③ 칼리타 ④ 멜리타

6 휘핑기의 관리 요령으로 적당하지 않는 것은?

① 분리할 때는 남아있는 가스를 제거한 후에 분리한다.
② 용기는 찬물로 설거지 하듯 반드시 세척한다.
③ 분리된 핀은 크림이 분사되는 부분으로 반드시 청소한다.
④ 헤드부분의 고무개스킷을 제거하여 이물질이 끼어 있는지 확인한다.

7 커피 추출에 대한 내용 중 가장거리가 먼 것은?

① 추출 수의 온도가 높을 수록 쓴 맛이 강해진다.
② 약배전일 수록 물의 온도를 높혀준다.
③ 추출 시간이 길수록 가용 성분이 많아진다.
④ 강배전일수록 추출 성분이 많아진다.

8 입안에 머금은 커피의 농도, 점도 등을 의미하며 진한느낌, 연한느낌 등으로 표현된다. 무엇을 말하는 것인가?

① 맛(Taste) ② 바디(Body)
③ 아로마(Aroma) ④ 플레버(Flavor)

9 다음은 로스터에 대한 설명이다, 열풍식 로스터를 가장 잘 설명한 글은?

① 가장 오래된 일반적인 로스터로 회전하는 드럼의 몸체에 구멍을 뚫어 고온의 연소가스가 드럼 내부를 지나도록 고안된 로스터이다.
② 1970년대 일본에서 고안된 숯불을 이용한 로스터로, 직접 커피콩에 열기가 전달되면서 커피를 볶는 로스터다.
③ 가스버너의 불로 인해 가열된 드럼표면의 열기가 커피콩과 접촉되면서 전도열로 커피콩을 볶는 로스터다.
④ 뜨거운 열기를 불어 넣어 로스팅하는 방식으로 로스팅 시간 단축이 가능하다. 뜨거운 열기에 의해 원두가 공중에 뜬 상태로 섞이면서 로스팅 되는 로스터도 있다.

10 자극적인 맛이며, 쓴맛이다. 배전하는 동안 트리고넬린이 분해되어 생긴 물질로. 이 향의 이름은?

① 아세톤(Acetone)　　　　　② 피롤(Pyrrole)
③ 푸르푸랄(Furfural)　　　　④ 피리딘(Pyridine)

11 로부스타 커피의 원산지는?

① 인도　　　② 인도네시아　　③ 콩고　　　④ 예멘

12 에스프레소 커피와 일반 커피의 차이점을 설명한 것이다. 틀린 것은?

① 에스프레소 커피는 터어키쉬 커피보다 더 곱게 분쇄된 커피를 사용한다.
② 에스프레소 커피는 일반커피에 비해서 강배전된 커피를 사용한다.
③ 에스프레소 커피는 다른 커피에 비해 추출 시간이 짧다.
④ 에스프레소 커피는 다른 커피에 비해 농도가 짙다.

13 배전을 갓 마친 배전두의 수분 함량은?

① 0.5 ~ 3.5%　　　　　② 0.5 ~ 1.0%
③ 0.4 ~ 2.5%　　　　　④ 0.4 ~ 3.0%

14 다음 중 추출 방식이 다른 콜드 브루 커피 추출 기구는?

① 칼리타 더치　　　　　② 토디 콜드 브루
③ 하리오 워터 드립　　　④ 모이카 워터 드립

15 그늘 경작 커피(Shade-Grown Coffee)란?

① 열대우림동맹에서 파견된 검사관이 재배 환경을 판별하여 부여
② 커피재배, 유통, 저장 그리고 로스팅 등 커피 빈 탄생의 전 단계에서 일체의 인공적인 가공이나 화학비료를 사용하지 않은 것
③ 국제적으로 결정된 합리적인 가격으로 커피를 판매하는 생산자에게 부여하는 공증
④ 유기농법의 재배환경과 더불어 커피 나무 주변에 다른 여러 종의 작물들과 함께 경작하는 프로그램

16 에스프레소 커피의 개발역사에 대한 설명이다. 이 중 틀린 것은?

① 프랑스인 에드워드 데산테는 1855년 파리만국박람회에 증기기관을 갖춘 커피 추출기계를 출품했다.

② 이탈리아인 베제라는 1901년에 증기압을 이용한 에스프레소 커피기계로 특허를 받았다.

③ 현재와 동일한 방식의 에스프레소 커피 기계는 1946년 이탈리아인 가기아에 의해 발명되었다.

④ 현재와 같이 스위치 하나로 원두의 분쇄에서 우유 거품까지 자동으로 만들어지는 전자동 머신은 1950년에 프랑스인 콘티가 발명했다.

17 다음 중 에스프레소 머신의 물의 흐름을 통제하는 부품은?

① 플로우 미터   ② 솔레노이드 밸브
③ 바큠 밸브   ④ 온도 조절기

18 커피의 생두는 대부분 1년에 한번 수확하기 때문에 신선한 커피를 위해서는 생두를 오래 보관하면 안 된다. 하지만, 보관기간이 1년이 지난 전년도의 생두를 지칭하는 말은?

① 뉴 크롭(New Crop)   ② 올드 크롭(Old Crop)
③ 에이지드 크롭(Aged Crop)   ④ 패스트 크롭(Pasted Crop)

19 에스프레스용 커피의 분쇄 입자 조절에 관한 사항이다. 틀린 것은?

① 일반적으로 밀가루 보다 굵게 설탕보다 가늘게 조절한다.
② 추출이 느리면 입자의 크기를 기준보다 굵게 조절한다.
③ 흐린 날에는 입자를 평소보다 기준보다 굵게 조절한다.
④ 일반적으로 그라인더의 숫자가 클수록 입자가 가늘다.

20 커피는 사용하는 추출 도구에 따라 분쇄의 정도가 다르다. 기구에 맞게 적절히 분쇄해야만 맛있는 커피를 추출해낼 수 있다. 아주 고운 분쇄로부터 굵은 분쇄까지 올바르게 나열된 것은?

① Espresso → Turkish → Water Drip → Plunger → Percolator → Jug
② Espresso → Turkish → Plunger → Water Drip → Percolator → Jug
③ Turkish → Espresso → Plunger → Water Drip → Percolator → Jug
④ Turkish → Espresso → Water Drip → Plunger → Percolator → Jug

21 다음은 에스프레소 커피의 크레마(Crema)에 관한 설명이다 적절하지 않은 것은?

① 크레마는 에스프레소 커피 상부에 나타나며 미세한 황금색 거품이다.
② 에스프레소의 크레마는 추출된 커피가 빨리 식지 않도록 해주는 단열기능이 있다.
③ 크레마는 에스프레소 커피의 향미를 함유하고 있으며 단백질성분을 가지고 있다.
④ 크레마가 많은 에스프레소 커피를 만들려면 신선한 원두, 좋은 에스프레소 머신, 적절한 분쇄 입도, 적절한 탬핑, 신선하고 깨끗한 물이 꼭 필요하다.

22 커피 추출액 중 무기질성분이 약40%로 가장 많이 함유되어 있는 성분은?

① Mg(마그네슘)　　② Ca(칼슘)　　③ Na(나트륨)　　④ K(칼륨)

23 피베리(Peaberry)의 또 다른 명칭은?

① Caracolilo　　② Bourbon　　③ Mattari　　④ Typica

24 커피 컵 중 데미타스(Demitasse)의 크기는?

① 70ml정도 크기　　　　② 50ml정도 크기
③ 30ml정도 크기　　　　④ 60ml정도 크기

25 스크린 사이즈(Screen Size) 18번과 거리가 먼 것은?

① AA　　② Supremo　　③ Peaberry　　④ Kona Fancy

26 다음 로스팅 단계가운데 가장 강배전은?

① High Roast　　　　② Italian Roast
③ Cinnamon Roast　　④ French Roast

27 에어채널과 Handle이 있는 커피 추출 도구는?

① 제즈베　　　　② 프랜치 프레스
③ 모카포트　　　④ 캐맥스

28 다음 에스프레소 관련용어 설명으로 맞지 않는 것은?

① Knock Box: 찌꺼기 통
② Group Head: 포터 필터를 끼우는 곳
③ Steam Wand: 스팀 조절 손잡이
④ Gasket: 고무 같은 재질의 밀봉재 패킹

29 커피빈을 탈곡하는 과정에 해당하는 용어는?

① Husking
② Polishing
③ Grading
④ Stripping

30 드립 커피의 기초가 되는 커피 가루가 나오지 않게 헝겊 조각을 덮은 드립포트를 만든 사람은?

① 벨로이
② 롤랑
③ 돈 마틴
④ 로버트 네이피어

31 다음 중 아라비카종의 원종(Orginal)에 해당하는 품종은?

① Catimor
② Mundo Novo
③ Bourbon
④ Ruiru

32 커피 칸타타(Coffee Cantata)를 작곡한 사람은?

① Bach
② Beethoven
③ Schubert
④ Mozart

33 에스프레소 기계의 추출 온도를 정밀하게 조절, 유지, 관리 할 수 있는 장치는?

① 추출 챔버(Extraction Chamber)
② PID 제어장치
③ 열 교환기(Heat Exchanger)
④ 체크 밸브(Check Valve)

34 커피 생산국가와 등급이 바르게 연결되지 않은 것은?

① 케냐: AA
② 콜롬비아: Supremo
③ 탄자니아: AAA
④ 과테말라: SHG

35 커피 가공 과정으로 올바른 순서는?

① Fermenting → Parchment Coffee → Pulping → Rinsing → Sun Drying → Cleaning → Hulling → Sizing → Grading

② Fermenting → Pulping → Rinsing → Sun Drying → Parchment Coffee → Hulling → Cleaning → Sizing → Grading

③ Rinsing → Pulping → Fermenting → Parchment Coffee → Sun Drying → Cleaning → Hulling → Sizing → Grading

④ Pulping → Fermenting → Rinsing → Parchment Coffee → Sun Drying → Hulling → Cleaning → Sizing → Grading

36 그룹 헤드에 포터 필터를 장착 후 추출버튼을 2초안에 눌러서 추출 해야 한다고 World Barista Championship의 중요 심사항목이다. 그 이유는?

① 시간이 길어지면 위쪽에 있는 커피의 향미 성분이 변하기에

② 빠른 시간내 추출버튼을 눌러야 우유스티밍을 할 수 있기에

③ 포터 필터를 여러 개 장착할 때 잊어버릴 수 있기에

④ 데워진 포터 필터의 온도가 덜어질 수 있기에

37 커피 추출 방식 중 달이기(Decoction)에 해당되는 기구는?

① Cezve   ② Mocha Pot

③ Coffee Urn   ④ Vacuum Brewer

38 도징 챔버에 커피 가루를 담아 둘 때의 단점이 아닌 것은?

① 커피가 일단 분쇄되면 가스 빠짐은 크게 가속된다.

② 도징 챔버 안에 커피 가루가 얼마나 많이 들어 있는지에 따라 그 양이 항상 변한다.

③ 추출되기까지 가스가 빠지는(Degassing) 시간이 다양하게 나타난다.

④ 도징이 매우 빨리 이루어질 수 있고 편리하다.

39 우유 스티밍을 할 때의 기본적인 목표가 아닌 것은?

① 공기를 불어넣을 때는 미세거품이 있는 구조로 만든다.

② 표면은 반들반들하면서 눈에 보이는 거품이 없어야 한다.

③ 우유는 최종 70도를 넘기지 않는다.

④ 에스프레소 추출이 끝난 뒤 밀크스티밍을 시작한다.

40 다음 중 1 스크린에 해당하는 것은?

① 1/64 inch ② 1/65 inch ③ 1/66 inch ④ 1/67 inch

41 효소가 쓰이지 않는 갈변화 과정으로 환원당이 아미노산과 반응하는 이러한 현상을 무엇이라 하는가?

① 메일라드 반응 ② 카라멜화
③ 유기물질 손실 ④ 휘발성 아로마

42 세계에서 가장 유명한 커피인 블루마운틴은 생산하는 나라는?

① 자메이카 ② 케냐 ③ 과테말라 ④ 콜롬비아

43 핸드 드립 커피 추출단계에서 첫 번째 단계인 뜸을 주는 이유가 아닌 것은?

① 물이 균일하게 확산되며 물이 고르게 퍼지게 된다.
② 커피의 수용성 성분이 물에 녹게되어 추출이 원활하게 이루어진다.
③ 뜸 들이는 과정을 생략하면 진한 커피가 추출 될 수밖에 없다.
④ 커피에 함유되어 있는 탄산가스와 공기를 빼주는 역할을 한다.

44 커피를 생산하는 몇 개의 국가에서 전문가들의 평가로 순위를 매겨 경매를 통해 가장 좋은 질의 맛을 선보이게 만든 기구는?

① SCA ② COE ③ KBC ④ ICO

45 한 가지 생두만 사용하여 만든 커피를 무엇이라 하는가?

① Mild Coffee ② Decaffeinated Coffee
③ Straight Coffee ④ Premium Coffee

46 로스팅 시 발생하는 현상이라고 볼 수 없는 것은?

① 수분 감소 ② 향기 감소
③ 부피 증가 ④ 무게 감소

47 가공 방식의 하나인 건식법의 설명으로 알맞은 것은?

① 생산 단가가 싸고 친환경적이다.
② 품질이 높고 균일하다.
③ 발효 과정에서 악취가 날 수 있다.
④ 물을 많이 사용하므로 환경을 오염시킨다.

48 다음 보기 중 커피산지와 등급이 잘못 표기되어 있는 것은?

① Ethiopia Yirgacheffe G.2　　② Colombia Excelso
③ Kenya AB　　　　　　　　④ Guatemala SHG

49 다음 보기 중 생두의 처리방식이 다른 나라는?

① Colombia　　② Jamaica　　③ Kenya　　④ Yemen

50 다음 보기 중 커피의 품질에 가장 큰 영향을 주는 부분은 무엇인가?

① 로스팅　　　② 생두　　　③ 그라인딩　　　④ 추출

51 생산고도에 의한 분류 중 SHB(Strictly Hard Bean)의 등급을 사용하는 국가는?

① 코스타리카　　　　　　② 멕시코
③ 온두라스　　　　　　　④ 콜롬비아

52 컵핑을 위한 조건 중 맞지 않는 것은?

① 로스팅후 8시간 이후, 24시간 이내 컵핑
② 커피 8.25그램에 물 200ml 사용
③ 물온도 섭씨 93도 사용
④ 물의 TDS(용존 미네랄)를 150ppm 정도로 맞춤

53 커핑폼에 따른 평가항목이 아닌 것은?

① Acidity　　　② Body　　　③ Aftertaste　　　④ Quality

54 생두의 처리방식중 체리의 과육을 제거한뒤, 파치먼트에 점액질이 붙어있는 상태로 말리는 방식은?

① Pulped Natural Process　　② Washed Process
③ Natural Process　　　　　④ Dry Process

55 다음 중 가장 거리가 먼 것은?

① Flat Bean　　　　　　② Peaberry
③ Caracol　　　　　　　④ Triangular Bean

56 커피체리를 단면으로 잘랐을때 바깥쪽부터 안쪽으로 순서대로 나열된 것은?

① 과육 – 외피 – 파치먼트 – 실버 스킨 – 커피콩

② 외피 – 파치먼트 – 실버 스킨 – 과육 – 커피콩

③ 외피 – 과육 – 파치먼트 – 실버 스킨 – 커피콩

④ 외피 – 과육 – 실버 스킨 – 파치먼트 – 커피콩

57 아래의 커피 메뉴 중에서 초콜렛 소스가 첨가되는 메뉴는?

① 카푸치노 　　　　　　② 카라멜 마끼아또

③ 카페모카 　　　　　　④ 바닐라 라떼

58 커피 추출 시 농도에 가장 영향이 적게 미치는 사항은?

① 분쇄 입자 굵기 　　　② 분쇄된 커피의 량

③ 추출 기구 　　　　　④ 추출 수 온도

59 다음 중 커피와 커피 추출법 대한 설명 중 틀린 것은?

① 에스프레소 커피 - 가압 추출법 　② 핸드 드립 커피 - 여과법

③ 사이폰 커피 - 진공식 추출법 　　④ 프렌치 프레스 - 달임법

60 다음은 바리스타가 해야할 커피장비에 관한 관리 지침이다. 매일 해야 하는 일은?

① 보일러의 압력, 추출 압력, 물의 온도체크

② 그라인더 칼날 마모 상태

③ 연수기의 필터 교환

④ 그룹 헤드의 개스킷 교환

제10회 바리스타 마스터 2급 필기시험문제 정답

1	④	2	①	3	④	4	③	5	①	6	②	7	④	8	②	9	④	10	④
11	③	12	①	13	①	14	②	15	④	16	④	17	②	18	④	19	④	20	④
21	③	22	④	23	①	24	①	25	③	26	②	27	④	28	③	29	①	30	③
31	③	32	①	33	②	34	④	35	④	36	①	37	①	38	④	39	④	40	①
41	①	42	①	43	④	44	②	45	①	46	②	47	①	48	④	49	④	50	②
51	①	52	②	53	④	54	①	55	①	56	④	57	③	58	③	59	④	60	①

바리스타 마스터

제11회 2급 필기시험문제

자격종목 및 등급	시험시간	수험번호	성 명
Barista Master 2급	1시간		

1 로스팅시 1차와 2차 발열반응이 일어나는 온도는?

① 180~205℃, 200~220℃ ② 140~160℃, 200~220℃
③ 180~205℃, 220~240℃ ④ 140~160℃, 220~240℃

2 조선시대 때 불리었던 커피의 또 다른 이름은?

① 고배 ② 양탕국 ③ 커피 ④ 양차

3 아라비카(Arabica)에 대하여 틀린 것은?

① 에디오피아에서 발견된 오리지널 종으로서 해발 2,000피트(610m)이상에서 재배된다.
② 카페인 함량이 1~17% 정도로 낮으며 전 세계 커피생산의 70%를 차지하고 있다.
③ 해발 600~1,000피트(183~305m) 고습지대에서 자라며 병충해에 강하다.
④ 원산지의 특징을 그대로 가지고 있는 향기롭고 질 높은 커피종이다.

4 다음 중 아라비카종에 대한 설명으로 부적합한 것은?

① 원산지가 에티오피아로 잎의 모양과 색깔, 꽃 등에서 로부스타와 미세한 차이를 나타낸다.
② 다 자란 크기는 5~6m이고, 주로 평균기온 20℃, 해발 600~2000m의 고지대에서 재배된다.
③ 잎과 나무의 크기가 로부스타종보다 크지만, 열매는 로부스타종이나 리베리카종보다 작다.
④ 모양은 로부스타에 비해 평평하고 길이가 길며 카페인 함유량도 로부스타에 비해 작다.

5 신맛보다 쓴맛이 균형 있게 조화되고, 다갈색이며 뉴욕(New York)에서 선호한다는 스타일의 로스팅은?

① 미디엄(약강배전)　　　　　　　② 시티(중중배전)
③ 풀시티(중강배전)　　　　　　　④ 프렌치(강배전)

6 로스팅시 발생하는 현상이라고 볼 수 없는 것은?

① 생두수분의 감소　　　　　　　② 생두향기의 감소
③ 생두부피의 증가　　　　　　　④ 생두무게의 감소

7 가공 방식의 하나인 건식법의 설명으로 알맞은 것은?

① 생산 단가가 싸고 친환경적이다.
② 품질이 높고 균일하다.
③ 발효 과정에서 악취가 날 수 있다.
④ 물을 많이 사용하므로 환경을 오염시킨다.

8 탄자니아 커피(Tanzania Coffee)의 상징 또는 특징과 거리가 먼 설명은?

① 왕실의 커피　　② 커피의 신사　　③ 피베리 종　　④ 프리미엄 커피

9 생산고도에 의한 분류에 속하지 않는 국가는?

① 코스타리카　　② 멕시코　　③ 파라과이　　④ 온두라스

10 카페인(Caffeine)에 대한 설명으로 틀린 것은?

① 인체에 흡수되면 신경계, 호흡계, 심장혈관계에 영향을 주나 일시적이다.
② 혼합성분의 두통약에도 일정량 포함되어 있다.
③ 식약청 권장 성인기준 하루 600mg섭취를 권장하고 있다.
④ 1819년 독일 화학자 룽게(Runge)가 처음으로 분리에 성공했다.

11 추출구가 한 개인 원추형으로 리브(Rib)가 나선형으로 된 드립퍼는?

① Kalita　　　② Melita　　　③ Kono　　　④ Hario

12 입안에 머금은 커피의 농도, 점도 등을 의미하며 진한느낌, 연한느낌 등으로 표현된다. 무엇을 말하는 것인가?

① Taste　　　② Body　　　③ Aroma　　　④ Flavor

13 로스팅 단계에서 휴지기(Pause)의 의미는?

① 1차 크랙과 2차 크랙의 사이의 단계이다.
② 센터컷이 벌어지면서 크랙 소리가 들리는 단계이다.
③ 갈색에서 진한 갈색으로 바뀌는 단계이다.
④ 생두의 수분함량이 감소되는 단계이다.

14 리베리카(Coffea Liberica)에 대한 설명중 틀린 것은?

① 고온다습한 저지에서 재배가능하며 수확량도 적다.
② 콩의 크기가 작고, 쓴맛이 강하여 품질이 좋지 않다.
③ 외관은 마름모꼴, 일부지역에서 생산되어 현지에서 소비된다.
④ 로부스타와 함께 3대 원종으로 분류된다.

15 커피의 역사 중 틀린 것은?

① 서양지역의 커피역사는 약 3세기 정도이다.
② 중동에서는 고대 이후 모든 사회의 계층에서 소비되었다.
③ 커피경작은 서기 475년부터 시작 되었다고 추정한다.
④ 에티오피아에서 11세기 때 아라비아의 예멘으로 전파, 처음 재배되었다.

16 다음의 내용 중 서로 거리가 먼 것은?

① 인도네시아 - 사향고향이 커피　　② 스리랑카 - 족제비 커피

③ 예멘 - 원숭이 커피　　　　　　　④ 태국 - 코끼리 커피

17 SCA(Specialty Coffee Association)의 분류법 설명 중 틀린 것은?

① 다른 분류법보다 우수하다는 평을 받고 있는 분류법

② 외형적 결점 사항과 함께 Cup Quality(추출된 커피의 질)까지도 고려한다.

③ 가장 대표적인 종으로 Nganda(coffea canephora var. nganda)와 Canephora(coffea canephora var. canephora)가 있다.

④ 생두의 크기, 불량 생두나 이물질, 함수율 등을 검사한 다음에 생두를 로스팅하고 분쇄한 후 컵테스트를 하면서 커피의 맛과 향까지 검사한다.

18 블랜딩의 규칙으로 잘못된 것을 고르시오.

① 입하된 개개의 콩을 그 때마다 반드시 테스트한 후에 사용한다.

② 맛의 '배색'이 아니라 '통계색'의 맛을 기본으로 한다.

③ 짙거나 개성있는 콩을 주축으로 하고, 보충하는 콩을 배분한다.

④ 기초가 되는 콩을 우선 결정, 2~3종류, 특징있는 콩을 가한다.

19 에스프레소 커피의 역사 중 옳은 것은?

① 1819년 영국인 존스(Jones)에 의해 최초의 기구가 선보였다.

② 1825년 영국과 이탈리아에서 연구가 진행되었다.

③ 에스프레소 커피의 혁명을 가져온 곳은 콜롬비아 이다.

④ 에드워드 루아이젤(Edward Loysel de Santais)이 1시간에 100잔을 추출하는 기계를 개발했다.

20 원두의 올바른 관리에 대하여 틀린 것은?

① 미리 분쇄를 한다면 30분~1시간 안에 맛이 50%이상 저하된 커피가 되므로 가급적 빨리 분쇄하여 먹을 수 있도록 한다.

② 직사광선이 들지 않고 통풍이 잘 되는 곳에 보관해야 하며 매장 내에서는 바닥보다는 선반에 보관하여야 한다.

③ 9기압의 압력으로 추출되므로 순식간에 그 맛이 좌우된다.

④ 에스프레소 커피는 다른 커피에 비하여 산화되는 작용에 아주 민감하게 반응함을 절대로 잊어서는 안된다.

21 커피 찌꺼기가 나오는 원인은 무엇인가?

① 커피의 분쇄 입자가 얇은 경우　　② 디퓨져의 구멍이 열려있을 경우
③ 압력과 그라인더 날의 마모　　　④ 압력이 9바(Bar)보다 낮은 경우

22 증기 건조 방식의 순서로 올바른 것을 고르시오.

① 생두선별–스크린 분리–배합–배전–분쇄–추출–냉각–건조–포장
② 생두선별–스크린 분리–배합–배전–분쇄–추출–냉동–건조–포장
③ 스크린분리–생두선별–배합–배전–분쇄–추출–건조–포장
④ 스크린분리–생두선별–배합–배전–건조–분쇄–추출–냉각–포장

23 에티오피아에서의 커피재배방식과 거리가 먼 것은?

① 집집마다 서너그루의 Buni가 있다.
② 소규모 커피농가의 Garden Coffee가 90%된다.
③ 하라(Harrar)는 해발 고도 2,000이상에서 재배되어 바디감과 신맛이 좋다.
④ 하라, 시다모, 김비가 주요생산지역이다.

24 에스프레소가 유행되기 전인 1980년대와 1990년대 초 미국식 커피 추출의 주류는 필터드립 방식이었다. 이 필터드립 방식을 이용하여 뽑은 커피를 무슨 커피라고 부르는가?

① 블렌드 커피　　　　　　　　② 사이폰 커피
③ 진공 커피　　　　　　　　　④ 디칵션 커피

25 생두의 선별 중 등급 분류에 대한 설명으로 틀린 것은?

① 다른 크기, 다른 밀도, 다른 함수율의 생두이어야 고른 로스팅이 가능하기 때문에 원만한 커피의 로스팅을 위해 등급을 분류한다.
② 시간이 오래 걸림: 크기나 밀도, 함수율이 균일하지 못한 생두
③ 고급 생두 분류: 생두의 크기가 크고, 밀도가 높고, 색깔은 밝은 청록색이 며 얼룩이 없고 내과피가 완전히 제거되고 함수율은 10~12%를 지닌 생두
④ 밀도를 따지는 이유: 밀도가 높을수록 그 맛과 향이 깊고 풍부하기 때문 이다.

26 다음 보기 중 생두의 처리방식이 다른 나라는?

① 콜롬비아　　② 자메이카　　③ 케냐　　④ 예맨

27 커피 칸타타(Coffee Cantata)를 작곡한 사람은?

① Bach　　② Beethoven　　③ Schubert　　④ Mozart

28 세계 최초의 커피 수출국인 나라는?

① 네덜란드　　② 예맨　　③ 에티오피아　　④ 인도네시아

29 체리의 구성에 대한 설명 중 옳은 것은?

① 외피: 생두와 과육을 싸고 있는 연두색 껍질
② 내과피: 과육을 싸고 있는 단단한 층
③ 은피: 생두를 싸고 있는 얇은 은색 층
④ 과육: 끈적거리며 쓴맛이 남

30 아리비카종과 로부스타종의 카페인 함량이 올바르게 짝지어진 것은?

① 0.5~1.2%, 1.5~3.0%　　　　② 0.8~1.5%, 1.7~3.5%
③ 0.6~1.3%, 1.6~3.2%　　　　④ 0.7~1.3%, 1.5~3.3%

31 제즈베 처럼 끓어오르기 직전에 열원위에서 잠시 내리고 다시 반복 가열하는 방법은?

① Simmered　　② Boiled　　③ Pressed　　④ Extraction

32 커피보관 방법으로 적절치 못한 것은?

① 바닥에 닿지 않고 최대한 벽 가까이 안정되게 붙인다.
② 보관기간을 1년이 넘지 않도록 한다.
③ 온도는 20℃이하 습도는 40~50%를 유지한다.
④ 빛이 안 들고 통풍이 잘되는 장소

33 건식법과 습식법이 합쳐진 형태로 체리를 물에 가볍게 씻은 후 건조하는 방법을 무엇이라 하는가?

① Natural Coffee　　　　② Washed Coffee
③ Pulped Natural Coffee　④ Semi-washed Coffee

34 커피 체리에 대한 설명이다. 올바르지 않은 것은?

① 일반적으로 가지에서 가장 가까운 부분이 먼저 익는다.
② 체리의 가장 바깥쪽에는 껍질에 해당하는 파치먼트가 있다.
③ 커피체리는 약 15~17mm정도의 크기로 동그랗다.
④ 익기전의 상태는 초록색이나 익으면서 빨간색으로 변한다.

35 커피의 산패에 대한 내용 중 다른 것은?

① 외부의 산소가 커피조직바깥으로 빠져나가 커피를 산화시킨다.
② 유기물이 산화되어 지방산이 발생된다.
③ 맛과 향이 변하는 현상이다.
④ 습도가 높을수록 커피는 쉽게 변질된다.

36 다음 보기 중 커피산지와 등급이 잘못 표기되어 있는 것은?

① Ethiopia Yirgacheffe G.2　② Colombia Excelso
③ Kenya AB　　　　　　　④ Guatemala SHG

37 다음은 피베리(Peaberry)에 대한 설명이다 거리가 먼 것은?

① 인건비가 많이 들지만 높은 가격에 판매할 수 있기도 하다.
② 커피의 보배라고도 한다.
③ 마라고지페 또는 롱베리라고 한다.
④ 스페인어로 카라콜리로라고 한다.

38 '쏟다, 엎지르다'의 뜻이며 서양권에서 많이 사용하는 물을 붓는 방식은?

① 핸드 드립　　② 푸어 오버
③ 점적식　　　④ 침출식

39 커피는 '악마와 같이 검고, 지옥과 같이 뜨겁고, 천사와 같이 순수하고, 키스처럼 달콤하다' 고 예찬한 프랑스의 외교관이면서 작가였던 사람은?

① 헤밍웨이　　② 발작　　③ 사르트르　　④ 탈레랑

40 바리스타가 점검해야할 사항이 아닌 것은?

① 커피의 입도가 적합한지
② 충전량(Dosing)이 적당한지
③ 추출은 35~45초 사이에 완료되는지
④ 물의 온도가 88~92℃가 되고, 압력은 9~10기압인지

41 커피의 적의병(Pink Disease)에 대한 설명과 관계가 없는 것은?

① 중국의 커피를 재배하는 거의 모든 지역에서 이 병이 발생했다.
② 병해에 걸린 목재는 스펀지처럼 힘이 없고 강한 버섯 냄새가 난다.
③ 예방방법으로는 환부는 잘라내어 태워버리고 상처부위에 콜타르를 발라 보호해 준다.
④ 병이 감염된 초기에는 병해 입은 나무 표피에 거미줄 모양의 은백색 균사 다발이 나타난다.

42 커피 로스팅의 단계에서 강배전 로스팅의 설명으로 가장 적합하지 않는 것은?

① 볶아놓은 원두의 색은 엷은 붉은 기 나는 갈색이며, 배합하기 좋다.
② 에스프레소나 에스프레소 음료를 만드는데 쓰인다.
③ 원두에서 나온 기름이 표면을 가열하기 시작했을 때 콩이다.
④ 신맛과 쓴맛이 조화를 이루는 커피에 적합한 볶기이며 풍부한 풍미를 가진 커피를 만든다.

43 주로 사용하는 커피의 포장 방법으로 적합하지 않는 것은?

① 밸브 포장　　② 원웨이 포장　　③ 질소 포장　　④ 포대 포장

44 업소용 전동 그라인더에서 가장 중요한 4대 구성요소에 포함되지 않는 것은?

① 그라인더 날　　　　　② 분쇄 커피 레버
③ 도저　　　　　　　　④ 호퍼

45 전자동 에스프레소 커피머신의 장점으로 적합하지 않는 것은?

① 블랙커피 추출에 특히 유리하다.
② 여러 사람이 각자 추출해도 비슷한 맛의 커피 추출이 가능하다.
③ 작은 공간에도 설치가 가능하며, 설치방법도 비교적 간편하다.
④ 기계적인 매카니즘이 비교적 단순하기 때문에 잔고장이 적다.

46 탬핑과 태핑요령에 대한 설명으로 올바르지 않는 것은?

① 탬핑은 2~3kg의 힘을 가해 살짝 다져주는 정도로 한다.
② 태핑은 최근 주로 실시하지 않는 추세이지만 포터 필터 외벽에 붙어있는 커피 가루를 떨어뜨리기 위해서 해준다.
③ 필터에 흠집이 생기면 포터 필터를 그룹에 장착했을 때 완전히 밀폐되지 않아 압력이 생길 수 있으므로 필터부분을 치는 행위는 삼가는 것이 좋다.
④ 탬핑시 탬퍼를 좌우로 돌리면서 탬핑을 하면 커피표면에 가해지는 힘이 배가된다는 장점이 있다.

47 커피의 성분에 대한 설명으로 맞지 않는 것은?

① 지방은 향과 가장 깊은 관계가 있는 성분으로 함유량은 약 12~16%다.
② 각 성분의 비율은 종류, 산지에 따라 다르지만 당질이 30%로 가장 많다.
③ 원래 커피 생두 자체에는 향이 없으나 이것을 일정한 조건에서 가열하면, 생두 내부에서 화학적 변화, 즉 메일라드 반응이 일어나 커피 특유의 향이 생기게 된다.
④ 커피의 쓴맛은 카페인에서, 떫은맛은 타닌에서, 신맛은 지방산에서, 단맛은 섬유질에서 비롯된다.

48 열풍 로스터(Hot Air Roaster)의 설명으로 알맞지 않는 것은?

① 드럼 내부나 외부에 직접 화력이 공급된다.
② 고온의 열풍만을 사용하여 드럼 내부로 주입하는 방식이다.
③ 개성적인 커피 맛을 표현하기 어려운 것이 단점이다.
④ 균일한 로스팅을 할 수 있고 대량 생산 공정에 주로 사용된다.

49 유럽에서 첫 번째 커피 나무 재배를 성공한 나라는?

① 영국   ② 프랑스
③ 오스트리아   ④ 네덜란드

50 인도커피(India Coffee)에 대한 설명이다 거리가 먼 것은?

① 습식 가공   ② 로부스타종
③ 올드 커피   ④ 몬순 커피

51 다음 중 로스팅 포인트가 일반적으로 가장 다른 원두?

① 에티오피아 시다모   ② 인도네시아 만델링
③ 콜롬비아 수프리모   ④ 콰테말라 안티구아

52 에스프레소 추출에 있어 가장 중요한 네 가지 균형이 아닌 것은?

① 기분   ② 향   ③ 맛   ④ 느낌

53 에스프레소 품질을 좌우하는 기술적 기준으로 거리가 가장 먼 것은?

① 원두   ② 원두분쇄방법
③ 추출기계   ④ 기압

54 에스프레소 한잔을 추출할 때 커피 가루의 양은 대략 몇 g정도 인가?

① 6.5~10g   ② 8.5~18g   ③ 17~18g   ④ 10~20g

55-57 다음 괄호 안에 들어갈 말을 보기에서 고르시오?

커피는 적도를 중심으로 남위 (55.   )에서 북위 (56.   ) 사이의 열대, 아열대 지역에서 주로 생산된다. 그러나 이 지역에서도 고급 커피를 생산하는 지역은 남·북위 (57.   ) 사이에 있는 국가들이며, 약 70개국의 커피 생산 국가가 있다.

① 18°   ② 20°   ③ 25°   ④ 30°

58 커피가 주로 생산되는 지역을 일반적으로는 (　　　) 혹은 Coffee Zone이라 부른다. 괄호 안에 들어갈 말을 보기에서 고르시오?

① Coffee Area ② Coffee Belt
③ Coffee House ④ Coffee Station

59 로부스타 커피(Robusta Coffee)의 원산지는?

① 인도 ② 인도네시아 ③ 콩고 ④ 예맨

60 에스프레소 머신에서 9기압보다 압력이 떨어지거나 높아질 때 압력을 조절하는 장치의 이름은?

① 펌프 모터 ② 전자 밸브 ③ 보일러 ④ 플로우 메타

제11회 바리스타 마스터 2급 필기시험문제 정답

1	①	2	②	3	③	4	③	5	②	6	②	7	①	8	④	9	③	10	③
11	④	12	②	13	①	14	②	15	③	16	②	17	③	18	②	19	①	20	②
21	③	22	①	23	③	24	①	25	①	26	④	27	①	28	④	29	③	30	②
31	①	32	①	33	④	34	②	35	①	36	④	37	③	38	②	39	④	40	③
41	②	42	①	43	④	44	②	45	④	46	②	47	④	48	①	49	④	50	①
51	①	52	①	53	③	54	①	55	③	56	③	57	①	58	②	59	③	60	①

바리스타 마스터

2급 필기시험문제

제12회

자격종목 및 등급	시험시간	수 험 번 호	성 명
Barista Master 2급	1시간		

1 다음 중 로부스타에 대한 설명으로 맞는 것은?

① 전 세계 생산량의 약75%를 차지한다.
② 타원형 모양으로 작고 둥글며 갈색을 띤 노란색 모양이다.
③ 해발 800m 이상의 고지대에서 재배된다.
④ 병충해에 약하다.

2 피베리(Peaberry)의 또 다른 명칭은?

① Caracolilo   ② Bourbon   ③ Mattari   ④ Typica

3 커피 추출 시 사용되는 물에 대한 사항 중 가장 맞는 것은?

① 철분과 같은 미네랄이 풍부한 물이 커피 맛이 좋다.
② 물은 100℃ 까지 끓이면 커피 맛이 좋지 않다.
③ 한번 끓인 물을 다시 끓이면 커피 맛이 좋지 않다.
④ 물은 연수일 때가 가장 커피 맛이 좋다.

4 세계 최초로 커피가 경작된 곳으로, 한때 세계 최대의 커피 무역항이었던 모카 (Mocha)항에서 수출되었던 모든 커피를 모카라 불렀던 지역은 어느 곳인가?

① 예멘   ② 케냐   ③ 페루   ④ 쿠바

5 조선시대 때 불리었던 커피의 또 다른 이름은?

① 고배   ② 양탕국   ③ 커피   ④ 양차

6 커피의 맛과 향기에 대한 설명이 올바른 것은?

① 아로마(Aroma) - 입속에 커피를 머금었을 때 느껴지는 맛과 향.
② 바디(Body) - 추출된 커피의 농도, 밀도, 점도와 커피의 질감.
③ 향미(Flavor) - 커피에서 증발되는 냄새로 후각으로 느껴진다.
④ 부드러운 맛(Mild) - 쓴맛과 표리관계에 있는 달콤한 맛으로 설탕, 꿀 등의
　단맛과는 다른 쓴맛 뒤에 오는 달콤함.

7 맛있는 커피를 먹는 방법이 아닌 것은?

① 볶은 지 얼마 안 된 신선한 커피를 구입해야 한다.
② 번거롭지만 마실 때마다 먹을 만큼 갈아서 마신다.
③ 커피를 만들면 20분 이내로 마시는 것이 좋다.
④ 로스팅된지 보름이 경과된 숙성된 커피가 가장 맛있다.

8 아라비카(Arabica)에 대하여 틀린 것은?

① 에디오피아에서 발견된 오리지널 종으로서 해발 2,000피트(610m)이상에
　서 재배된다.
② 카페인 함량이 1~17% 정도로 낮으며 전 세계 커피생산의 70%를 차지하
　고 있다.
③ 해발 600~1,000피트(183~305m)의 고습지대에서 자라며 병충해에 강하다.
④ 원산지의 특징을 그대로 가지고 있는 향기롭고 질 높은 커피종이다.

9 일반적인 커피 추출 방법 가운데 추출 시간이 빠른 순으로 기술된 것은?

① ㉠ 에스프레소 – ㉡ 사이폰 – ㉢ 드립 – ㉣ 프렌치프레스
② ㉠ 에스프레소 – ㉡ 드립 – ㉢ 사이폰 – ㉣ 프렌치프레스
③ ㉠ 프렌치프레스 – ㉡ 사이폰 – ㉢ 드립 – ㉣ 에스프레소
④ ㉠ 프렌치프레스 – ㉡ 드립 – ㉢ 사이폰 – ㉣ 에스프레소

10 커피 원두용 그라인더의 특징에 대한 사항 중 틀린 것은?

① 칼날형 그라인더는 분쇄 입자가 고르며 입자조절이 쉽다.
② 원뿔형 그라인더는 회전수가 적으며 분쇄속도가 느리다.
③ 평면형 그라인더는 다양한 굵기의 분쇄가 가능하다.
④ 롤형은 균일한 입자로 분쇄할 수 있다.

11 1880년대 근대 경성(서울) 최초의 호텔로 대한제국 대신들이 외국인들을 만나기 위해 이용했던 장소이며, 커피를 판매했을 가능성이 높은 곳은 어디인가?

① 손탁호텔　　② 다이부츠호텔　③ 스튜어드호텔　④ 꼬레호텔

12 1970년대 인스턴트 커피가 지배적인 상황에서 한국 최초 원두 커피를 판매했던 곳은?

① 제비다방　　② 학림다방　　③ 난다랑　　④ 비너스다방

13 커피는 건조 가열 공정을 통해 로스팅 된다. 이것은 통상 다른 자연 물질에서와는 다른 것으로, 250C°를 한계로 끝나게 된다. 커피콩 표면으로 열의 전달에 대하여 맞는 것은?

① 대류, 복사, 전도　　　　② 대류, 복사, 에너지
③ 복사, 전도, 광합성　　　④ 복사, 전도, 빛

14 커피 산패의 요인이 아닌 것은?

① 산소　　　　② 수분　　　③ 밀도　　　④ 온도

15 커피 추출에 대한 내용 중 가장 적절하지 않는 것은?

① 추출 수의 온도가 높을 수록 쓴 맛이 강해진다.
② 약배전일 수록 물의 온도를 높혀준다.
③ 추출 시간이 길수록 가용 성분이 많아진다.
④ 강배전일수록 추출 성분이 많아진다.

16 생두에 세 가지 종류가 있다. 이와 다른 종류는?

① Coffea Arabica ② Coffea Canephora
③ Coffea Liberica ④ Coffea Dutch

17 자극적인 맛이며, 쓴맛이다. 배전하는 동안 트리고넬린(Trigonelline)이 분해되어 생긴 물질로. 이 향의 이름은?

① Acetone ② Pyrrole ③ Furfural ④ Pyridine

18 건식법과 습식법이 합쳐진 형태로 체리를 물에 가볍게 씻은 후 건조하는 방법을 무엇이라 하는가?

① Natural Coffee ② Washed Coffee
③ Pulped Natural Coffee ④ Semi-washed Coffee

19 다음 반자동 에스프레소 커피머신의 구성 중 틀린 것은?

① 보일러 ② 워터벨 게이지 ③ 압력 게이지 ④ 탬핑

20 에스프레소 커피의 개발역사에 대한 설명이다. 이 중 틀린 것은?

① 프랑스인 에드워드 데산테는 1855년 파리만국박람회에 증기기관을 갖춘 커피 추출기계를 출품했다.
② 이탈리아인 베제라는 1901년에 증기압을 이용한 에스프레소 커피기계로 특허를 받았다.
③ 현재와 동일한 방식의 에스프레소 커피 기계는 1946년 이탈리아인 가기아에 의해 발명되었다.
④ 현재와 같이 스위치 하나로 원두의 분쇄에서 우유 거품까지 자동으로 만들어지는 전자동 머신은 1950년에 프랑스인 콘티가 발명했다.

21 에스프레스용 커피의 분쇄 입자 조절에 관한 사항이다. 틀린 것은?

① 일반적으로 밀가루 보다 굵게 설탕보다 가늘게 조절한다.
② 추출이 느리면 입자의 크기를 기준보다 굵게 조절한다.
③ 흐린 날에는 입자를 평소보다 기준보다 굵게 조절한다.
④ 일반적으로 그라인더의 숫자가 클수록 입자가 가늘다.

22 세계 최대 커피생산지이며 코닐론이라고 부르는 로부스타종과 초기에는 저급한 아라비카종의 대량생산에 치중하였다. 산토스 버본은 이 나라를 대표하는 커피로 인정받고 있다. 이 나라 이름은?

① 콜롬비아　　　② 과테말라　　　③ 브라질　　　④ 온두라스

23 커피를 형성하는 기본적인 대사과정의 커피품질에 영향을 미치는 것은?

① 탄수화물, 지방, 단백질　　　② 탄수화물, 철분, 단백질
③ 단백질, 지방, 철분　　　④ 단백질, 칼슘, 지방

24 다음 추출전 에스프레소 커피머신의 점검 중 틀린 것은?

① 개스킷 상태는 양호한가　　　② 블랭크필터와 디퓨저는 깨끗한가
③ 물의 압력은 적당한가　　　④ 포터 필터의 수위는 적당한가

25 커피 컵 중 Demitasse의 용량은?

① 70ml　　　② 50ml　　　③ 30ml　　　④ 60ml

26 스크린 사이즈(Screen Size) 18번과 거리가 먼 것은?

① AA　　　② Supremo　　　③ Peaberry　　　④ Kona Fancy

27 1931년 브라질에서 발견된 Bourbon과 Typica계열의 수마트라(Sumatura)의 자연교배종은?

① Caturra　　　② Catuai　　　③ Mondo Novo　　　④ Timor

28 다음 중 커피의 농도가 가장 진한 것은?

① 에스프레소 2잔　　　② 리스트레또 1잔
③ 룽고 2잔　　　④ 도피오 1잔

29 다음 중 로스팅 포인트가 일반적으로 가장 다른 원두?

① 에티오피아 시다모　　　② 인도네시아 만델링
③ 콜롬비아 수프리모　　　④ 콰테말라 안티구아

30 커피빈(Coffee Bean)을 탈곡하는 과정에 해당하는 용어는?

① Husking   ② Polishing   ③ Grading   ④ Stripping

31 개스킷 상태 확인 중 틀린 답을 고르시오?

① 저열로 인하여 일정한 시간이 지나면 팽창이 된다.
② 딱딱하게 굳거나 낡게 되면 정상적인 추출이 되지 않는다.
③ 사용기간이 일정한 시간이 지나면 굳어버리는 현상이 있다.
④ 개스킷의 교환시기가 오면 옆으로 새는 현상이 발생할 수도 있다.

32 에스프레소 머신의 보일러 압력을 낮추었을 때 생기는 현상을 잘못 설명한 것은?

① 스팀의 압력이 낮아진다.
② 추출 압력이 낮아진다.
③ 추출 온도가 낮아진다.
④ 보일러 압력 게이지가 낮아진다.

33 다음 중 아라비카종의 원종(Orginal)에 해당하는 품종은?

① Catimor   ② Mundo Novo   ③ Bourbon   ④ Ruiru

34 커피 칸타타(Coffee Cantata)를 작곡한 사람은?

① Bach   ② Beethoven   ③ Schubert   ④ Mozart

35 에스프레소의 가장 기본이 되는 구분은 시각적으로 이루어진다. 가장 거리가 먼 것은?

① 크레마의 조직(Texture)   ② 색깔(Color)
③ 크레마의 지속력(Persistency)   ④ 산도(Acidity)

36 에스프레소 기계의 추출 온도를 정밀하게 조절, 유지, 관리 할 수 있는 장치는?

① 추출 챔버(Extraction Chamber)   ② PID 제어장치
③ 열 교환기(Heat Exchanger)   ④ 체크 밸브(Check Valve)

37 미각으로 커피의 품질을 판단하는 경우 개인차이가 발생한다. 가장 거리가 먼 내용은?

① 20세 전후에 미뢰가 가장 발달 된다
② 60세 전후에 미뢰가 1/3정도 감소 한다
③ 장기간 미각훈련은 오히려 커피 품질을 판단하는데 불리하다
④ 조기 훈련으로 50대에 최고수준의 커피감별능력이 가능하다

38 에스프레소 머신의 추출 압력을 올리기 위한 가장 올바른 방법은?

① 보일러 압력을 높인다
② 머신과 연결된 수도압력을 높인다
③ 추출버튼을 길게 누른다
④ 추출펌프의 압력을 높인다

39 인도커피(India Coffe)에 대한 설명이다 거리가 먼 것은?
① 습식 가공　　② 로부스타종　　③ 올드 커피　　④ 몬순 커피

40 에스프레소 추출에 있어 가장 중요한 네 가지 균형이 아닌 것은?
① 기분　　　　② 향　　　　③ 맛　　　　④ 느낌

41 에스프레소 품질을 좌우하는 기술적 기준으로 거리가 가장 먼 것은?
① 원두　　　② 원두분쇄방법　③ 추출기계　　④ 기압

42 로부스타 커피(Robusta Coffee)의 원산지는?
① 인도　　　② 인도네시아　　③ 콩고　　　④ 예맨

43 에스프레소 머신에서 압력이 9기압보다 떨어지거나 높아질 때 압력을 조절하는 장치의 이름은?

① 펌프 모터　　② 전자 밸브　　③ 보일러　　④ 플로우 메타

44 커피 추출 방식 중 달이기(Decoction)에 해당되는 기구는?

① Cezve　　　　　　　② Mocha Pot
③ Coffee Urn　　　　　④ Vacuum Brewer

45 도징 챔버에 커피 가루를 담아 둘 때의 단점이 아닌 것은?

① 커피가 일단 분쇄되면 가스 빠짐은 크게 가속된다.
② 도징 챔버 안에 커피 가루가 얼마나 많이 들어 있는지에 따라 그 양이 항상 변한다.
③ 추출되기까지 가스가 빠지는(Degassing) 시간이 다양하게 나타난다.
④ 도징이 매우 빨리 이루어질 수 있고 편리하다.

46 다음 중 너무 빠른 로스팅으로 인해 생기는 결점을 가장 잘 설명한 것은?

① 탄맛이 강하게 나타난다
② 쓴맛이 강하게 나타난다
③ 떫은맛이 강하게 나타난다
④ 겉은 타고 속은 덜익는 현상이 나타난다

47 프랑스 메리오르(Merior)사에서 개발된 커피포트의 일종으로 커피 속의 오일성분이 물에 녹아 커피 맛을 즐기게 해주는 추출 도구는?

① 사이폰   ② 모카포트   ③ 프렌치 프레스 ④ 에스프레소

48 효소가 쓰이지 않는 갈변화 과정으로 환원당이 아미노산과 반응하는 이러한 현상을 무엇이라 하는가?

① 메일라드 반응 ② 카라멜화
③ 유기물질 손실 ④ 휘발성 아로마

49 세계에서 가장 유명한 커피인 블루마운틴은 생산하는 나라는?

① 자메이카   ② 케냐   ③ 과테말라   ④ 콜롬비아

50 커피를 생산하는 몇 개의 국가에서 전문가들의 평가로 순위를 매겨 경매를 통해 가장 좋은 질의 맛을 선보이게 만든 기구는?

① SCA   ② COE   ③ KBC   ④ ICO

51 로스팅 시 발생하는 현상이라고 볼 수 없는 것은?

① 수분 감소   ② 향기 감소
③ 부피 증가   ④ 무게 감소

52 다음 보기 중 커피의 품질에 가장 큰 영향을 주는 부분은 무엇인가?

① 로스팅   ② 생두   ③ 그라인딩   ④ 추출

53 배전(Roasting)을 갓 마친 배전두(원두)의 수분 함량은?

① 0.5 ~ 3.5%   ② 0.5 ~ 3.0%
③ 0.4 ~ 3.5%   ④ 0.4 ~ 3.0%

54 1920년대 초에는 일본인이 운영하는 다방이, 후반에 들어서서는 한국인이 경영하는 다방이 등장하기 시작하였다. 1927년 종로구 관훈동(지금의 인사동)에 영화감독 이경손이 경영했던 다방은?

① 멕시코다방   ② 카카듀   ③ 제비다방   ④ 학림다방

55 탬핑과 태핑요령에 대한 설명으로 올바르지 않은 것은?

① 태핑시 포타필터에 충격을 가할 때마다 커피의 상부높이가 변화하여 커피 내부에 균열을 주어 추출물 유속의 흐름이 올바르지 못하고 과다 추출현상을 줄 수 있기 때문에 생략하거나 살짝 충격을 준다.
② 태핑은 최근 주로 실시하지 않는 추세이지만 포터 필터 외벽에 붙어있는 커피 가루를 떨어뜨리기 위해서 해준다.
③ 필터에 흠집이 생기면 포터 필터를 그룹에 장착했을 때 완전히 밀폐되지 않아 압력이 생길 수 있으므로 필터부분을 치는 행위는 삼가는 것이 좋다.
④ 탬핑시 탬퍼를 좌우로 돌리면서 탬핑을 하면 커피표면에 가해지는 힘이 배가된다는 장점이 있다.

56 생두의 처리방식중 체리의 과육을 제거한 뒤, 파치먼트에 점액질이 붙어있는 상태로 말리는 방식은?

① Pulped Natural Process   ② Washed Process
③ Natural Process   ④ Dry Process

57 아래의 문항 가운데 가장 거리가 먼 것은?

① 커피의 심장   ② 데미타스
③ 진한 이탈리아식 커피   ④ 6기압

58 에스프레소의 샷타임이 너무 빠를 때 이를 늦추기 위해 할 수 있는 것중 잘못 설명한 것은?

① 분쇄 굵기를 조금 더 가늘게 한다
② 탬핑을 조금 더 강하게 한다
③ 태핑을 조금 더 강하게 한다
④ 커피의 도징량을 조금 더 늘인다

59 다음 중 커피명칭과 그 커피 추출법 대한 설명 중 틀린 것은?

① 에스프레소 커피 – 가압 추출법　　② 핸드 드립 커피 – 여과법
③ 사이폰 커피 – 진공식 추출법　　　④ 프렌치 프레스 – 달임법

60 다음은 바리스타가 해야 할 커피장비에 관한 관리 지침이다. 매일 해야 하는 일은?

① 보일러의 압력, 추출 압력, 물의 온도체크
② 그라인더 칼날 마모 상태
③ 연수기의 필터 교환
④ 그룹 헤드의 개스킷 교환

제12회 바리스타 마스터 2급 필기시험문제 **정답**

1	②	2	①	3	③	4	①	5	②	6	②	7	④	8	③	9	①	10	①
11	①	12	③	13	①	14	③	15	④	16	④	17	④	18	④	19	④	20	④
21	④	22	③	23	①	24	④	25	①	26	③	27	③	28	②	29	①	30	①
31	①	32	③	33	①	34	①	35	④	36	②	37	③	38	④	39	①	40	①
41	③	42	③	43	①	44	①	45	④	46	④	47	③	48	①	49	①	50	②
51	②	52	②	53	①	54	②	55	②	56	①	57	④	58	③	59	④	60	①

바리스타 마스터

2급 필기시험문제

제13회

자격종목 및 등급	시험시간	수험번호	성 명
Barista Master 2급	1시간		

※ 다음 문항을 읽고 알맞은 답을 OMR카드에 표기하시오!

1 에티오피아에서의 커피재배방식이 아닌 것은?

① Forest Coffee
② Garden Coffee
③ Plantation Coffee
④ Mountain Coffee

2 스페셜티 커피 협회(SCA)에서 정한 스페셜티 샘플 커피의 무게는?

① 300g
② 350g
③ 200g
④ 250g

3 아라비카(Arabica)에 대하여 틀린 것은?

① 에디오피아에서 발견된 오리지널 종으로서 해발 2,000피트(610m)이상에서 재배된다.
② 카페인 함량이 1~17% 정도로 낮으며 전 세계 커피생산의 70%를 차지하고 있다.
③ 해발 600~1,000피트(183~305m)의 고습지대에서 자라며 병충해에 강하다.
④ 원산지의 특징을 그대로 가지고 있는 향기롭고 질 높은 커피종이다.

4 커피 원두용 그라인더의 특징에 대한 사항 중 틀린 것은?

① 칼날형 그라인더는 분쇄 입자가 고르며 입자조절이 쉽다.
② 원뿔형 그라인더는 회전수가 적으며 분쇄속도가 느리다.
③ 평면형 그라인더는 다양한 굵기의 분쇄가 가능하다.
④ 롤형은 균일한 입자로 분쇄할 수 있다.

5 커피에 함유된 지방 성분을 잘 우려낼 수 있는 추출 방법은?

① 프렌치 프레스　　　　　　　② 사이폰
③ 칼리타　　　　　　　　　　④ 멜리타

6 커피는 건조 가열 공정을 통해 로스팅 된다. 이것은 통상 다른 자연 물질에서와는 다른 것으로, 섭씨 250도를 한계로 끝나게 된다. 커피콩 표면으로 열의 전달에 대하여 맞는 것은?

① 대류, 복사, 전도　　　　　　② 대류, 복사, 에너지
③ 복사, 전도, 광합성　　　　　④ 복사, 전도, 빛

7 커피 추출에 대한 내용 중 가장 적절하지 않는 것은?

① 추출 수의 온도가 높을수록 쓴 맛이 강해진다.
② 약배전일 수록 물의 온도를 높여준다.
③ 추출 시간이 길수록 가용 성분이 많아진다.
④ 강배전일수록 추출 성분이 많아질 수 있다.

8 커핑은 커피에 대해 다음의 항목을 평가하는 것이다. 가장 거리가 먼 것은?

① 생두 평가　　② 원두 평가　　③ 향미 평가　　④ 등급 평가

9 재질이 플라스틱인 드리퍼에 대한 설명이다. 거리가 먼 것은?

① 가격이 저렴하여 가장 많이 사용되고 있다.
② 다루기 불편하고 파손의 위험이 크다.
③ 형태가 변형되거나 흠이 생길 수 있다.
④ 물의 통과과정을 관찰할 수 있다.

10 자극적인 맛이며, 쓴맛이다. 배전하는 동안 트리고넬린이 분해되어 생긴 물질로. 이 향의 이름은?

① Acetone   ② Pyrrole   ③ Furfural   ④ Pyridine

11 피베리(peaberry)의 또 다른 명칭은?

① Caracolilo   ② Bourbon   ③ Mattari   ④ Typica

12 다음은 로스터에 대한 설명이다, 열풍식 로스터를 가장 잘 설명한 글은?

① 가장 오래된 일반적인 로스터로 회전하는 드럼의 몸체에 구멍을 뚫어 고온의 연소가스가 드럼 내부를 지나도록 고안된 로스터이다.

② 1970년대 일본에서 고안된 숯불을 이용한 로스터로, 직접 커피콩에 열기가 전달되면서 커피를 볶는 로스터다.

③ 가스버너의 불로 인해 가열된 드럼표면의 열기가 커피콩과 접촉되면서 전도열로 커피콩을 볶는 로스터다.

④ 뜨거운 열기를 불어 넣어 로스팅하는 방식으로 로스팅 시간 단축이 가능하다. 뜨거운 열기에 의해 원두가 공중에 뜬 상태로 섞이면서 로스팅 되는 로스터도 있다.

13 배전(Roasting)을 갓 마친 배전두의 수분 함량은?

① 0.5~3.5%   ② 0.5~1.0%   ③ 0.4~2.5%   ④ 0.4~3.0%

14 조선시대 때 불리었던 커피의 또 다른 이름은?

① 고배   ② 양탕국   ③ 커피   ④ 양차

15 다음 보기 중 아라비카종이 아닌 것은?

① SL34   ② Bourbon   ③ Typica   ④ Icatu

16 일반적인 4단계 정수기 필터의 설치순서로 바르게 나열된 것을 찾으시오?

① 선카본필터-후카본필터-침전필터-중공사막필터

② 중공사막필터-선카본필터-침전필터-후카본필터

③ 침전필터-선카본필터-중공사막필터-후카본필터

④ 중공사막필터-침전필터-선카본필터-후카본필터

17 에스프레소 커피의 개발역사에 대한 설명이다. 이 중 틀린 것은?

① 프랑스인 에드워드 데산테는 1855년 파리만국박람회에 증기기관을 갖춘 커피 추출기계를 출품했다.

② 이탈리아인 베제라는 1901년에 증기압을 이용한 에스프레소 커피기계로 특허를 받았다.

③ 현재와 동일한 방식의 에스프레소 커피 기계는 1946년 이탈리아인 가기아에 의해 발명되었다.

④ 현재와 같이 스위치 하나로 원두의 분쇄에서 우유 거품까지 자동으로 만들어지는 전자동 머신은 1950년에 프랑스인 콘티가 발명했다.

18 커피 추출 시 사용되는 물에 대한 사항 중 맞는 것은?

① 철분과 같은 미네랄이 풍부한 물이 커피 맛이 좋다.

② 물은 100℃ 까지 끓이면 커피 맛이 좋지 않다.

③ 한번 끓인 물을 다시 끓이면 커피 맛이 좋지 않다.

④ 물은 연수일 때가 가장 커피 맛이 좋다.

19 커피 생두의 등급에 대하여 틀린 것은?

① 아프리카, 인도: PB(피베리), AA(최상품), A(상품), AB(중품)

② 하와이 코나: AA(최상품), A(상품)

③ 콜롬비아: 수프리모(최상급), 엑셀소(상업용 등급)

④ 코스타리카, 과테말라: SHB(Strictly Hard Bean), HB(Hard Bean), GB(Good Bean)

20 에스프레스용 커피의 분쇄 입자 조절에 관한 사항이다. 틀린 것은?

① 일반적으로 밀가루 보다 굵게 설탕보다 가늘게 조절한다.

② 추출이 느리면 입자의 크기를 기준보다 굵게 조절한다.

③ 흐린 날에는 입자를 평소보다 기준보다 굵게 조절한다.

④ 일반적으로 그라인더의 숫자가 클수록 입자가 가늘다.

21 입안에 머금은 커피의 농도, 점도 등을 의미하며 진한느낌, 연한느낌 등으로 표현된다. 무엇을 말하는 것인가?

① Taste   ② Body   ③ Aroma   ④ Flavor

22 커피를 형성하는 기본적인 대사과정의 커피품질에 영향을 미치는 것은?

① 탄수화물, 지방, 단백질   ② 탄수화물, 철분, 단백질
③ 단백질, 지방, 철분   ④ 단백질, 칼슘, 지방

23 커피 추출액 중 무기질성분이 약40%로 가장 많이 함유되어 있는 성분은?

① Mg   ② Ca   ③ Na   ④ K

24 다음 중 스트레이트 커피(Straight Coffee)로 이용되는 의미가 아닌 것은?

① 동일 국가   ② 동일 종류
③ 동일 등급   ④ 동일한 추출법

25 커피 컵 중 데미타스(Demitasse)의 크기는?

① 70ml정도 크기   ② 50ml정도 크기
③ 30ml정도 크기   ④ 60ml정도 크기

26 스크린 사이즈(Screen Size) 18번과 가장 거리가 먼 것은?

① AA   ② Supremo   ③ Peaberry   ④ Kona Fancy

27 1931년 브라질에서 발견된 Bourbon과 Typica계열의 수마트라(Sumatura)의 자연교배종은?

① Caturra   ② Catuai   ③ Mondo Novo   ④ Timor

28 다음 중 종이 필터의 크기가 가장 큰 추출 기구는?

① 고노   ② 캐맥스
③ 모카포트   ④ 칼리타

29 커피 빈(Coffee Bean)을 탈곡하는 과정에 해당하는 용어는?

① Husking   ② Polishing   ③ Grading   ④ Stripping

30 에스프레소 머신의 보일러 압력을 낮추었을 때 생기는 현상을 잘못 설명한 것은?

① 스팀의 압력이 낮아진다.　　　② 추출 압력이 낮아진다.

③ 추출 온도가 낮아진다.　　　④ 보일러 압력 게이지가 낮아진다.

31 다음 중 아라비카종의 원종(Orginal)에 해당하는 품종은?

① Catimor　　　② Mundo Novo　　③ Bourbon　　　④ Ruiru

32 커피 칸타타(Coffee Cantata)를 작곡한 사람은?

① Bach　　　② Beethoven　　③ Schubert　　　④ Mozart

33 에스프레소 기계의 추출 온도를 정밀하게 조절, 유지, 관리 할 수 있는 장치는?

① 추출 챔버(Extraction Chamber)

② PID 제어장치

③ 열 교환기(Heat Exchanger)

④ 체크 밸브(Check Valve)

34 에스프레소 머신의 추출 압력을 올리기 위한 가장 올바른 방법은?

① 보일러 압력을 높인다.

② 머신과 연결된 수도압력을 높인다.

③ 추출버튼을 길게 누른다.

④ 추출펌프의 압력을 높인다.

35 커피 가공 과정으로 올바른 순서는?

① Fermenting → Parchment Coffee → Pulping → Rinsing → Sun Drying → Cleaning → Hulling → Sizing → Grading

② Fermenting → Pulping → Rinsing → Sun Drying → Parchment Coffee → Hulling → Cleaning → Sizing → Grading

③ Rinsing → Pulping → Fermenting → Parchment Coffee → Sun Drying → Cleaning → Hulling → Sizing → Grading

④ Pulping → Fermenting → Rinsing → Parchment Coffee → Sun Drying → Hulling → Cleaning → Sizing → Grading

36 에스프레소 머신에서 압력이 떨어지거나 높아질 때 압력을 조절하는 장치의 이름은?

① 펌프 모터　　② 전자 밸브　　③ 보일러　　④ 프로우 메타

37 커피 추출 방식 중 달이기(Decoction)에 해당되는 기구는?

① Cezve　　　　　　　② Mocha Pot
③ Coffee Urn　　　　　④ Vacuum Brewer

38 도징 챔버에 커피 가루를 담아 둘 때의 단점이 아닌 것은?

① 커피가 일단 분쇄되면 가스 빠짐은 크게 가속된다.
② 도징 챔버 안에 커피 가루가 얼마나 많이 들어 있는지에 따라 그 양이 항상 변한다.
③ 추출되기까지 가스가 빠지는(Degassing) 시간이 다양하게 나타난다.
④ 도징이 매우 빨리 이루어질 수 있고 편리하다.

39 다음 중 너무 빠른 로스팅으로 인해 생기는 결점을 가장 잘 설명한 것은?

① 탄맛이 강하게 나타난다.
② 쓴맛이 강하게 나타난다.
③ 떫은맛이 강하게 나타난다.
④ 겉은 타고 속은 덜익는 현상이 나타난다.

40 하와이의 생두 크기와 결점두 수에 따른 분류법이 아닌 것은?

① Prime Washed　② Prime　　　③ Fancy　　　④ Extra Fancy

41 효소가 쓰이지 않는 갈변화 과정으로 환원당이 아미노산과 반응하는 이러한 현상을 무엇이라 하는가?

① 메일라드 반응　　　　② 카라멜화
③ 유기물질 손실　　　　④ 휘발성 아로마

42 세계에서 유명한 커피인 블루마운틴을 생산하는 나라는?

① 자메이카　　② 케냐　　　③ 과테말라　　④ 콜롬비아

43 1727년 프랑스령 기아나(Guiana)에서 커피를 가져와 브라질 아마존 유역의 파라 (Para) 지역에 심은 사람은?

① 가브리엘 마시외 드 클루외　　　② 프란치스코 드 멜로 팔헤타
③ 바바부단　　　　　　　　　　　④ 아비센나

44 커피를 생산하는 몇 개의 국가에서 전문가들의 평가로 순위를 매겨 경매를 통해 가장 좋은 질의 맛을 선보이게 만든 기구는?

① SCA　　　　② COE　　　　③ KBC　　　　④ ICO

45 한 가지 생두만 사용하여 만든 커피를 무엇이라 하는가?

① Mild Coffee　　　　　　　② Decaffeinated Coffee
③ Straight Coffee　　　　　④ Premium Coffee

46 로스팅 시 발생하는 현상이라고 볼 수 없는 것은?

① 수분 감소　　　　　　　② 향기 감소
③ 부피 증가　　　　　　　④ 무게 감소

47 결합수의 성질 중 틀린 것은?

① 용질에 대해 용매로서 작용하지 않는다.
② 0℃에서 물로, 그보다 낮은 온도(20~30℃)에서도 잘 얼지 않는다.
③ 보통의 물보다 밀도가 작다.
④ 식품 중에서 미생물의 번식과 발아에 이용되지 못한다.

48 다음 보기 중 커피산지와 등급이 잘못 표기되어 있는 것은?

① Ethiopia Yirgacheffe G.2　　　② Colombia Excelso
③ Kenya AB　　　　　　　　　　④ Guatemala SHG

49 커핑을 위한 환경 및 준비로 거리가 먼 것은?

① 추출은 골든 컵 규정에 따라 최적의 추출율로 커핑하는데 물 1ml당 0.045g
② 로스팅 시간은 8~12분 사이, 아그트론 타일55, 분쇄시 63, 볶음도 미디움~ 미디움라이트

③ 로스팅 후 20도 이상 상온에서 보관, 8~24시간 이내 커핑해야 한다.

④ 추출 방식: 92~97℃의 물을 커피에 직접 붓는 침출(Infusion)방식으로 시간은 3-5분 추출한다.

50 다음 보기 중 커피의 품질에 가장 큰 영향을 주는 부분은 무엇인가?

① 로스팅   ② 생두   ③ 그라인딩   ④ 추출

51 인도커피에 대한 설명이다. 거리가 먼 것은?

① 습식 가공   ② 로부스타종   ③ 올드 커피   ④ 몬순 커피

52 커핑을 위한 조건 중 맞지 않는 것은?

① 로스팅후 8시간 이후, 24시간 이내 커핑

② 커피 8.25그램에 물 200ml 사용

③ 물온도 섭씨 93도 사용

④ 물의 TDS(용존 고형물질)를 150ppm 정도로 맞춤

53 커핑폼에 따른 평가항목이 아닌 것은?

① Acidity   ② Body   ③ Aftertaste   ④ Quality

54 생두의 처리방식중 체리의 과육을 제거한 뒤, 파치먼트에 점액질이 붙어있는 상태로 말리는 방식은?

① Pulped Natural Process   ② Washed Process

③ Natural Process   ④ Dry Process

55 다음은 생두에 관한 것이다. 가장 거리가 먼 것은?

① Flat Bean   ② Peaberry

③ Caracol   ④ Triangular Bean

56 에스프레소의 샷타임이 너무 빠를 때 이를 늦추기 위해 할 수 있는 것 중 잘못 설명한 것은?

① 분쇄 굵기를 조금 더 가늘게 한다.   ② 탬핑을 조금 더 강하게 한다.

③ 태핑을 조금 더 강하게 한다.   ④ 커피의 도징량을 조금 더 늘인다.

57 커핑용 원두를 분쇄하기 전에 분쇄기를 닦아내는 목적으로 사용하는 원두의 양은 어느 정도가 바람직한가?

① 약 0.5~1g　　② 약 1~5g　　③ 약 5~10g　　④ 약 10~20g

58 다음은 커핑에 대한 내용이다. 가장 거리가 먼 것은?

① 분쇄도는 일반 드립용보다 고운 0.5~0.8mm로, 드립용과 에스프레소용의 중간 분도이다.
② CoE(Cup of Excellence)에서는 드립용보다 조금 더 굵게 분쇄한다.
③ 컵에 원두를 넣어 개별 분쇄한다.
④ 분쇄 후에는 컵에 나누어 담으면 된다.

59 다음 중 커피와 커피 추출법 대한 설명 중 틀린 것은?

① 에스프레소 커피 - 가압 추출법　　② 핸드 드립 커피 - 여과법
③ 사이폰 커피 - 진공식 추출법　　④ 프렌치 프레스 - 달임법

60 다음은 바리스타가 해야 할 커피장비에 관한 관리 지침이다. 매일 해야 하는 일은?

① 보일러의 압력, 추출 압력, 물의 온도체크
② 그라인더 칼날 마모 상태
③ 연수기의 필터 교환
④ 그룹 헤드의 개스킷 교환

제13회 바리스타 마스터 2급 필기시험문제 정답

1	④	2	②	3	③	4	①	5	①	6	①	7	④	8	④	9	②	10	④
11	①	12	④	13	①	14	②	15	④	16	③	17	④	18	③	19	②	20	④
21	②	22	①	23	④	24	②	25	④	26	②	27	④	28	②	29	①	30	③
31	③	32	①	33	④	34	④	35	④	36	①	37	①	38	④	39	④	40	①
41	①	42	④	43	④	44	④	45	④	46	②	47	③	48	④	49	①	50	②
51	①	52	②	53	④	54	①	55	①	56	③	57	③	58	④	59	④	60	①

바리스타 마스터

2급 필기시험문제

제 14 회

자격종목 및 등급	시험시간	수 험 번 호	성 명
Barista Master 2급	1시간		

※ 다음 문항을 읽고 알맞은 답을 OMR카드에 표기하시오!

1 재배고도에 따른 등급 분류에 대하여 틀린 답은?

① 고지대: 해발고도 1400m 이상, SHB(Strictly Hard Bean) / SHG (Strictly High Grown)
② 고지대: 해발고도 1200~1,400m, HB(Hard Bean) / HG(High Grown)
③ 중지대: 해발고도 500~1200m, PW(Prime Washed)
④ 저지대: 해발고도 600m 이하, GW(Good Washed)

2 커피의 맛과 향에 가장 나쁜 영향을 주는 결점두 중 틀린 설명은?

① 과발효 빈: 맵고 떫은 맛, 시큼한 신맛, 씁쓸한 맛
② 블랙 빈: 고약한 향, 여운이 있는 쓴맛
③ 벌레 먹은 빈: 과일향, 와인의 향
④ 곰팡이 빈: 곰팡이 향, 쓰고 퀴퀴한 느낌

3 생두의 수확 연수에 따라 틀린 답은?

① 뉴 크롭: 수확 후 1년 이상 된 생두
② 패스트 크롭: 수확한지 1년 이상 된 생두
③ 올드 크롭: 수확 후 2년 이상이 지난 생두
④ 에이징 빈(Aging Bean): 숙성시킨 생두

4 커피 한 잔의 카페인 함유량에 대한 설명 중 거리가 먼 것은?

① 로부스타 커피는 아라비카 커피보다 함유량이 많다.
② 강배전 커피가 중배전 커피보다 함유량이 적다.
③ 커피 원두를 곱게 갈면 함유량이 많아진다.
④ 에스프레소 커피 한 잔에는 일반적으로 카페인이 80~150mg 들어 있다.

5 다음은 국내에서 많이 사용되고 있는 로스팅 머신 중 국산 로스터의 이름은?

① 프로밧(PROBAT)　　　　　　　② 토퍼(TOPER)
③ 가란티(GARANTI)　　　　　　　④ 프로스터(PROASTER)

6 '한 마리의 말이 끄는 마차와 마부'를 뜻하는 아인슈패너(Einspanner) 커피로 유명한 나라는?

① 프랑스　　　② 오스트리아　　③ 영국　　　　④ 네덜란드

7 다음 중 커피품종의 연결이 옳지 않은 것은?

① 버번(Bourbon) - 티피카(Typica)의 돌연변이 품종
② 티피카(Typica) - 아라비카 원종에 가장 가까움
③ 카투아이(Catuai) - 인도의 고유 품종
④ 문도노보(Mundo-Novo) - 티피카와 버번의 자연교배 품종

8 '에티오피아의 축복'이라고 불리워 지는 에티오피아의 최고급 커피는?

① 이르가체페(Yirgacheffe)　　　　② 하라(Harrar)
③ 모카(Mocha)　　　　　　　　　④ 시다모(Sidamo)

9 로스팅을 하기 전 블렌딩을 선호하는 이유라고 볼 수 없는 것은?

① 일정한 맛과 향을 유지하는데 효율적이므로

② 색깔이 고른 커피가 일단 좋아 보이기 때문에

③ 저급한 생두를 적당히 블렌딩해도 그 맛이 로스팅 과정에서 조금은 중화 될 수 있기 때문에

④ 각각의 생두를 로스팅하여 블렌딩할 경우 커피 원두의 재고 밸런스 등 여러 가지 관리상의 문제 등이 발생하기 때문에

10 입속에 커피를 머금었을 때 느껴지는 혀와 입속 전체의 맛과 향, 그리고 후각으로 느껴지는 향은 무엇인가?

① Aroma ② Aftertaste ③ Fragrance ④ Flavor

11 다음의 커피생산국에 대한 설명 중 올바른 것은?

① 콜롬비아의 대표적 커피는 엑셀소, 수프리모 등이나 품질이 다소 낮은 것이 특징이다.

② 자메이카에서 생산되는 커피 중 가장 유명한 커피로는 '코나 엑스트라 펜시'이다.

③ 케냐에서 생산되는 생두들은 크기에 따라 AA, A, B 등으로 등급을 표시한다.

④ 탄자니아의 대표적 커피인 터퀴노는 자연건조법으로 가공한 생두에 계절풍으로 숙성시켜 가공한다.

12 스페셜티 커피 협회(Specialty Coffee Association)에서 허용하는 생두의 함수율(수분함량)기준은?

① 5~6% ② 7~9% ③ 10~12% ④ 12~15%

13 미국 하와이에서 생산되는 커피인 하와이 코나의 '코나'란 무엇을 의미하나?

① 회사이름 ② 품질등급 ③ 지역이름 ④ 농장이름

14 1969년 세계 최초의 캔커피가 탄생된 곳은?

① 일본 ② 미국 ③ 독일 ④ 한국

15 공기압을 이용하여 커피를 추출하는 사이폰은 어느 나라에서 고안된 제품인가?

① 영국 　　　　② 미국 　　　　③ 일본 　　　　④ 이탈리아

16 커핑 컵에 대한 내용이다. 거리가 먼 것은?

① 175~225㎖ 사기로 된 수프 그릇도 가능하다.
② 맨하튼 또는 락글라스
③ 약 120~150㎖
④ 뚜껑은 어떤 재질이라도 상관없다.

17 생두 품질 평가기준과 관계가 없는 것은?

① 크기 　　　　② 산지 　　　　③ 밀도 　　　　④ 수분함량

18 일반적으로 고메이 커피(Gourmet Coffee)나 스페셜티 커피(Specialty Coffee)라고 불러지는 고급 커피를 생산하는 경우에는 어떤 로스터를 이용하는가?

① 수망 로스터 　　　　　　② 수직 로스터
③ 소형의 열풍 로스터 　　　④ 소형의 드럼식 로스터

19 커피의 맛과 향에 관한 용어로 잘못 표현 된 것은?

① Carbony(감미로운 맛) 　　　② Bland(싱거운 맛)
③ Bouquet(향기) 　　　　　　④ Acidity(신맛)

20 일반적으로 국내에 유통되는 우유의 종류별 특징으로 잘못 설명된 것은?

① 저지방우유: 지방함유량을 2% 이내로 줄인 우유
② 멸균우유: 장기 상온 보관가능하게 균의 포자를 완전멸균 후 특수 포장한 우유
③ 탈지우유: 지방 함유량을 0.1%로 줄인 우유
④ 살균우유: 지방을 최소한으로 하는 범위 내에서 분해하지 않고 있는 그대로의 우유

21 커피원료에 몇 퍼센트 커피콩을 사용하면 인스턴트 커피라고 표시할 수 있나요?

① 10% 　　　② 50% 　　　③ 80% 　　　④ 100%

22 커피의 좋은 향 조건으로 관계가 먼 것은?

① 적정한 배전   ② 분쇄 커피 레버조절
③ 적정한 물 온도   ④ 커피의 생육환경

23 커피는 건조 가열 공정을 통해 로스팅 된다. 이것은 통상 다른 자연 물질에서와는 다른 것으로, 250C°를 한계로 끝나게 된다. 커피콩 표면으로 열의 전달에 대하여 맞는 것은?

① 대류, 복사, 전도   ② 대류, 복사, 에너지
③ 복사, 전도, 광합성   ④ 복사, 전도, 빛

24 커피 추출에 대한 내용 중 가장 적절하지 않는 것은?

① 추출 수의 온도가 높을수록 쓴 맛이 강해진다.
② 약배전일 수록 물의 온도를 높여준다.
③ 추출 시간이 길수록 가용 성분이 많아진다.
④ 강배전일수록 추출 성분이 많아진다.

25 자극적인 맛이며, 쓴맛이다. 배전하는 동안 트리고넬린(Trigonelline)이 분해되어 생긴 물질로. 이 향의 이름은?

① Acetone   ② Pyrrole   ③ Furfural   ④ Pyridine

26 개스킷 상태 확인 중 틀린 답을 고르시오.

① 개스킷은 저열로 인하여 일정한 시간이 지나면 팽창이 된다.
② 개스킷은 딱딱하게 굳거나 낡게 되면 정상적인 추출이 되지 않는다.
③ 개스킷은 사용기간이 일정한 시간이 지나면 굳어버리는 현상이 있다.
④ 개스킷의 교환시기가 되면 옆으로 새는 현상이 발생할 수도 있다.

27 커핑 시간과 관련된 내용이다 가장 거리가 먼 것은?

① 0~4분: 물을 붓고, 추출하며, 아로마를 평가
② 4~6분: 브레이킹, 아로마 평가
③ 6~8분: 부유물 제거(스키밍)
④ 9~12분: 1차 커핑(hot: 67~73도)

28 커피를 형성하는 기본적인 대사과정의 커피품질에 영향을 미치는 것은?

① 탄수화물, 지방, 단백질   ② 탄수화물, 철분, 단백질
③ 단백질, 지방, 철분   ④ 단백질, 칼슘, 지방

29 커피 추출액중 무기질성분이 약 40%로 가장 많이 함유되어 있는 성분은?

① 마그네슘   ② 칼륨   ③ 나트륨   ④ 칼슘

30 카리브 해에 위치한 이 커피산지는 1,500개의 작은 섬으로 구성된 천혜자연 조건을 지닌 커피 재배국가로 Bourbon, Typica, Catura, Catuai 종이 주종을 이루며 아이티(Haiti)에서 커피 나무가 전해졌다. 커피등급은 생두의 스크린 Size에 따라 Extra Turquino, Turquino로 구분되는 커피산지는?

① Cuba   ② Mexico   ③ Hawaii   ④ Indonesia

31 카페인(Caffeine)에 대한 설명으로 틀린 것은?

① 인체에 흡수되면 신경계, 호흡계, 심장혈관계에 영향을 주나 일시적이다.
② 혼합성분의 두통약에도 일정량 포함되어 있다.
③ 식약청 권장 성인기준 하루 600mg섭취를 권장하고 있다.
④ 1819년 독일 화학자 룽게(Runge)가 처음으로 분리 성공했다.

32 생산고도에 의한 분류에 속하지 않는 국가는?

① 코스타리카   ② 멕시코   ③ 파라과이   ④ 온두라스

33 탄자니아 커피의 상징 또는 특징과 거리가 먼 설명은?

① 왕실의 커피   ② 커피의 신사
③ 피베리 종   ④ 프리미엄 커피

34 커피 나무의 경작에 보편적으로 이용되고 있는 방법은?

① 조직배양법   ② 분근법(分根法)
③ 파치먼트 커피 파종법   ④ 원목에 접붙이는 법

35 1931년 브라질에서 발견된 Bourbon과 Typica계열의 수마트라(Sumatura)의 자연교배종은?

① Caturra　　② Catuai　　③ Mondo Novo　④ Timor

36 다음 중 에스프레소 머신의 물의 흐름을 통제하는 부품은?

① 플로우 미터　　　　　② 솔레노이드 밸브
③ 바큠 밸브　　　　　　④ 온도 조절기

37 하와이의 생두 크기와 결점두수에 따른 분류법이 아닌 것은?

① Extra Fancy　　　　　② Prime Washed
③ Prime　　　　　　　　④ Fancy

38 가장 진한 에스프레소 커피는?

① 에스프레소(Espresso)　　② 도피오(Dopio)
③ 룽고(Lungo)　　　　　　④ 리스트레또(Restretto)

39 커피 빈에 대한 첫 기록을 한 이란 출신 철학자 겸 천문학자는?

① 가레온하르트 라우볼프　　② 프란치스코 드 멜로 팔헤타
③ 야곱　　　　　　　　　④ 라제스

40 커피 체리구조의 순서로 올바른 것은?

① Outer skin → Pulp → Parchment → Silver skin
② Outer skin → Silver skin → Parchment → Pulp
③ Outer skin → Parchment → Pulp → Silver skin
④ Outer skin → Pulp → Silver skin → Parchment

41 아라비카 원종에 가장 가까운 품종이며, 좋은 향과 신맛을 가지고 있고, 자메이카 블루마운틴, 하와이 코나가 대표적인 품종계통인 것은?

① Bourbon　　② Caturra　　③ Mundo Novo　④ Typica

42 1970년대 인스턴트 커피가 지배적인 상황에서 고급 원두 커피의 맛을 처음으로 소개한 곳은?

① 제비다방 ② 학림다방 ③ 난다랑 ④ 비너스다방

43 커피 빈(Coffee Bean)을 탈곡하는 과정에 해당하는 용어는?

① Husking ② Polishing ③ Grading ④ Stripping

44 다음 중 로스팅 포인트가 일반적으로 가장 다른 원두는?

① 에티오피아 시다모 ② 인도네시아 만델링
③ 콜롬비아 수프리모 ④ 콰테말라 안티구아

45 다음의 내용 중 서로 거리가 먼 것은?

① 인도네시아 - 사향고양이 커피 ② 스리랑카 - 족제비 커피
③ 예멘 - 원숭이 커피 ④ 태국 - 코끼리 커피

46 에스프레소 기계의 추출 온도를 정밀하게 조절, 유지, 관리 할 수 있는 장치는?

① 추출 챔버(Extraction Chamber) ② PID 제어장치
③ 열 교환기(Heat Exchanger) ④ 체크 밸브(Check Valve)

47 에스프레소머신의 추출 압력을 올리기 위한 가장 올바른 방법은?

① 보일러 압력을 높인다
② 머신과 연결된 수도압력을 높인다
③ 추출버튼을 길게 누른다
④ 추출펌프의 압력을 높인다

48 다음 중 너무 빠른 로스팅으로 인해 생기는 결점을 가장 잘 설명한 것은?

① 탄맛이 강하게 나타난다
② 쓴맛이 강하게 나타난다
③ 떫은맛이 강하게 나타난다
④ 겉은 타고 속은 덜 익는 현상이 나타난다

49 도징 챔버에 커피 가루를 담아 둘 때의 단점이 아닌 것은?

① 커피가 일단 분쇄되면 가스 빠짐은 크게 가속된다.

② 도징 챔버 안에 커피 가루가 얼마나 많이 들어 있는지에 따라 그 양이 항상 변한다.

③ 추출되기까지 가스가 빠지는(Degassing) 시간이 다양하게 나타난다.

④ 도징이 매우 빨리 이루어질 수 있고 편리하다.

50 커피의 관능 평가(Sensory Evaluation) 기준 단계에 해당하지 않는 것은?

① 시각　　　　② 후각　　　　③ 촉각　　　　④ 미각

51 커피를 볶기전, 부적절한 생두를 골라내는 일을 '핸드픽'이라 한다. 이때 골라낼 필요가 없는 콩은?

① 벌레먹은 콩

② 변질되어 시큼한 냄새가 나는 콩

③ 성숙되기 전에 떨어진 검은 콩

④ 연녹색 콩

52 효소가 쓰이지 않는 갈변화 과정으로 환원당이 아미노산과 반응하는 이러한 현상을 무엇이라 하는가?

① 메일라드 반응　　　　　　② 카라멜화

③ 유기물질 손실　　　　　　④ 휘발성 아로마

53 1727년 프랑스령 기아나(Guiana)에서 커피를 가져와 브라질 아마존 유역의 파라(Para) 지역에 심은 사람은?

① 가브리엘 마시외 드 클루외　　② 프란치스코 드 멜로 팔헤타

③ 바바부단　　　　　　　　　　④ 아비센나

54 커피를 생산하는 몇 개의 국가에서 전문가들의 평가로 순위를 매겨 경매를 통해 가장 품질이 좋은 커피의 맛을 선보이게 만든 기구는?

① SCA　　　　② COE　　　　③ KBC　　　　④ ICO

55 한 가지 생두만 사용하여 만든 커피를 무엇이라 하는가?

① Mild Coffee   ② Decaffeinated Coffee
③ Straight Coffee   ④ Premium Coffee

56 로스팅 시 발생하는 현상이라고 볼 수 없는 것은?

① 생두수분 감소   ② 생두향기 감소
③ 생두부피 증가   ④ 생두무게 감소

57 블랜딩에 대한 설명가운데 거리가 먼 것은?

① 질 낮은 커피를 약간씩 배합하여 새로운 맛을 만들어내는 것
② 맛의 개성화와 반 획일화를 꾀한다.
③ 커피인구의 증가와 기호의 다양화에 대처한다.
④ 단일품종커피는 맛의 편향성이 있어 깊이와 원만함이 표현되지 않으므로 블랜딩을 하여 이를 보완하고자 한다.

58 다음은 커핑에 관한 내용이다 거리가 먼 것은?

① 커핑시 커피 원두는 로스팅한 지 8~24시간 이내의 원두를 사용하여야 하며, 진공 포장 시 2주까지 허용한다.
② 로스팅 정도는 미디움 로스트(Medium Roast)이다.
③ 분쇄 후 커핑까지의 한계 시한은 15분이다.
④ 분쇄는 커핑 직전에 한다. 물을 끓이면서 분쇄하는 것은 좋지 않다.

59 원두 선택 시 주의할 점이 아닌 것은?

① 커피 빈이 신선한지 확인한다(로스팅을 한지 1년 이내의 것이 좋다).
② 선택한 커피 빈 브랜드 또는 로스터가 일관성 있게 로스팅과 블랜딩을 하고 있는 지를 살핀다.
③ 빈의 모양이 눈으로 보아 일정한지를 확인한다.
④ 선택한 로스터나 판매자가 어떤 타입의 그린 빈을 사용했는지, 디카페인 공법은 어떤 방식을 쓴 것을 판매하는지 등의 구체적인 질문에 성실한 답변을 해주는 가를 살핀다.

60 에스프레소 커피의 개발역사에 대한 설명이다. 이 중 틀린 것은?

① 프랑스인 에드워드 로이셀 드 산타이스(Edward Loysel De Santais)는 1855년 파리 만국박람회에 증기기관을 갖춘 커피 추출기계를 출품했다.

② 이탈리아인 베제라(Luigi Bezzera)는 1901년에 증기압을 이용한 에스프레소 커피기계로 특허를 받았다.

③ 현재와 동일한 방식의 에스프레소 커피 기계는 1946년 이탈리아인 가기아(Achille Gaggia)에 의해 발명되었다.

④ 현재와 같이 스위치 하나로 원두의 분쇄에서 우유 거품까지 자동으로 만들어지는 전자동 머신은 1950년에 프랑스인 콘티(Conti)가 발명했다.

제14회 바리스타 마스터 2급 필기시험문제 정답

1	③	2	③	3	①	4	④	5	④	6	②	7	③	8	②	9	①	10	④
11	①	12	③	13	③	14	①	15	①	16	①	17	②	18	④	19	①	20	④
21	④	22	②	23	④	24	④	25	④	26	④	27	④	28	①	29	②	30	①
31	③	32	③	33	④	34	④	35	④	36	①	37	②	38	④	39	④	40	①
41	④	42	④	43	④	44	④	45	②	46	②	47	④	48	④	49	④	50	①
51	④	52	①	53	②	54	②	55	③	56	②	57	①	58	④	59	④	60	④

바리스타 마스터

제15회

2급 필기시험문제

자격종목 및 등급	시험시간	수 험 번 호	성 명
Barista Master 2급	1시간		

※ 다음 문항을 읽고 알맞은 답을 OMR카드에 표기하시오!

1 '한 마리의 말이 끄는 마차와 마부'를 뜻하는 아인슈패너(Einspanner) 커피로 유명한 나라는?

① 프랑스　　　② 오스트리아　③ 영국　　　④ 네덜란드

2 커핑의 방법가운데 흡입을 하기 위해 스푼을 가지고 표면의 거품을 조심스럽게 걷어서 없애는 것은?

① Sniffing　　② Pouring　　③ Skimming　④ Slurping

3 커피의 전체적인 농도를 느끼게 해 주는 총 고형성분(Total Solids)에 가장 영향이 적은 것은?

① 추출 방식　　　　　② 추출시 보일러 온도
③ 커피의 양　　　　　④ 로스팅 정도

4 추출구가 하나이며 원추형으로 리브(Rib)가 드리퍼의 중간까지만 있는 이 드리퍼의 명칭은?

① Kono　　　② Hario　　　③ Kalita　　　④ Melitta

5 입속에 커피를 머금었을 때 느껴지는 혀와 입속 전체의 맛과 향, 그리고 후각으로 느껴지는 향은 무엇인가?

① Aroma ② Aftertaste ③ Fragrance ④ Flavor

6 다음의 커피생산국에 대한 설명 중 올바른 것은?

① 콜롬비아의 대표적 커피는 엑셀소, 수프리모 등이나 품질이 다소 낮은 것이 특징이다.

② 자메이카에서 생산되는 커피 중 가장 유명한 커피로는 '코나 엑스트라 펜시'이다.

③ 케냐에서 생산되는 생두들은 크기에 따라 AA, A, B 등으로 등급을 표시한다.

④ 탄자니아의 대표적 커피인 터퀴노는 자연건조법으로 가공한 생두에 계절풍으로 숙성시켜 가공한다.

7 스페셜티 커피 협회(SCA: Specialty Coffee Association)에서 허용하는 생두의 함수율(수분함량)기준은?

① 5~6% ② 7~9% ③ 10~12% ④ 12~15%

8 공기압을 이용하여 커피를 추출하는 사이폰은 어느 나라에서 고안된 제품인가?

① 영국 ② 미국
③ 일본 ④ 이탈리아

9 1969년 세계 최초의 캔커피가 탄생된 곳은?

① 일본 ② 미국
③ 독일 ④ 한국

10 미국 하와이에서 생산되는 커피인 하와이 코나의 '코나'란 무엇을 의미하나?

① 회사이름 ② 품질등급
③ 지역이름 ④ 농장이름

11 1475년 문을 연 최초의 카프베의 이름은?

① 커터리지(Getterige)　　　② 르 프로코프(Le Procope)
③ 카네스(Kanes)　　　　　④ 키바 한(Kiva Han)

12 일반적으로 고메이 커피(Gourmet Coffee)나 스페셜티 커피(Specialty Coffee)라고 불리는 고급 커피를 생산하는 경우에는 어떤 로스터를 이용하는가?

① 수망 로스터　　　　　② 수직 로스터
③ 소형의 열풍 로스터　　④ 소형의 드럼식 로스터

13 핸드 드립에 필요한 준비 도구가 아닌 것은?

① 온도계　　　　② 계량스푼
③ 자동포트　　　④ 스톱워치

14 생두 품질 평가기준과 관계가 없는 것은?

① 크기　　　② 산지
③ 밀도　　　④ 수분함량

15 커피의 맛과 향에 관한 용어로 잘못 표현 된 것은?

① Carbony(감미로운 맛)　　② Bland(싱거운 맛)
③ Bouquet(향기)　　　　　④ Acidity(신맛)

16 일반적으로 국내에 유통되는 우유의 종류별 특징으로 잘못 설명된 것은?

① 저지방우유: 지방함유량을 2% 이내로 줄인 우유
② 멸균우유: 장기 상온 보관가능하게 균의 포자를 완전멸균 후 특수 포장한 우유
③ 탈지우유: 지방 함유량을 0.1%로 줄인 우유
④ 살균우유: 지방을 최소한으로 하는 범위 내에서 분해하지 않고 있는 그대로의 우유

17 커피의 좋은 향을 내기위한 조건으로 관계가 먼 것은?

① 적정한 배전　　　　② 분쇄 커피 레버조절
③ 적정한 물 온도　　　④ 커피의 생육환경

18 커피는 건조 가열 공정을 통해 로스팅 된다. 이것은 통상 다른 자연 물질에서 와는 다른 것으로, 250C°를 한계로 끝나게 된다. 커피콩 표면으로 열의 전달에 대하여 맞는 것은?

① 대류, 복사, 전도　　　　　② 대류, 복사, 에너지

③ 복사, 전도, 광합성　　　　④ 복사, 전도, 빛

19 커피 추출에 대한 내용 중 가장 적절하지 않는 것은?

① 추출 수의 온도가 높을수록 쓴 맛이 강해진다.

② 약배전일 수록 물의 온도를 높여준다.

③ 추출 시간이 길수록 가용 성분이 많아진다.

④ 강배전일수록 추출 성분이 많아진다.

20 일반적으로 커피 맛이 가장 좋은 물의 종류는?

① 연수(단물)　　② 고 경수　　③ 경수(센물)　　④ 약 경수

21 개스킷 상태 확인 중 틀린 답을 고르시오.

① 개스킷은 저열로 인하여 일정한 시간이 지나면 팽창이 된다.

② 개스킷은 딱딱하게 굳거나 낡게 되면 정상적인 추출이 되지 않는다.

③ 개스킷은 사용기간이 일정한 시간이 지나면 굳어버리는 현상이 있다.

④ 개스킷의 교환시기가 되면 옆으로 새는 현상이 발생할 수도 있다.

22 아이리시 커피(Irish Coffee)를 만들 때 다음 중 들어가지 않는 재료는?

① 넛맥　　　　　　　　　② 에스프레소 커피

③ 아일랜드산 위스키　　　④ 휘핑크림

23 카페인(Caffeine)에 대한 설명으로 틀린 것은?

① 인체에 흡수되면 신경계, 호흡계, 심장혈관계에 영향을 주나 일시적이다.

② 혼합성분의 두통약에도 일정량 포함되어 있다.

③ 식약청 권장 성인기준 하루 600mg섭취를 권장하고 있다.

④ 1819년 독일 화학자 룽게(Runge)가 처음으로 분리 성공했다.

24 에스프레소 커피의 개발역사에 대한 설명이다. 이 중 틀린 것은?

① 프랑스인 에드워드 데산테는 1855년 파리만국박람회에 증기기관을 갖춘 커피 추출기계를 출품했다.

② 이탈리아인 베제라는 1901년에 증기압을 이용한 에스프레소 커피기계로 특허를 받았다.

③ 현재와 동일한 방식의 에스프레소 커피 기계는 1946년 이탈리아인 가기아에 의해 발명되었다.

④ 현재와 같이 스위치 하나로 원두의 분쇄에서 우유 거품까지 자동으로 만들어지는 전자동 머신은 1950년에 프랑스인 콘티가 발명했다.

25 1970년대 인스턴트 커피가 지배적인 상황에서 고급 원두 커피의 맛을 처음으로 소개한 곳은?

① 제비 다방　　② 학림 다방　　③ 난다랑　　④ 비너스 다방

26 에스프레스용 커피의 분쇄 입자 조절에 관한 사항이다. 틀린 것은?

① 일반적으로 밀가루 보다 굵게 설탕보다 가늘게 조절한다.

② 추출이 느리면 입자의 크기를 기준보다 굵게 조절한다.

③ 흐린 날에는 입자를 평소보다 기준보다 굵게 조절한다.

④ 일반적으로 그라인더의 숫자가 클수록 입자가 가늘다.

27 1931년 브라질에서 발견된 Bourbon과 Typica계열의 수마트라(Sumatura)의 자연교배종은?

① Caturra　　② Catuai　　③ Mondo Novo　　④ Timor

28 커피를 형성하는 기본적인 대사과정의 커피품질에 영향을 미치는 것은?

① 탄수화물, 지방, 단백질　　　② 탄수화물, 철분, 단백질
③ 단백질, 지방, 철분　　　　　④ 단백질, 칼슘, 지방

29 건조가 끝난 생두는 등급이 구분되어 포장된다. 다음 내용 중 가장 거리가 먼 것은?

① Size　　② Husk　　③ Density　　④ Color

30 카리브 해에 위치한 이 커피산지는 1,500개의 작은 섬으로 구성된 천혜자연 조건을 지닌 커피 재배국가로 Bourbon, Typica, Catura, Catuai 종이 주종을 이루며 아이티(Haiti)에서 커피 나무가 전해졌다. 커피등급은 생두의 스크린 size에 따라 Extra Turquino, Turquino로 구분되는 커피산지는?

① Cuba   ② Mexico   ③ Hawaii   ④ Indonesia

31 재배고도에 따른 등급 분류에 대하여 틀린 답은?

① 고지대: 해발고도 - 1400m 이상, SHB(Strictly Hard Bean) / SHG (Strictly High Grown)

② 고지대: 해발고도 - 1200~1,400m, HB(Hard Bean) / HG(High Grown)

③ 중지대: 해발고도 - 500~1200m, PW(Prime Washed)

④ 저지대: 해발고도 - 600m 이하, GW(Good Washed)

32 커피의 맛과 향에 가장 나쁜 영향을 주는 대표적인 결점두 4가지 중 틀린 답은?

① 과발효 빈: 맵고 떫은 맛, 시큼한 신맛, 씁쓸한 맛

② 블랙 빈: 고약한 향, 여운이 있는 쓴맛

③ 벌레 먹은 빈: 과일향, 와인의 향

④ 곰팡이 빈: 곰팡이 향, 쓰고 퀴퀴한 느낌

33 커핑 컵에 대한 설명이다 틀린 것은?

① 그라인더에 남아 있는 이전 샘플 가루제거는 하지 않아도 된다.

② 지름은 76~89mm의 규격과 동일한 볼륨이어야 한다.

③ 커핑 컵의 재질은 강화유리나 도자기가 좋다.

④ 덮개는 있어야 한다.

34 다음 중 로스팅에 영향을 미치는 요소가 아닌 것은?

① 로스팅 가스의 온도와 지속시간에 영향

② 뜨거운 로스팅 가스가 커피콩에 미치는 영향

③ 열에 의해 함수생두가 건조과정에서 영향

④ 일정온도에 따라 방출되고 변화의 영향

35 다음은 국내에서 많이 사용되고 있는 로스팅 머신 중 국산 로스터의 이름은?

① 프로밧(PROBAT)　　　　　　　　② 토퍼(TOPER)

③ 가란티(GARANTI)　　　　　　　　④ 프로스터(PROASTER)

36 원두분쇄 그라인더가운데 가장 균일하게 분쇄되는 것은?

① 원뿔형　　　② 평면형　　　③ 롤형　　　④ 칼날형

37 생두를 로스팅한 후 포장 전에 탄산가스를 지연방출(Degassing)해 주는데 대략 그 시간은?

① 1~7시간　　　② 8~24시간　　　③ 24~30시간　　　④ 32~36시간

38 재질이 플라스틱인 드리퍼에 대한 설명이다. 거리가 먼 것은?

① 가격이 저렴하여 가장 많이 사용되고 있다.
② 물의 통과과정을 관찰 할 수 있다.
③ 형태가 변형되거나 흠이 생길 수 있다.
④ 다루기 불편하고 파손의 위험이 크다.

39 커피콩에 대한 첫 기록을 한 이란 출신 철학자 겸 천문학자는?

① 가레온하르트 라우볼프　　　　　② 프란치스코 드 멜로 팔헤타

③ 야곱　　　　　　　　　　　　　　④ 라제스

40 커피 체리구조의 순서로 올바른 것은?

① Outer Skin → Pulp → Parchment → Silver Skin
② Outer Skin → Silver Skin → Parchment → Pulp
③ Outer Skin → Parchment → Pulp → Silver Skin
④ Outer Skin → Pulp → Silver Skin → Parchment

41 아라비카 원종에 가장 가까운 품종이며, 좋은 향과 신맛을 자지고 있고, 자메이카 블루마운틴, 하와이 코나가 대표적인 품종계통인 것은?

① Bourbon　　② Caturra　　③ Mundo Novo　　④ Typica

42 다음 중 스트레이트 커피(Straight Coffee)로 이용되는 의미가 아닌 것은?

① 동일 국가　　② 동일 종류　　③ 동일 등급　　④ 동일한 추출법

43 내추럴 커피의 껍질을 제거하는 것을 무엇이라고 하는가?

① Husking   ② Polishing   ③ Grading   ④ Stripping

44 다음 중 로스팅 포인트가 일반적으로 가장 다른 원두는?

① 에티오피아 시다모   ② 인도네시아 만델링
③ 콜롬비아 수프리모   ④ 콰테말라 안티구아

45 다음의 내용 중 서로 거리가 먼 것은?

① 인도네시아-사향고양이 커피   ② 스리랑카-족제비 커피
③ 예멘-원숭이 커피   ④ 태국-코끼리 커피

46 핸드 드립에 사용되는 드리퍼의 리브(Rib)에 대한 설명 중 틀린 것은?

① 드리퍼 내부의 요철이다.   ② 커피를 거르는 역할을 한다.
③ 공기흐름통로의 역할   ④ 페이퍼 필터를 쉽게 제거하게 한다 .

47 에스프레소머신의 추출 압력을 올리기 위한 가장 올바른 방법은?

① 보일러 압력을 높인다.   ② 머신과 연결된 수도압력을 높인다.
③ 추출버튼을 길게 누른다.   ④ 추출펌프의 압력을 높인다.

48 핸드 드립에 있어 추출 전에 뜸을 주는 이유가 아닌 것은?

① 가루 전체에 물을 고르게 퍼지게 한다
② 커피 추출을 원활하게 하기 위하여
③ 탄산가스와 공기를 빼주는 역할을 해준다
④ 싱거운 커피를 추출하기 위하여 한다

49 도징 챔버에 커피 가루를 담아 둘 때의 단점이 아닌 것은?

① 커피가 일단 분쇄되면 가스 빠짐은 크게 가속된다.
② 도징 챔버 안에 커피 가루가 얼마나 많이 들어 있는지에 따라 그 양이 항상 변한다.
③ 추출되기까지 가스가 빠지는(Degassing) 시간이 다양하게 나타난다.
④ 도징이 매우 빨리 이루어질 수 있고 편리하다.

50 아래 내용 가운데 가장 거리가 먼 것은?

① 기계건조　　② 파티오　　③ 그물건조대　　④ 온실건조

51 펄프는 커피 열매 무게의 몇 %를 차지하는가?

① 10~12%　　② 20~22%　　③ 30~32%　　④ 40~42%

52 에스프레소 추출에서 일어나는 채널링(Channelling)과 거리가 먼 것은?

① 막힌 샤워 스크린　　　　② 사이즈가 다른 탬퍼 사용
③ 수평이 맞지 않는 탬핑　　④ 과도한 탬핑

53 1908년 우연히 종이를 이용하여 커피를 거르는 방법을 발견한 사람은?

① Robert Napier　　　　② Melitta Bentz
③ Attilio Calimani　　　④ Alfonso Bialetti

54 가장 오래된 커피 추출 기구는?

① 모카포트　　② 제즈베　　③ 에어로프레스　　④ 사이폰

55 추출 수율(%)이 가장 낮은 추출 방식은?

① 퍼콜레이터　　② 모카포트　　③ 프렌치프레스　　④ 에스프레소

56 커핑 평가 항목에 들어가지 않는 것은?

① Flavor　　② Aftertaste　　③ Tipping　　④ Uniformity

57 블랜딩에 대한 설명가운데 거리가 먼 것은?

① 질 낮은 커피를 약간씩 배합하여 새로운 맛을 만들어내는 것
② 맛의 개성화와 반 획일화를 꾀한다.
③ 커피인구의 증가와 기호의 다양화에 대처한다.
④ 단일품종커피는 맛의 편향성이 있어 깊이와 원만함이 표현되지 않으므로
　블랜딩을 하여 이를 보완하고자 한다.

58 다음 보기 중 커피산지와 등급이 잘못 표기되어 있는 것은?

① Ethiopia Yirgacheffe G.2　　② Colombia Excelso

③ Kenya AB　　④ Guatemala SHG

59 원두 선택 시 주의할 점이 아닌 것은?

① 커피 빈이 신선한지 확인한다(로스팅을 한지 1년 이내의 것이 좋다).

② 선택한 커피 빈 브랜드 또는 로스터가 일관성 있게 로스팅과 블렌딩을 하고 있는 지를 살핀다.

③ 빈의 모양이 눈으로 보아 일정한지를 확인한다.

④ 선택한 로스터나 판매자가 어떤 타입의 그린 빈을 사용했는지, 디카페인 공법은 어떤 방식을 쓴 것을 판매하는지 등의 구체적인 질문에 성실한 답변을 해주는 가를 살핀다.

60 한국인이 경영한 초창기의 다방으로 1927년 종로구 관훈동(寬勳洞, 지금의 인사동)에 영화감독 이경손이 경영하였다. 그 곳의 이름은?

① 멕시코다방　　② 카카듀　　③ 제비다방　　④ 학림다방

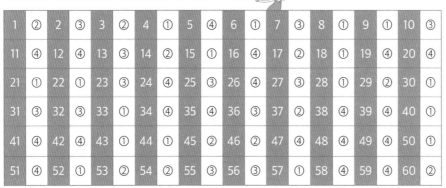

제15회 바리스타 마스터 2급 필기시험문제 정답

1	②	2	③	3	②	4	①	5	④	6	①	7	③	8	①	9	①	10	③
11	④	12	④	13	③	14	④	15	①	16	④	17	②	18	①	19	④	20	④
21	①	22	①	23	③	24	④	25	②	26	④	27	③	28	①	29	②	30	①
31	③	32	③	33	①	34	④	35	④	36	③	37	②	38	④	39	④	40	①
41	④	42	④	43	④	44	①	45	④	46	②	47	④	48	④	49	④	50	①
51	④	52	①	53	②	54	②	55	③	56	③	57	①	58	④	59	④	60	②

바리스타 마스터

제 **16** 회

2급 필기시험문제

자격종목 및 등급	시험시간	수 험 번 호	성 명
Barista Master 2급	1시간		

1 '한 마리의 말이 끄는 마차와 마부'를 뜻하는 아인슈패너(Einspanner) 커피로 유명한 나라는?

① 프랑스 ② 오스트리아 ③ 영국 ④ 네덜란드

2 다음 중 커피품종의 연결이 옳지 않은 것은?

① 버번(Bourbon): 카투라(Caturra)의 돌연변이 품종
② 티피카(Typica): 아라비카 원종에 가장 가까움
③ 카투아이(Catuai): 문도노보와 카투라의 인공교배 품종
④ 문도노보(Mundo-Novo): 티피카와 레드 버번의 자연교배 품종

3 '에티오피아의 축복'이라고 불리워 지는 에티오피아의 최고급 커피는?

① 이르가체페(Yirgacheffe) ② 하라(Harrar)
③ 모카(Mocha) ④ 시다모(Sidamo)

4 로스팅을 하기 전에 블렌딩을 하는 것을 선호하는 이유라고 볼 수 없는 것은?

① 일정한 맛과 향을 유지하는데 효율적이므로

② 색깔이 고른 커피가 일단 좋아 보이기 때문에

③ 저급한 생두를 적당히 블렌딩해도 그 맛이 로스팅 과정에서 조금은 중화될 수 있기 때문에

④ 각각의 생두를 로스팅하여 블렌딩할 경우 커피 원두의 재고 밸런스 등 여러 가지 관리상의 문제 등이 발생하기 때문에

5 입속에 커피를 머금었을 때 느껴지는 혀와 입속 전체의 맛과 향, 그리고 후각으로 느껴지는 향은 무엇인가?

① Aroma   ② After taste   ③ Fragrance   ④ Flavor

6 다음의 커피생산국에 대한 설명 중 올바른 것은?

① 콜롬비아의 대표적 커피는 엑셀소, 수프리모 등이나 품질이 다소 낮은 것이 특징이다.

② 자메이카에서 생산되는 커피 중 가장 유명한 커피로는 '코나 엑스트라 펜시'이다.

③ 케냐에서 생산되는 생두들은 크기에 따라 AA, A, B 등으로 등급을 표시한다.

④ 탄자니아의 대표적 커피인 터퀴노는 자연건조법으로 가공한 생두에 계절풍으로 숙성시켜 가공한다.

7 스페셜티 커피 협회(SCA: Specialty Coffee Association)에서 허용하고 있는 생두의 함수율(수분함량)기준은?

① 5~6%   ② 7~9%   ③ 10~12%   ④ 12~15%

8 공기압을 이용하여 커피를 추출하는 사이폰은 어느 나라에서 고안된 제품인가?

① 영국   ② 미국   ③ 일본   ④ 이탈리아

9 다음 중 돌연변이 생두(Bean)가 아닌 것은?

① 블랙 빈   ② 피베리   ③ 마라고지페   ④ 트라이앵글 빈

10 미국 하와이에서 생산되는 커피인 하와이 코나의 '코나'이란 무엇을 의미하나?

① 회사이름　　　② 품질등급　　　③ 지역이름　　　④ 농장이름

11 엑셀소(Excelso)란 어느 나라에서 사용하는 커피등급의 표준인가?

① 코스타리카　　　　　　　　② 브라질
③ 과테말라　　　　　　　　　④ 콜롬비아

12 일반적으로 고메이 커피(Gourmet Coffee)나 스페셜티 커피(Specialty Coffee)라고 불러지는 고급 커피를 생산하는 경우에는 어떤 로스터를 이용하는가?

① 수망 로스터　　　　　　　② 수직 로스터
③ 소형의 열풍 로스터　　　　④ 소형의 드럼식 로스터

13 핸드 드립에 꼭 필요한 준비 도구가 아닌 것은?

① 온도계　　　② 계량스푼　　　③ 자동포트　　　④ 스톱워치

14 생두 품질 평가기준과 관계가 없는 것은?

① 크기　　　② 산지　　　③ 밀도　　　④ 수분함량

15 커피의 맛과 향에 관한 용어로 잘못 표현 된 것은?

① Carbony(감미로운 맛)　　　② Bland(싱거운 맛)
③ Bouquet(향기)　　　　　　　④ Acidity(신맛)

16 일반적으로 국내에 유통되는 우유의 종류별 특징으로 잘못 된 것은?

① 저지방우유: 지방함유량을 2% 이내로 줄인 우유
② 멸균우유: 장기 상온 보관가능하게 균의 포자를 완전멸균 후 특수 포장한 우유
③ 탈지우유: 지방 함유량을 0.1%로 줄인 우유
④ 살균우유: 지방을 최소한으로 하는 범위 내에서 분해하지 않고 있는 그대로의 우유

17 커피의 좋은 향 조건으로 관계가 먼 것은?

① 적정한 배전
② 분쇄 커피 레버조절
③ 적정한 물 온도
④ 커피의 생육환경

18 커피는 건조 가열 공정을 통해 로스팅 된다. 이것은 통상 다른 자연 물질에서 와는 다른 것으로, 250C°를 한계로 끝나게 된다. 커피콩 표면으로 열의 전달에 대하여 맞는 것은?

① 대류, 복사, 전도
② 대류, 복사, 에너지
③ 복사, 전도, 광합성
④ 복사, 전도, 빛

19 에스프레소의 진한 크레마에 대한 설명이다. 거리가 먼 것은?

① 너무 느리게 추출된 커피에서 생긴다.
② 크레마의 두께가 5mm이상을 말한다.
③ 분쇄 입자가 굵거나 탬핑이 약하다.
④ 가운데 부분에 짙은 갈색과 함께 검은색의 빛깔이 형성된다..

20 자극적인 맛이며, 쓴맛이다. 배전하는 동안 트리고넬린(Trigonelline)이 분해되어 생긴 물질이다. 이 향의 이름은?

① Acetone
② Pyrrole
③ Furfural
④ Pyridine

21 개스킷 상태 확인 중 틀린 답을 고르시오.

① 개스킷은 저열로 인하여 일정한 시간이 지나면 팽창이 된다.
② 개스킷은 딱딱하게 굳거나 노후 되면 정상적인 추출이 되지 않는다.
③ 개스킷은 사용기간이 일정한 시간이 지나면 굳어버리는 현상이 있다.
④ 개스킷의 교환시기가 되면 옆으로 새는 현상이 발생할 수도 있다.

22 배전(Roasting)을 갓 마친 원두의 수분 함량은?

① 0.5~3.5%
② 0.5~1.0%
③ 0.4~2.5%
④ 0.4~3.0%

23 다음 보기 중 아라비카종이 아닌 것은?

① SL34
② Bourbon
③ Typica
④ Icatu

24 에스프레소 커피의 개발역사에 대한 설명이다. 이 중 틀린 것은?

① 프랑스인 에드워드 로이셀 드 산타이스(Edward Loysel De Santais)는 1855년 파리 만국박람회에 증기기관을 갖춘 커피 추출기계를 출품했다.
② 이탈리아인 베제라(Luigi Bezzera)는 1901년에 증기압을 이용한 에스프레소 커피기계로 특허를 받았다.
③ 현재와 동일한 방식의 에스프레소 커피 기계는 1946년 이탈리아인 가기아(Achille Gaggia)에 의해 발명되었다.
④ 현재와 같이 스위치 하나로 원두의 분쇄에서 우유 거품까지 자동으로 만들어지는 전자동 머신은 1950년에 프랑스인 콘티(Conti)가 발명했다.

25 커피 추출 시 사용되는 물에 대한 사항 중 맞는 것은?

① 철분과 같은 미네랄이 풍부한 물이 커피 맛이 좋다.
② 물은 100℃ 까지 끓이면 커피 맛이 좋지 않다.
③ 한번 끓인 물을 다시 끓이면 커피 맛이 좋지 않다.
④ 물은 연수일 때가 가장 커피 맛이 좋다.

26 에스프레스용 커피의 분쇄 입자 조절에 관한 사항이다. 틀린 것은?

① 일반적으로 밀가루 보다 굵게 설탕보다 가늘게 조절한다.
② 추출이 느리면 입자의 크기를 기준보다 굵게 조절한다.
③ 흐린 날에는 입자를 평소보다 기준보다 굵게 조절한다.
④ 일반적으로 그라인더의 숫자가 클수록 입자가 가늘다.

27 1931년 브라질에서 발견된 Bourbon과 Typica계열의 수마트라(Sumatura)의 자연교배종은?

① Caturra   ② Catuai   ③ Mondo Novo   ④ Timor

28 커피를 형성하는 기본적인 대사과정의 커피품질에 영향을 미치는 것은?

① 탄수화물, 지방, 단백질   ② 탄수화물, 철분, 단백질
③ 단백질, 지방, 철분   ④ 단백질, 칼슘, 지방

29 다음 중 스트레이트 커피(straight coffee)로 이용되는 의미가 아닌 것은?

① 동일 국가   ② 동일 종류   ③ 동일 등급   ④ 동일한 추출법

30 다음 중 로스팅 포인트가 일반적으로 가장 다른 원두는?

① 에티오피아 시다모   ② 인도네시아 만델링
③ 콜롬비아 수프리모   ④ 콰테말라 안티구아

31 에스프레소의 샷타임이 너무 빠를 때 이를 늦추기 위해 할 수 있는 것 중 잘못 설명한 것은?

① 분쇄굵기를 조금 더 가늘게 한다.   ② 탬핑을 조금 더 강하게 한다.
③ 태핑을 조금 더 강하게 한다.   ④ 커피의 도징량을 조금 더 늘인다.

32 커피 칸타타(Coffee Cantata)를 작곡한 사람은?

① Bach   ② Beethoven   ③ Schubert   ④ Mozart

33 에스프레소 기계의 추출 온도를 정밀하게 조절, 유지, 관리 할 수 있는 장치는?

① 추출 챔버(Extraction Chamber)   ② PID 제어장치
③ 열 교환기(Heat Exchanger)   ④ 체크 밸브(Check Valve)

34 에스프레소머신의 추출 압력을 올리기 위한 가장 올바른 방법은?

① 보일러 압력을 높인다.
② 머신과 연결된 수압을 높인다.
③ 추출버튼을 길게 누른다.
④ 추출펌프의 압력을 높인다.

35 로스팅 3단계 과정이 아닌 것은?

① Popping Phase   ② Drying Phase
③ Roasting Phase   ④ Cooling Phase

36 에스프레소 머신에서 압력이 떨어지거나 높아질 때 압력을 조절하는 장치의 이름은?

① 펌프 모터   ② 전자 밸브   ③ 보일러   ④ 프로우 메타

37 유가공품에 커피를 혼합하여 음용하도록 만든 것은?

① 액상 커피　　② 볶은 커피　　③ 인스턴트 커피　④ 조제 커피

38 도징 챔버에 커피 가루를 담아 둘 때의 단점이 아닌 것은?

① 커피가 일단 분쇄되면 가스 빠짐은 크게 가속된다.
② 도징 챔버 안에 커피 가루가 얼마나 많이 들어 있는지에 따라 그 양이 항상 변한다.
③ 추출되기까지 가스가 빠지는(Degassing) 시간이 다양하게 나타난다.
④ 도징이 매우 빨리 이루어질 수 있고 편리하다.

39 다음 중 너무 빠른 로스팅으로 인해 생기는 결점을 가장 잘 설명한 것은?

① 탄 맛이 강하게 나타 난다.
② 쓴 맛이 강하게 나타 난다.
③ 떫은 맛이 강하게 나타 난다.
④ 겉은 타고 속은 덜 익는 현상이 나타 난다.

40 동물들이 먹이로 커피체리를 먹고 배설해서 추출된 커피 생두를 가지고 로스팅하여 아주 특별한 커피로 음용하고 있다. 이와 관련이 있는 동물과 가장 거리가 먼 것은?

① 코끼리　　② 원숭이　　③ 다람쥐　　④ 고양이

41 효소가 쓰이지 않는 갈변화 과정으로 환원당이 아미노산과 반응하는 이러한 현상을 무엇이라 하는가?

① 메일라드 반응　② 카라멜화　　③ 유기물질 손실　④ 휘발성 아로마

42 세계에서 가장 유명한 커피인 블루마운틴은 생산하는 나라는?

① 자메이카　　② 케냐　　③ 과테말라　　④ 콜롬비아

43 건식법과 습식법이 합쳐진 형태로 체리를 물에 가볍게 씻은 후 건조하는 방법을 무엇이라 하는가?

① Natural Coffee　　　　② Washed Coffee
③ Pulped Natural Coffee　④ Semi-washed Coffee

44 커피를 생산하는 몇 개의 국가에서 전문가들의 평가로 순위를 매겨 경매를 통해 가장 좋은 질의 맛을 선보이게 만든 기구는?

① SCA   ② COE   ③ KBC   ④ ICO

45 한 가지 생두만 사용하여 만든 커피를 무엇이라 하는가?

① Mild Coffee   ② Decaffeinated Coffee
③ Straight Coffee   ④ Premium Coffee

46 로스팅 시 발생하는 현상이라고 볼 수 없는 것은?

① 수분 감소   ② 향기 감소
③ 부피 증가   ④ 무게 감소

47 결합수의 성질 중 틀린 것은?

① 용질에 대해 용매로서 작용하지 않는다.
② 0℃에서 물로, 그보다 낮은 온도(20~30℃)에서도 잘 얼지 않는다.
③ 보통의 물보다 밀도가 작다.
④ 식품 중에서 미생물의 번식과 발아에 이용되지 못한다.

48 다음 보기 중 커피산지와 등급이 잘못 표기되어 있는 것은?

① Ethiopia Yirgacheffe G.2   ② Colombia Excelso
③ Kenya AB   ④ Guatemala SHG

49 원두 선택 시 주의할 점이 아닌 것은?

① 커피빈이 신선한지 확인한다(로스팅을 한지 1년 이내의 것이 좋다).
② 선택한 커피빈 브랜드 또는 로스터가 일관성 있게 로스팅과 블렌딩을 하고 있는 지를 살핀다.
③ 빈의 모양이 눈으로 보아 일정한지를 확인한다.
④ 선택한 로스터나 판매자가 어떤 타입의 그린 빈을 사용했는지, 디카페인 공법은 어떤 방식을 쓴 것을 판매하는지 등의 구체적인 질문에 성실한 답변을 해주는 가를 살핀다.

50 내추럴 커피 생두를 탈곡하는 과정에 해당하는 용어는?

① Husking   ② Polishing

③ Grading   ④ Stripping

51 에티오피아 커피의 주요 산지가 아닌 것은?

① 테라노바   ② 하라

③ 리무   ④ 짐마

52 컵핑을 위한 조건 중 맞지 않는 것은?

① 로스팅후 8시간 이후, 24시간 이내 컵핑

② 커피 8.25그램에 물 200ml 사용

③ 물온도 섭씨 93도 사용

④ 물의 TDS(용존 미네랄)를 150ppm 정도로 맞춤

53 커핑폼에 따른 평가항목이 아닌 것은?

① Acidity   ② Body

③ Aftertaste   ④ Quality

54 생두의 처리방식중 체리의 과육을 제거한뒤, 파치먼트에 점액질이 붙어있는 상태로 말리는 방식은?

① Pulped Natural Process   ② Washed Process

③ Natural Process   ④ Dry Process

55 다음은 생두에 관한 것이다. 가장 거리가 먼 것은?

① Flat Bean   ② Peaberry

③ Caracol   ④ Triangular Bean

56 인도커피(India Coffe)에 대한 설명이다 거리가 먼 것은?

① 습식 가공   ② 로부스타종

③ 올드 커피   ④ 몬순 커피

57 1970년대 인스턴트 커피가 지배적인 상황에서 고급 원두 커피의 맛을 처음으로 소개한 곳은?

① 제비다방   ② 학림다방   ③ 난다랑   ④ 비너스다방

58 일제 강점기때인 1927년, 종로구 관훈동(寬勳洞,지금의 인사동)에 한국인으로는 최초라고 알려진 영화감독 이경손이 다방을 개설하였다. 그 다방의 이름은?

① 멕시코다방   ② 카카듀   ③ 제비다방   ④ 학림다방

59 다음 중 커피와 커피 추출법 대한 설명 중 틀린 것은?

① 튀르키예시 커피: 달임법   ② 핸드 드립 커피: 여과법
③ 사이폰 커피 : 진공식 추출법   ④ 에스프레소 커피 : 가압증류법

60 다음은 바리스타가 해야 할 커피장비에 관한 관리 지침이다. 매일 해야 하는 일은?

① 보일러의 압력, 추출 압력, 물의 온도체크
② 그라인더 칼날 마모 상태
③ 연수기의 필터 교환
④ 그룹 헤드의 개스킷 교환

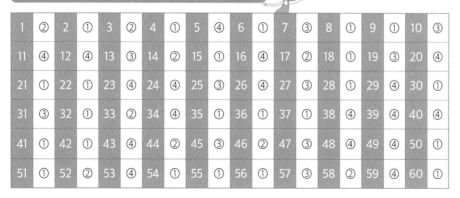

제16회 바리스타 마스터 **2급** 필기시험문제 **정답**

1	②	2	①	3	②	4	①	5	④	6	①	7	③	8	①	9	①	10	③
11	④	12	④	13	③	14	②	15	①	16	④	17	②	18	①	19	③	20	④
21	①	22	①	23	①	24	④	25	③	26	④	27	③	28	①	29	④	30	①
31	③	32	①	33	①	34	①	35	①	36	①	37	①	38	①	39	①	40	④
41	①	42	①	43	①	44	①	45	③	46	②	47	③	48	④	49	①	50	①
51	①	52	②	53	④	54	①	55	①	56	①	57	③	58	②	59	④	60	①

2급 필기시험문제

제 17 회

자격종목 및 등급	시험시간	수 험 번 호	성 명
Barista Master 2급	1시간		

1 커피 생두생산과정 중 생두의 함수율은 어느 정도로 하는 것이 적합한가?

① 1~4%   ② 5~8%   ③ 10~12%   ④ 14~16%

2 다음 생산국과 유명커피 브랜드와 잘못 짝지어진 것은?

① Brazil: Bourbon Santos   ② Colombia: Medhellin
③ Guatemala: Antigua   ④ Jamaica: Mandheling

3 커피 생두에는 세 가지 대표적인인 품종이 있다. 이와 다른 것은?

① Coffea Arabica   ② Coffea Canephora
③ Coffea Liberica   ④ Coffea Dutch

4 다음 보기 중 커피의 품종이 아닌 것은?

① 버번   ② 티피카   ③ 게이샤   ④ 샤르도네

5 다음 중 아라비카종에 대한 설명으로 부적합한 것은?

① 원산지가 에티오피아로 잎의 모양과 색깔, 꽃 등에서 로부스타와 미세한 차이를 나타낸다.

② 다 자란 크기는 5~6m이고, 주로 평균기온 20℃, 해발 600~2000m의 고지대에서 재배된다.

③ 잎과 나무의 크기가 로부스타종보다 크지만, 열매는 로부스타종이나 리베리카종보다 작다.

④ 모양은 로부스타에 비해 평평하고 길이가 길며 카페인 함유량도 로부스타에 비해 작다.

6 로스팅 방식가운데 예열시간이 비교적 짧은 방식은?

① 직화식   ② 반열풍식   ③ 열풍식   ④ 수망 로스터

7 로스팅시 발생하는 현상이라고 볼 수 없는 것은?

① 수분의 감소   ② 향기의 감소
③ 부피의 증가   ④ 무게의 감소

8 아라비카(Arabica)에 대하여 틀린 것은?

① 에디오피아에서 발견된 오리지널 종으로서 해발 2,000피트(610m) 이상에서 재배된다.

② 카페인 함량이 1~17% 정도로 낮으며 전 세계 커피생산의 70%를 차지하고 있다.

③ 해발 600~1,000피트(183~305m)의 고습지대에서 자라며 병충해에 강하다.

④ 원산지의 특징을 그대로 가지고 있는 향기롭고 질 높은 커피종이다.

9 에스프레소 추출시 약한 추출(Under Extraction)의 원인이 아닌 것은?

① 30초 이내로 빨리 추출되고 크레마는 황갈색보다는 노란색을 띤다.

② 커피의 양이 적거나 탬핑이 잘 되지 않으면 저항이 약해 빠른 추출이 된다.

③ 낮은 보일러 압력은 추출 온도가 내려가 커피의 풍미나 크레마가 약한 커피가 된다.

④ 커피 분쇄의 정도가 굵으면 물이 빨리 통과 하여 빠른 추출이 된다.

10 가공 방식의 하나인 건식법의 설명으로 알맞은 것은?

① 생산 단가가 싸고 친환경적이다.
② 품질이 높고 균일하다.
③ 발효 과정에서 악취가 날 수 있다.
④ 물을 많이 사용하므로 환경을 오염시킨다.

11 커피 추출 드리퍼의 재질로 가장 적합하지 않은 것은?

① PC(폴리카보네이트) 　　　　② 도자기
③ PP(폴리프로필렌) 　　　　④ PA(폴리아미드)

12 커피의 좋은 향 조건으로 관계가 먼 것은?

① 적정한 배전 　　　　② 분쇄 커피 레버조절
③ 적정한 물 온도 　　　　④ 커피의 생육환경

13 로스팅을 갓 마친 원두의 수분 함량은?

① 0.5~3.5% 　　② 0.5~3.0% 　　③ 0.4~3.5% 　　④ 0.4~3.0%

14 분쇄된 커피를 밀봉하지 않고 방치해 두었을 때 향미가 가장 빨리 손실되기 쉬운 조건은?

① 춥고 습할 때 　　　　② 덥고 건조할 때
③ 춥고 건조할 때 　　　　④ 덥고 습할 때

15 다음 보기 중 아라비카종이 아닌 것은?

① SL34 　　② Bourbon 　　③ Typica 　　④ Icatu

16 생산고도로써 생두분류를 하지 않는 나라는?

① 코스타리카 　　② 멕시코 　　③ 파라과이 　　④ 온두라스

17 카페인(Caffeine)에 대한 설명으로 틀린 것은?

① 인체에 흡수되면 신경계, 호흡계, 심장혈관계에 영향을 주나 일시적이다.
② 혼합성분의 두통약에도 일정량 포함되어 있다.

③ 식약청 권장 성인기준 하루 600mg섭취를 권장하고 있다.

④ 1819년 독일 화학자 룽게(Runge)가 처음으로 분리 성공했다.

18 추출구가 한 개인 원추형으로 리브(Rib)가 나선형으로 된 드립퍼는?

① Kalita   ② Melita   ③ Kono   ④ Hario

19 온두라스, 엘살바도르, 니카라과 국가의 생두등급 분류법으로 옳은 것은?

① SHG   ② SHB   ③ AA   ④ High Mountain

20 커피 추출단계에서 첫 번째 단계인 뜸을 주는 이유가 아닌 것은?

① 물이 균일하게 확산되며 물이 고르게 퍼지게 된다.

② 커피의 수용성 성분이 물에 녹게 되어 추출이 원활하게 이루어진다.

③ 뜸 들이는 과정을 생략하면 진한 커피가 추출 될 수밖에 없다.

④ 커피에 함유되어 있는 탄산가스와 공기를 빼주는 역할을 한다.

21 입안에 머금은 커피의 농도, 점도 등을 의미하며 진한느낌, 연한느낌 등으로 표현된다. 무엇을 말하는 것인가?

① Taste   ② Body   ③ Aroma   ④ Flavor

22 로스팅 단계에서 휴지기(Pause)의 의미는?

① 1차 크랙과 2차 크랙의 사이의 단계이다.

② 센터컷이 벌어지면서 크랙 소리가 들리는 단계이다.

③ 갈색에서 진한 갈색으로 바뀌는 단계이다.

④ 생두의 수분함량이 감소되는 단계이다.

23 다음 중 결점두에 대한 설명 중 잘못 짝지어진 것은?

① Insect Demage: 벌레 먹은 콩

② Fungus Damage: 곰팡이에 의해 노란색을 띈 콩

③ Floater: 깨진 콩이나 콩 조각

④ Withered Bean: 작고 기형인 콩

24 다음은 로스터에 대한 설명이다, 열풍식 로스터를 가장 잘 설명한 것은?

① 가장 오래된 일반적인 로스터로 회전하는 드럼의 몸체에 구멍을 뚫어 고온의 연소가스가 드럼 내부를 지나도록 고안된 로스터이다.

② 1970년대 일본에서 고안된 숯불을 이용한 로스터로, 직접 커피콩에 열기가 전달되면서 커피를 볶는 로스터다.

③ 가스버너의 불로 인해 가열된 드럼표면의 열기가 커피콩과 접촉되면서 전도열로 커피콩을 볶는 로스터다.

④ 뜨거운 열기를 불어 넣어 로스팅하는 방식으로 로스팅 시간 단축이 가능하다. 뜨거운 열기에 의해 원두가 공중에 뜬 상태로 섞이면서 로스팅되는 로스터도 있다.

25 다음 보기 중 커피 로스팅 머신이 아닌 것은?

① 프로밧   ② 후지로열   ③ 페마   ④ 디드릭

26 리베리카(Coffea Liberica)에 대한 설명중 틀린 것은?

① 고온다습한 저지에서 재배가능하며 수확량도 많다.

② 콩의 크기가 크고, 쓴맛이 강하여 품질이 좋지 않다.

③ 외관이 마름모꼴이며 극히 일부지역에서 생산되어 현지에서 소비된다.

④ 로부스타와 함께 3대 원종으로 분류된다.

27 다음 보기 중 농도가 가장 진한 것은?

① 아메리카노   ② 리스트레토   ③ 룽고   ④ 도피오

28 아래의 설명과 가장 가까운 나라는?

> • 마일드 커피의 대명사로 고급 커피를 생산한다.
> • 절반이상이 해발 1,400m이상 고지대 아라비카커피만 생산한다.
> • 모두 수세건조방법가공을 한다.

① 브라질   ② 콜롬비아   ③ 코스타리카   ④ 콰테말라

29 블랜딩의 규칙으로 잘못된 것을 고르시오?

① 입하된 개개의 생두를 그 때마다 반드시 테스트한 후에 사용한다.
② 맛의 '배색'이 아니라 '통계색'의 맛을 기본으로 한다.
③ 짙거나 개성있는 콩을 주축으로 하고 거기에 보충하는 콩을 배분한다.
④ 기초가 되는 콩을 우선 결정하고 2~3종류, 특징있는 콩을 가한다.

30 다음 보기 중 생두의 처리방식이 다른 나라는?

① 콜롬비아　　② 자메이카　　③ 케냐　　④ 예맨

31 다음 보기 중 가장 오래된 커피 추출 기구는?

① 모카포트　　② 에어로프레스　③ 제즈베　　④ 사이폰

32 커피 칸타타(Coffee Cantata)를 작곡한 사람은?

① Bach　　② Beethoven　③ Schubert　④ Mozart

33 열풍 로스터(Hot Air Roaster)의 설명으로 알맞지 않는 것은?

① 드럼 내부나 외부에 직접 화력이 공급된다.
② 고온의 열풍만을 사용하여 드럼 내부로 주입하는 방식이다.
③ 개성적인 커피 맛을 표현하기 어려운 것이 단점이다.
④ 균일한 로스팅을 할 수 있고 대량 생산 공정에 주로 사용된다.

34 유럽에서 첫 번째 커피 나무 재배를 성공한 나라는?

① 영국　　② 프랑스　　③ 오스트리아　④ 네덜란드

35 세계 최초의 커피 수출국인 나라는?

① 네덜란드　　② 예멘　　③ 에티오피아　④ 인도네시아

36 작고 둥근 편이며 센터컷이 S자형으로 수확량은 타이피카(Typica)에 비해 20~30% 많은 커피품종은?

① Bourbon　　② Maragogype　③ Catura　④ Typica

37 아리비카종과 로부스타종의 카페인 함량이 올바르게 짝지어진 것은?

① 0.5~1.2%, 1.5~3.0%　　　　② 0.8~1.5%, 1.7~3.5%

③ 0.6~1.3%, 1.6~3.2%　　　　④ 0.7~1.3%, 1.5~3.3%

38 로부스타(Robusta)종에 관한 설명 중 맞지 않는 것은?

① 병충해에 약하다.　　　　② 카페인 함량이 아라비카보다 높다.

③ 신맛이 비교적 적은편이다.　　　　④ 바디감이 강하다.

39 원두 선택 시 주의할 점이 아닌 것은?

① 커피 원두가 신선한지 확인한다.(로스팅을 한지 1년 이내의 것이 좋다)

② 선택한 커피 원두 브랜드 또는 로스터가 일관성 있게 로스팅과 블렌딩을 하고 있는 지를 살핀다.

③ 원두의 모양이 눈으로 보아 일정한지를 확인한다.

④ 선택한 로스터나 판매자가 어떤 타입의 생두를 사용했는지, 디카페인 공법은 어떤 방식을 쓴 것을 판매하는지 등의 구체적인 질문에 성실한 답변을 해주는 가를 살핀다.

40 인스턴트 커피에 설탕, 크림 등의 첨가물을 넣은 것은?

① 조제 커피　　　　② 액상 커피

③ 캡슐 커피　　　　④ 볶은 커피

41 커피보관 방법으로 적절치 못한 것은?

① 바닥에 닿지 않고 최대한 벽 가까이 안정되게 붙인다.

② 보관기간을 1년이 넘지 않도록 한다.

③ 온도는 20℃이하 습도는 40~50%를 유지한다.

④ 빛이 안 들고 통풍이 잘되는 장소

42 세계에서 유명한 커피인 블루마운틴은 생산하는 나라는?

① 자메이카　　　　② 케냐

③ 과테말라　　　　④ 콜롬비아

43 건식법과 습식법이 합쳐진 형태로 체리를 물에 가볍게 씻은 후 건조하는 방법을 무엇이라 하는가?

① Natural Coffee ② Washed Coffee
③ Pulped Natural Coffee ④ Semi-washed Coffee

44 커피 체리에 대한 설명이다. 올바르지 않은 것은?

① 일반적으로 가지에서 가장 가까운 부분이 먼저 익는다.
② 체리의 가장 바깥쪽에는 껍질에 해당하는 파치먼트가 있다.
③ 커피체리는 약 15~17mm정도의 크기로 동그랗다.
④ 익기전의 상태는 초록색이나 익으면서 빨간색으로 변한다.

45 유가공품에 커피를 혼합하여 음용하도록 만든 것은?

① 볶은 커피 ② 인스턴트 커피
③ 액상 커피 ④ 조제 커피

46 커피에 관한 내용이다. 거리가 먼 것은?

① 커피 열매에서 가장 중요한 부분은 씨앗이다.
② 커피과육이 건조되어야 씨앗을 쉽게 얻을 수 있다.
③ 대기 중의 산소와 분리하면 오래 보관할 수 없다.
④ 음용하기 위해서는 갈아야 한다.

47 커피의 산패에 대한 내용 중 다른 것은?

① 외부의 산소가 커피조직바깥으로 빠져나가 커피를 산화시킨다.
② 유기물이 산화되어 지방산이 발생된다.
③ 맛과 향이 변하는 현상이다.
④ 습도가 높을수록 커피는 쉽게 변질된다.

48 다음 보기 중 커피산지와 등급이 잘못 표기되어 있는 것은?

① Ethiopia Yirgacheffe G.2 ② Colombia Excelso
③ Kenya AB ④ Guatemala SHG

49 1차와 2차 발열반응이 일어나는 온도는?

① 180~205℃, 200~220℃   ② 170~190℃, 200~220℃

③ 180~205℃, 210~220℃   ④ 170~190℃, 210~220℃

50 다음 보기 중 커피의 품질에 가장 큰 영향을 주는 부분은 무엇인가?

① 로스팅   ② 생두   ③ 그라인딩   ④ 추출

51 다음 보기중 커피의 바디감을 표현하는 단어가 아닌 것은?

① 점도(Viscosity)   ② 두께감(Thickness)

③ 풍부함(Richness)   ④ 날카로움(Sharpness)

52 다음 보기중 생두의 밀도가 가장 낮은 것은?

① 케냐 AA   ② 이티오피아 이가체프 G2

③ 인디아 몬순 AA   ④ 과테말라 SHB

53 원산지 에티오피아로부터 최초로 커피가 전파되어 경작된 나라는?

① 인도네시아   ② 인도   ③ 브라질   ④ 예멘

54 다음 보기의 커피이름 가운데 생산국이 다른 것은?

① 시다모   ② 하라   ③ 마타리   ④ 짐마

55 커피 산패의 요인이 아닌 것은?

① 산소   ② 수분   ③ 온도   ④ 밀도

56 1931년 브라질에서 발견된 Bourbon과 Typica계열의 수마트라(Sumatura)의 자연교배종은?

① Caturra   ② Catuai   ③ Mondo Novo   ④ Timor

57 사이폰 커피 추출시 프란넬(Flannel) 필터를 사용하는 목적이 아닌 것은?

① 커피 미분 차단　　　　　　　② 쓴맛 차단
③ 커피 잡내 감소　　　　　　　④ 고유의 맛과 향을 살려준다.

58 피베리(Peaberry)의 또 다른 명칭은?

① Caracolilo　　② Bourbon　　③ Mattari　　④ Typica

59 다음 중 아라비카종의 원종(Orginal)에 해당하는 품종은?

① Catimor　　② Mundo Novo　　③ Bourbon　　④ Ruiru

60 다음 중 너무 빠른 로스팅으로 인해 생기는 결점을 가장 잘 설명한 것은?

① 탄맛이 강하게 나타난다.
② 쓴맛이 강하게 나타난다.
③ 떫은맛이 강하게 나타난다.
④ 겉은 타고 속은 덜익는 현상이 나타난다.

제17회 바리스타 마스터 2급 필기시험문제 정답

1	③	2	④	3	④	4	④	5	③	6	④	7	②	8	③	9	①	10	①
11	①	12	②	13	①	14	②	15	④	16	①	17	③	18	④	19	①	20	③
21	②	22	①	23	③	24	④	25	③	26	①	27	②	28	②	29	②	30	④
31	③	32	①	33	①	34	④	35	④	36	①	37	②	38	①	39	④	40	①
41	①	42	①	43	④	44	②	45	③	46	③	47	①	48	④	49	①	50	②
51	④	52	③	53	④	54	③	55	④	56	③	57	②	58	①	59	③	60	④

바리스타 마스터

제18회

2급 필기시험문제

자격종목 및 등급	시험시간	수 험 번 호	성 명
Barista Master 2급	1시간		

1 에스프레소 머신의 압력이 9기압보다 압력이 많이 떨어지거나 높아질 때 압력을 조절하는 장치의 이름은?

① 전기 밸브　　② 펌프 모터　　③ 보일러　　④ 플로우 메타

2 에스프레소머신에서 내부에 자석성질의 칩을 가진 휠이 있어 이것의 회전량으로 물의 양을 조절한다. 이것은?

① 그룹 밸브(Group Valves)　　② 드레인 박스(Drain Box)
③ 유량계(Flow Meter)　　④ 진공 밸브(Vacuum Value)

3 커피 추출에 대한 내용 중 가장 적절하지 않은 것은?

① 추출 수의 온도가 높을수록 쓴 맛이 강해진다.
② 약배전일수록 물의 온도를 높여준다
③ 추출 시간이 길수록 가용 성분이 많아진다.
④ 강배전일수록 추출 성분이 많아진다.

4 커피의 기본적인 네 가지 맛 가운데 쓴맛의 원인물질과 거리가 먼 것은?

① 산화칼슘　　② 카페인　　③ 트리고넬린　　④ 퀴닉산

5 커피를 마신 후 입안에서 물리적으로 느끼는 느낌은?

① 시각　　②촉각　　③ 청각　　④ 후각

6 제빙기의 이상 징후 중 얼음이 생성되는 양이 적은 원인이 아닌 것은?

① 정수기 필터가 막혔다.
② 공기의 흐름에 문제가 있다.
③ 냉매가 떨어졌다.
④ 응축기 코일 주변에 여러 물건이 쌓여있다.

7 입안에 있는 말초 신경이 커피의 점도(Viscosity)와 미끈함(Oilness)을 감지하는데 이 두 가지 감각의 총체적인 표현은?

① Taste　　② Body　　③ Aroma　　④ Flavor

8 다음 중 커피의 관능 평가(Sensory Evaluation) 기준 단계에 해당하지 않는 것은?

① 미각　　　　　　　　② 시각
③ 후각　　　　　　　　④ 촉각

9 다음의 내용 중 서로 거리가 먼 것은?

① 인도네시아-사향고양이 커피　　② 스리랑카-족제비 커피
③ 예멘-원숭이 커피　　　　　　　④ 태국-코끼리 커피

10 코피 루왁(Kopi Luwak)을 생산하는 나라는?

① 인도네시아　　② 케냐　　③ 과테말라　　④ 콜롬비아

11 커피의 기본 맛 가운데 다른 세 가지 맛을 왜곡(강도를 변화)시키는 역할을 하는 것은?

① 단맛　　② 쓴맛　　③ 짠맛　　④ 신맛

12 커피를 마신 다음 느껴지는 증기 상태의 향을 무엇이라 하는가?

① Aroma   ② Flavor   ③ Fragrance   ④ Aftertaste

13 커피 생두의 적정 함수율(평균 수분함량)은?

① 1~3%   ② 4~8%   ③ 10~12%   ④ 13~15%

14 공기압을 이용하여 커피를 추출하는 사이폰은 어느 나라에서 고안된 제품인가?

① 영국   ② 미국   ③ 일본   ④ 이탈리아

15 커피의 좋은 향 조건으로 관계가 먼 것은?

① 적정한 배전   ② 분쇄 커피 레버조절
③ 적정한 물 온도   ④ 커피의 생육환경

16 커핑 시간과 관련된 내용이다 가장 거리가 먼 것은?

① 0~4분: 물을 붓고, 추출하며, 아로마를 평가
② 4~6분: 브레이킹, 아로마 평가
③ 6~8분: 부유물 제거(스키밍)
④ 9~12분: 1차 커핑(hot: 67~73도)

17 커피 체리구조의 순서로 올바른 것은?

① Outer skin → Pulp → Parchment → Silver skin
② Outer skin → Silver skin → Parchment → Pulp
③ Outer skin → Parchment → Pulp → Silver skin
④ Outer skin → Pulp → Silver skin → Parchment

18 에스프레소 기계의 추출 온도를 정밀하게 조절, 유지, 관리 할 수 있는 장치는?

① 추출 챔버(Extraction Chamber)   ② PID 제어장치
③ 열 교환기(Heat Exchanger)   ④ 체크 밸브(Check Valve)

19 로스팅 시 발생하는 현상이라고 볼 수 없는 것은?

① 생두수분 감소　　　　　　② 생두향기 감소

③ 생두부피 증가　　　　　　④ 생두무게 감소

20 다음은 커핑에 관한 내용이다 거리가 먼 것은?

① 커핑시 커피 원두는 로스팅한 지 8~24시간 이내의 원두를 사용하여야하며, 진공 포장 시 2주까지 허용한다.

② 로스팅 정도는 미디움 로스트(Medium Roast)이다.

③ 분쇄 후 커핑까지의 한계 시한은 15분이다.

④ 분쇄는 커핑 직전에 한다. 물을 끓이면서 분쇄하는 것은 좋지 않다.

21 추출구가 하나이며 원추형으로 리브(Rib)가 드리퍼의 중간까지만 있는 이 드리퍼의 명칭은?

① Kono　　　　② Hario　　　　③ Kalita　　　　④ Melitta

22 미국 하와이에서 생산되는 커피인 하와이 코나의 '코나'란 무엇을 의미하나?

① 회사이름　　　② 품질등급　　　③ 지역이름　　　④ 농장이름

23 핸드 드립에 필요한 준비 도구가 아닌 것은?

① 온도계　　　② 계량스푼　　　③ 에어로프레스　　④ 스톱워치

24 커피의 맛과 향에 관한 용어로 잘못 표현 된 것은?

① Carbony(감미로운 맛)　　　　② Bland(싱거운 맛)

③ Bouquet(향기)　　　　　　④ Acidity(신맛)

25 개스킷 상태 확인 중 틀린 답을 고르시오.

① 개스킷은 저열로 인하여 일정한 시간이 지나면 팽창이 된다.

② 개스킷은 딱딱하게 굳거나 낡게 되면 정상적인 추출이 되지 않는다.

③ 개스킷은 사용기간이 일정한 시간이 지나면 굳어버리는 현상이 있다.

④ 개스킷의 교환시기가 되면 옆으로 새는 현상이 발생할 수도 있다.

26 카페인(Caffeine)에 대한 설명으로 틀린 것은?

① 인체에 흡수되면 신경계, 호흡계, 심장혈관계에 영향을 주나 일시적이다.
② 혼합성분의 두통약에도 일정량 포함되어 있다.
③ 식약청 권장 성인기준 하루 600mg섭취를 권장하고 있다.
④ 1819년 독일 화학자 룽게(Runge)가 처음으로 분리 성공했다.

27 생두를 로스팅한 후 포장 전에 탄산가스를 지연방출(Degassing) 한다 바람직한 시간은?

① 1~7시간   ② 8~24시간   ③ 24~30시간   ④ 32~36시간

28 핸드 드립에 사용되는 드리퍼의 리브(Rib)에 대한 설명 중 틀린 것은?

① 드리퍼 내분의 요철이다.
② 커피를 거르는 역할을 한다.
③ 공기흐름 통로의 역할
④ 페이퍼 필터를 쉽게 제거하게 한다.

29 가장 오래된 커피 추출 기구는?

① 모카포트   ② 제즈베   ③ 에어로프레스   ④ 사이폰

30 커핑 평가 항목에 들어가지 않는 것은?

① Flavor   ② Aftertaste   ③ Tipping   ④ Uniformity

31 산토도밍고(도미니카)로부터 커피 나무를 이식했으며 터퀴노(Turquino)가 최고급 커피로 각광받고 있다. 이 나라의 이름은?

① 프랑스   ② 쿠바   ③ 영국   ④ 네덜란드

32 로스팅을 하기 전에 블렌딩을 하는 것을 선호하는 이유라고 볼 수 없는 것은?

① 일정한 맛과 향을 유지하는데 효율적이므로
② 색깔이 고른 커피가 일단 좋아 보이기 때문에

③ 저급한 생두를 적당히 블렌딩해도 그 맛이 로스팅 과정에서 조금은 중화
될 수 있기 때문에

④ 각각의 생두를 로스팅하여 블렌딩할 경우 커피 원두의 재고 밸런스 등 여
러 가지 관리상의 문제 등이 발생하기 때문에

33 다음 중 돌연변이 생두(Bean)가 아닌 것은?

① 블랙 빈　　　② 피베리　　　③ 마라고지페　　　④ 트라이앵글 빈

34 커피등급의 표준가운데 엑셀소(Excelso)를 사용하는 나라는?

① 코스타리카　　② 브라질　　　③ 과테말라　　　④ 콜롬비아

35 에스프레소의 진한 크레마에 대한 설명이다. 거리가 먼 것은?

① 너무 느리게 추출된 커피에서 생긴다.
② 크레마의 두께가 5mm이상을 말한다.
③ 분쇄 입자가 굵거나 탬핑이 약하다.
④ 가운데 부분에 짙은 갈색과 함께 검은색의 빛깔이 형성된다.

36 개스킷 상태 확인 중 틀린 답을 고르시오?

① 개스킷은 저열로 인하여 일정한 시간이 지나면 팽창이 된다.
② 개스킷은 딱딱하게 굳거나 낡게 되면 정상적인 추출이 되지 않는다.
③ 개스킷은 사용기간이 일정한 시간이 지나면 굳어버리는 현상이 있다.
④ 개스킷의 교환시기가 되면 옆으로 새는 현상이 발생할 수도 있다.

37 커피를 형성하는 기본적인 대사과정의 커피품질에 영향을 미치는 것은?

① 탄수화물, 지방, 단백질　　　　② 탄수화물, 철분, 단백질
③ 단백질, 지방, 철분　　　　　　④ 단백질. 칼슘, 지방

38 '제한된'의 의미를 가지고 있으며 15~20ml정도의 소량으로 추출하는 농도 짙
은 에스프레소 커피는?

① Doppio　　　② Latte　　　③ Ristretto　　　④ Lungo

39 커피를 생산하는 몇 개의 국가에서 전문가들의 평가로 순위를 매겨 경매를 통해 가장 좋은 질의 맛을 선보이게 만든 기구는?

① SCA ② COE ③ KBC ④ ICO

40 사이폰 커피 추출 도구와 거리가 먼 것은?

① 프렌치 발룬(French Balloon) ② 알폰소 비알레띠(Alfonso Bialetti)
③ 배쉬(Madame Vassieux) ④ 리차드(Madame Richard)

41 휘핑기에 사용되는 가스는?

① 산소 ② 이산화탄소 ③ 헬륨 ④ 질소

42 가공 방식의 하나인 건식법의 설명으로 알맞은 것은?

① 생산 단가가 싸고 친환경적이다.
② 품질이 높고 균일하다.
③ 발표과정에서 악취가 날 수 있다.
④ 물을 많이 사용하므로 환경을 오염시킨다.

43 다음 보기 중 아라비카종이 아닌 것은?

① SL34 ② Bourbon ③ Typica ④ Icatu

44 카페인(Caffeine)에 대한 설명으로 틀린 것은?

① 인체에 흡수되면 신경계, 호흡계, 심장혈관계에 영향을 주나 일시적이다.
② 혼합성분의 두통약에도 일정량 포함되어 있다.
③ 식약청 권장 성인기준 하루 600mg 섭취를 권장하고 있다.
④ 1819년 독일 화학자 룽게(Runge)가 처음으로 분리 성공했다.

45 로스팅 단계에서 휴지기(Pause)의 의미는?

① 1차 크랙과 2차 크랙의 사이의 단계이다.
② 센터컷이 벌어지면서 크랙 소리가 들리는 단계이다.
③ 갈색에서 진한 갈색으로 바뀌는 단계이다.
④ 생두의 수분함량이 감소되는 단계이다.

46 다음 중 결점두의 종류에 대한 설명 중 거리가 먼 것은?

① Insect Demage: 벌레 먹은 콩
② Fungus Danage: 곰팡이에 의해 노란색을 띈 콩
③ Floater: 깨진 콩이나 콩 조각
④ Withered Bean: 작고 기형인 콩

47 커피 체리에 대한 설명 중 틀린 것은?

① 외피: 원두와 과육을 들러 싸고 있는 붉은 색 껍질
② 과육: 끈적거리며 단맛이 난다.
③ 내과피: 생두를 둘러싸고 있는 단단한 층
④ 은피: 생두를 싸고 있는 얇은 은색 층

48 로부스타(Robusta)종에 관한 설명 중 맞지 않는 것은?

① 병충해에 약하다.
② 카페인 함량이 아라비카보다 높다.
③ 신맛이 비교적 적은편이다.
④ 바디감이 강하다.

49 일제 강점기에 남대문 정차장내에 깃사텐(일본식 다방)이 개설되었다. 그 시기는?

① 1909년   ② 1910년   ③ 1911년   ④ 1912년

50 커피 나무가 처음 발견된 곳으로 알려진 나라는?

① 인도네시아   ② 인도   ③ 예멘   ④ 에티오피아

51 커피체리에 대한 설명 중 옳지 않은 것은?

① 과육은 끈적거리며 단맛이 난다.
② 커피체리는 외피, 과육, 점액질, 은피, 생두의 구조로 이루어져 있다.
③ 일반적으로 정상적인 체리 안에는 1개의 생두가 들어 있다.
④ 개화부터 수확까지의 기간은 아라비카보다 로부스타가 길다.

52 생두를 로스팅 할 때 일어나는 현상 중 틀린 것은?

① 온도의 상승으로 원두와 실버 스킨이 분리된다.
② 약배전 시 무게는 19~25% 감소한다.
③ 신맛이 거의 없어지는 시티 로스트(City Roast) 단계는 조금씩 기름기가 배어
나오기 시작 한다.
④ 로스팅은 흡열반응, 수분증발, 발열반응, 냉각과정 순으로 진행된다.

53 원두의 신선도에 대한 설명 중 잘못 된 것은?

① 분쇄한 커피는 공기와 접촉이 크므로 커피를 추출하기 직전에 분쇄하여
사용한다.
② 강하게 로스팅 된 원두는 산화가 더 늦게 진행된다.
③ 신선도 유지를 위한 포장 방법에는 밀폐 용기, 진공 포장, 특수 밸브 등이
있다.
④ 커피신선도의 가장 큰 적(나쁜 영향을 미치는)은 시간, 공기, 습기 등이다.

54 핸드 드립 드리퍼 중에서 리브(Rib)가 촘촘하고 높아 추출이 용이하고, 메리타
보다 드리퍼의 각도가 완만한 것은?

① 고노   ② 하리오   ③ 카리타   ④ 클레브

55 추출된 에스프레소의 크레마에 대한 설명 중 틀린 것은?

① 커피의 향을 함유하고 있는 지방 성분을 많이 가지고 있다.
② 단열층의 역할을 하여 빨리 식는 것을 막아 준다.
③ 크레마의 두께는 5mm이상 두꺼울수록 좋다.
④ 크레마는 지속력과 복원력이 높을수록 좋은 평가를 받는다.

56 에스프레소 추출에 대한 설명 중 틀린 것은?

① 입자가 너무 굵을 경우 과소 추출된다.
② 커피와 물이 접촉하는 시간이 길어지면 과다 추출이 일어난다.
③ 투입량이 적을 경우 과소 추출된다.
④ 과다 추출된 에스프레소는 풍부한 바디감과 단맛과 쓴맛의 조화를 이룬다.

57 에스프레소머신의 추출 압력을 올리기 위한 가장 올바른 방법은?

① 보일러 압력을 높인다
② 머신과 연결된 수도압력을 높인다
③ 추출버튼을 길게 누른다
④ 추출펌프의 압력을 높인다

58 커핑(Cupping)의 커피 평가 항목과 거리가 먼 것은?

① 산지 평가 　　② 생두 평가 　　③ 원두 평가 　　④ 향미 평가

59 커피 추출에 사용하는 램프와 거리가 먼 것은?

① 알라딘 램프 　　② 할로겐 램프 　　③ 가스 램프 　　④ 알코올 램프

60 에스프레소 추출시 육안으로 확인될 정도로 커피 찌꺼기가 나오는 원인이 아닌 것은?

① 그라인더날의 마모되었을 때
② 커피의 분쇄 입자가 굵은 경우
③ 필터 홀더의 구멍이 너무 큰 경우
④ 디퓨져 구멍이 막혀 있을 경우

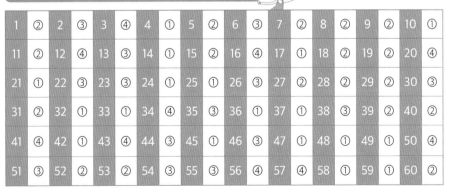

제18회 바리스타 마스터 2급 필기시험문제 정답

1	②	2	③	3	④	4	①	5	②	6	③	7	②	8	②	9	②	10	①
11	②	12	④	13	③	14	①	15	②	16	④	17	①	18	②	19	②	20	④
21	①	22	③	23	③	24	①	25	①	26	③	27	②	28	②	29	②	30	③
31	②	32	①	33	①	34	④	35	③	36	①	37	①	38	③	39	②	40	②
41	④	42	①	43	④	44	③	45	①	46	③	47	①	48	①	49	①	50	④
51	③	52	②	53	②	54	③	55	③	56	④	57	④	58	①	59	①	60	②

바리스타 마스터

제19회

2급 필기시험문제

자격종목 및 등급	시험시간	수 험 번 호	성 명
Barista Master 2급	1시간		

1 커피 매장 영업중 장비 점검과 거리가 가장 먼 것은?

① 블렌더 점검   ② 에스프레소머신 점검

③ 그라인더 점검   ④ 넉박스 점검

2 커피의 기본 맛 가운데 다른 세 가지 맛을 왜곡(강도를 변화)시키는 역할을 하는 것은?

① 단맛   ② 쓴맛   ③ 짠맛   ④ 신맛

3 커피를 마신 다음 느껴지는 증기 상태의 향을 무엇이라 하는가?

① Aroma   ② Flavor   ③ Fragrance   ④ Aftertaste

4 커핑 평가 항목에 들어가지 않는 것은?

① Flavor   ② Aftertaste   ③ Tipping   ④ Uniformity

5 펄프는 커피 열매 무게의 몇%를 차지하는가?

① 10~12%   ② 20~22%   ③ 30~32%   ④ 40~42%

6 산토도밍고(도미니카)로부터 커피 나무를 이식했으며 터퀴노(Turquino)가 최고급 커피로 각광받고 있는 국가는?

① 프랑스   ② 쿠바   ③ 영국   ④ 네덜란드

7 로스팅을 하기 전에 블렌딩을 하는 것을 선호하는 이유라고 볼 수 없는 것은?

① 일정한 맛과 향을 유지하는데 효율적이므로
② 색깔이 고른 커피가 일단 좋아 보이기 때문에
③ 저급한 생두를 적당히 블렌딩해도 그 맛이 로스팅 과정에서 조금은 중화 될 수 있기 때문에
④ 각각의 생두를 로스팅하여 블렌딩할 경우 커피 원두의 재고 밸런스 등 여 러 가지 관리상의 문제 등이 발생하기 때문에

8 다음 중 돌연변이 생두가 아닌 것은?

① 블랙 빈   ② 피베리   ③ 마라고지페   ④ 트라이앵글 빈

9 엑셀소(Excelso)란 어느 나라에서 사용하는 커피등급의 표준인가?

① 코스타리카   ② 브라질
③ 과테말라   ④ 콜롬비아

10 커피향기의 생성 원인에 따른 향기분류와 관계가 먼 것은?

① 효소작용   ② 탄소반응
③ 갈변반응   ④ 건류반응

11 커피의 향미를 관능적으로 평가할 때 사용되지 않는 감각은?

① 미각   ② 시각
③ 후각   ④ 촉각

12 휘핑기에 사용되는 가스는?

① 산소   ② 이산화탄소   ③ 헬륨   ④ 질소

13 좋은 에스프레소 크레마에 없어야하는 것들이다. 거리가 먼 것은?

① 구멍(Hole)   ② 타이거 스킨(Tiger Skin)

③ 흰점(White Spot)   ④ 검은 얼룩(Oil Marking)

14 정수기 필터의 역할을 바르게 설명된 것은?

① 콜스필터: 여과기 기능을 하는 필터

② 뷰렛필터: 석회질이 배관라인에 쌓이는 것을 방지하는 필터

③ IMF필터: 살균 효과의 역할을 하는 필터

④ 프리필터: 세균을 억제하는 필터

15 커피 체리에 대한 설명 중 틀린 것은?

① 외피: 원두와 과육을 들러 싸고 있는 붉은 색 껍질

② 과육: 끈적거리며 단맛이 난다.

③ 내과피: 생두를 둘러싸고 있는 단단한 층

④ 은피: 생두를 싸고 있는 얇은 은색 층

16 에스프레소 머신의 압력이 9기압보다 압력이 많이 떨어지거나 높아질 때 압력을 조절하는 장치의 이름은?

① 전기 밸브   ② 펌프 모터   ③ 보일러   ④ 플로우 메타

17 에스프레소머신에서 내부에 자석성질의 칩을 가진 휠이 있어 이것의 회전량으로 물의 양을 조절한다. 이것의 이름은?

① 그룹 밸브(Group Valves)   ② 드레인 박스(Drain Box)

③ 유량계(Flow Meter)   ④ 진공 밸브(Vacuum Value)

18 에스프레소 머신 청소와 거리가 먼 것은?

① 필터 홀더 세척   ② 스팀 밸브 세척

③ 배수 트레이 세척   ④ 그룹 헤드 세척

19 커피의 기본적인 네 가지 맛 가운데 쓴맛의 원인물질과 거리가 먼 것은?

① 산화칼슘　　② 카페인　　③ 트리고넬린　　④ 퀴닉산

20 커피를 마신 후 입안에서 물리적으로 느끼는 느낌은?

① 시각　　　　② 촉각　　　③ 청각　　　④ 후각

21 추출된 에스프레소의 크레마에 대한 설명 중 틀린 것은?

① 커피의 향을 함유하고 있는 지방 성분을 많이 가지고 있다.
② 단열층의 역할을 하여 빨리 식는 것을 막아 준다.
③ 크레마의 두께는 5mm이상 두꺼울수록 좋다.
④ 크레마는 지속력과 복원력이 높을수록 좋은 평가를 받는다.

22 입안에 있는 말초 신경이 커피의 점도(Viscosity)와 미끈함(Oilness)을 감지하는데 이 두 가지 감각의 총체적인 표현은?

① Taste　　　　② Body　　　③ Aroma　　　④ Flavor

23 커피 가공방법중 건식처리법에 관련된 내용이다 거리가 먼 것은?

① 커피 열매에 외피가 붙어 있는 상태 그대로 말린다.
② 중복처리법이 있다.
③ 탈곡기(Huller)에 넣어 외피와 파치먼트를 제거한 후 말린다.
④ 자연건조처리법과 인공건조처리법이 있다.

24 에스프레소(Espresso)의 뜻과 가장 거리가 먼 것은?

① 영어의 익스프레스(Express, 빠름)를 의미
② 커피의 심장(Heart of Coffee)을 의미
③ 라틴어 익스프리머(Exprimere)에서 유래
④ 이탈리아어 에스프레시보(Espressivo)에서 유래

25 아이스 에스프레소를 만들 때 필요한 재료 중 거리가 먼 것은?

① 에스프레소　　② 설탕 시럽　　③ 보일러 물　　④ 얼음

26 에스프레소 커피 추출과 분쇄 입자에 대한 설명 중 틀린 것은?

① 너무 굵게 갈면 밋밋한 에스프레소가 추출된다.
② 설탕보다는 가늘고 밀가루보다는 굵은 정도(0.2~0.3mm정도)
③ 강하게 로스팅될수록 조금 더 곱게 분쇄한다..
④ 20초 이내로 커피가 빠르게 추출되면 크레마가 노란색을 띈다.

27 추출 수율과 농도에 대한 설명이다. 거리가 먼 것은?

① 커피의 가용성 성분 24~27% 중 추출 수율이 16~20%이다.
② 추출 수율이 18~22% 일 때 조화된 맛을 느낄 수 있다.
③ 추출 수율이 16% 미만이면 풋내와 땅콩 냄새가 난다.
④ 추출 수율이 24%이상이면 떫은맛이 난다.

28 다음 드리퍼 중 추출구멍의 개수가 다른 것은?

① 고노   ② 하리오   ③ 카리타   ④ 메리타

29 다음 중 생두의 외관으로 판단할 때 냄새가 가장 매콤한 것은?

① 뉴 크롭   ② 패스트 크롭   ③ 올드 크롭   ④ 갓 수확한 생두

30 에스프레소 추출시 맛과 향에 영향을 미치는 변수가 아닌 것은?

① 온도   ② 분쇄원두 투입량
③ 투입 원두양   ④ 추출 압력

31 로스팅 단계에서 휴지기(Pause)의 의미는?

① 1차 크랙과 2차 크랙의 사이의 단계이다.
② 센터컷이 벌어지면서 크랙 소리가 들리는 단계이다.
③ 갈색에서 진한 갈색으로 바뀌는 단계이다.
④ 생두의 수분함량이 감소되는 단계이다.

32 블랜딩의 규칙으로 잘못된 것을 고르시오?

① 입하된 개개의 생두를 그 때마다 반드시 테스트한 후에 사용한다.
② 맛의 '배색'이 아니라 '통계색'의 맛을 기본으로 한다.

③ 짙거나 개성있는 콩을 주축으로 하고 거기에 보충하는 콩을 배분한다.

④ 기초가 되는 콩을 우선 결정하고 2~3종류, 특징있는 콩을 가한다.

33 리베리카(Coffea Liberica)에 대한 설명 중 틀린 것은?

① 고온다습한 저지에서 재배가능하며 수확량도 많다.

② 콩의 크기가 크고, 쓴맛이 강하여 품질이 좋지 않다.

③ 외관이 마름모꼴이며 극히 일부지역에서 생산되어 현지에서 소비된다.

④ 로부스타와 함께 3대 원종으로 분류된다.

34 로부스타(Robusta)종에 관한 설명 중 맞지 않는 것은?

① 병충해에 약하다.　　　　　② 카페인 함량이 아라비카보다 높다.

③ 신맛이 비교적 적은편이다.　　④ 바디감이 강하다.

35 커피 추출 드리퍼의 재질로 가장 적합하지 않은 것은?

① PC(폴리카보네이트)　　　　② 도자기

③ PP(폴리프로필렌)　　　　　④ PA(폴리아미드)

36 커피의 분류 가운데 다른 하나는?

① 원두 커피　　② 인스턴트 커피　③ 조제 커피　　④ 액상 커피

37 커피 산패의 요인이 아닌 것은?

① 산소　　　　② 수분　　　　③ 온도　　　　④ 밀도

38 추출 원리가 증기압력과 진공흡입 원리를 이용한 추출 도구는?

① 캐맥스　　　② 프란넬 드립　　③ 프렌치 프레스　④ 사이폰

39 페이퍼 드리퍼를 이용한 커피 추출에 있어 커피의 쓴맛과 개성적인 맛을 강조할 때 사용하는 추출은?

① 저온 추출　　② 미온 추출　　③ 중온 추출　　④ 고온 추출

40 다음 보기 중 커피의 품질에 가장 큰 영향을 주는 부분은 무엇인가?

① 로스팅　　　② 생두　　　③ 그라인딩　　　④ 추출

41 추출 수율과 관련된 내용이다 가장 거리가 먼 것은?

① 추출 수율이 16% 이하이면 과소 추출이다.
② 과소 추출되면 견과류 같은 향미가 난다.
③ 과다 추출이 되면 땅콩 냄새가 난다.
④ 추출 수율이 24% 이상이면 과다 추출로 쓴맛이 강하다.

42 효소가 쓰이지 않는 갈변화 과정으로 환원당이 아미노산과 반응하는 이러한 현상을 무엇이라 하는가?

① 메일라드 반응　　　　　② 카라멜화
③ 유기물질 손실　　　　　④ 휘발성 아로마

43 청각을 통한 생두의 차이에 대한 내용과 거리가 먼 것은?

① 뉴 크롭을 떨어뜨리면 올드 크롭 보다 더 무거운 소리가 난다.
② 생두를 약 10cm 높이에서 떨어뜨려서 소리를 체크한다.
③ 고지대 재배생두가 저지대보다 더 둔탁한 소리가 난다.
④ 아라비카종보다 로부스타종이 더 무거운 소리가 난다.

44 인공건식처리법에 관련된 내용이다 거리가 먼 것은?

① 건조탑 설비를 필요로 한다.
② 인건비가 쌀 경우 주로 사용한다.
③ 건조하는 온도가 품질에 미치는 영향이 매우 크다.
④ 50℃의 열풍으로 3일정도 건조한다.

45 SAN(Styrene Acrylonitrile) 플라스틱의 특징이 아닌 것은?

① 투명성　　　　　② 변색성
③ 내열성　　　　　④ 내약품성

46 다음의 내용 중 서로 거리가 먼 것은?

① 인도네시아-사향고양이 커피　　② 스리랑카-족제비 커피
③ 예멘-원숭이 커피　　　　　　　④ 태국-코끼리 커피

47 생두를 로스팅한 후 포장 전에 탄산가스를 지연방출(Degassing)해 주는 데 대략 그 시간은?

① 1~7시간　　　　　　　　　　② 8~24시간
③ 24~30시간　　　　　　　　　④ 32~36시간

48 코피 루왁(Kopi Luwak)을 생산하는 나라는?

① 인도네시아　　　　　　　　　② 케냐
③ 과테말라　　　　　　　　　　④ 콜롬비아

49 커피 나무가 처음 발견된 곳으로 알려진 나라는?

① 인도네시아　　　　　　　　　② 인도
③ 예멘　　　　　　　　　　　　④ 에티오피아

50 커피체리에 대한 설명 중 옳지 않은 것은?

① 과육은 끈적거리며 단맛이 난다.
② 커피체리는 외피, 과육, 점액질, 은피, 생두의 구조로 이루어져 있다.
③ 일반적으로 정상적인 체리 안에는 1개의 생두가 들어 있다.
④ 개화부터 수확까지의 기간은 아라비카보다 로부스타가 길다.

51 생두를 로스팅 할 때 일어나는 현상 중 틀린 것은?

① 온도의 상승으로 원두와 실버 스킨이 분리된다.
② 약배전 시 무게는 19~25% 감소한다.
③ 신맛이 거의 없어지는 시티로스트(City Roast) 단계는 조금씩 기름기가 배어
　　나오기 시작 한다.
④ 로스팅은 흡열반응, 수분증발, 발열반응, 냉각과정 순으로 진행된다.

52 원두의 신선도에 대한 설명 중 잘못 된 것은?

① 분쇄한 커피는 공기와 접촉이 크므로 커피를 추출하기 직전에 분쇄하여 사용한다.
② 강하게 로스팅 된 원두는 산화가 더 늦게 진행된다.
③ 신선도 유지를 위한 포장 방법에는 밀폐 용기, 진공 포장, 특수 벨브 등이 있다.
④ 커피신선도의 가장 큰 적은 시간, 공기, 습기 등이다.

53 핸드 드립 드리퍼 중에서 리브(Rib)가 촘촘하고 높아 추출이 용이하고, 메리타보다 드리퍼의 각도가 완만한 것은?

① 고노   ② 하리오   ③ 카리타   ④ 클레브

54 추출된 에스프레소의 크레마에 대한 설명 중 틀린 것은?

① 커피의 향을 함유하고 있는 지방 성분을 많이 가지고 있다.
② 단열층의 역할을 하여 빨리 식는 것을 막아 준다.
③ 크레마의 두께는 5mm이상 두꺼울수록 좋다.
④ 크레마는 지속력과 복원력이 높을수록 좋은 평가를 받는다.

55 에스프레소 추출에 대한 설명 중 틀린 것은?

① 입자가 너무 굵을 경우 과소 추출된다.
② 커피와 물이 접촉하는 시간이 길어지면 과다 추출이 일어난다.
③ 투입량이 적을 경우 과소 추출된다.
④ 과다 추출된 에스프레소는 풍부한 바디감과 단맛과 쓴맛의 조화를 이룬다.

56 모카포트 커피 추출 방식과 가장 가까운 것은?

① 끓임(Boiled)   ② 조림(Simmered)
③ 가압 여과법(Pressed Filtration)   ④ 가압 추출법(Pressed Extraction)

57 에스프레소 머신에서 압력이 떨어지거나 높아질 때 압력을 조절하는 장치의 이름은?

① 펌프 모터   ② 전자 밸브   ③ 보일러   ④ 프로우 메타

58 인스턴트 커피와 관련된 내용과 가장 거리가 먼 것은?

① 블랜딩　　　② 동결 건조　　　③ 솔루블 커피　　　④ 사토리 가토

59 에스프레소 추출시 육안으로 확인될 정도로 커피 찌꺼기가 나오는 원인이 아닌 것은?

① 그라인더날의 마모되었을 때
② 커피의 분쇄 입자가 가는 굵은 경우
③ 필터 홀더의 구멍이 너무 큰 경우
④ 디퓨져 구멍이 막혀 있을 경우

60 식품위생법에서 사용하는 용어 설명과 거리가 먼 것은?.

① 식품이란 의약으로 섭취하는 것을 포함한 모든 음식물을 말한다.
② 기구란 식품 또는 식품 첨가물에 직접 닿는 기계·기구나 그 밖의 물건을 말한다.
③ 영양 표시란 식품에 들어있는 영양소의 함량 등 영양에 관한 정보를 표시하는 것
④ 식품 첨가물이란 식품에 넣거나 섞거나 적시는 데에 사용하는 물질

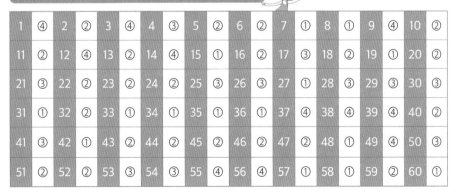

제19회 바리스타 마스터 **2급** 필기시험문제 **정답**

1	④	2	②	3	④	4	③	5	②	6	②	7	①	8	①	9	④	10	②
11	②	12	④	13	②	14	④	15	①	16	②	17	③	18	②	19	①	20	②
21	③	22	②	23	②	24	②	25	③	26	③	27	①	28	③	29	③	30	③
31	①	32	②	33	①	34	①	35	①	36	①	37	④	38	④	39	④	40	②
41	③	42	①	43	②	44	②	45	②	46	②	47	②	48	①	49	④	50	③
51	②	52	②	53	①	54	③	55	④	56	④	57	①	58	①	59	②	60	①

바리스타 마스터

제20회

2급 필기시험문제

자격종목 및 등급	시험시간	수험번호	성 명
Barista Master 2급	1시간		

1 좋은 에스프레소 크레마에 없어야하는 것들이다. 거리가 먼 것은?

① 구멍(Hole)　　　　　　　② 타이거 스킨(Tiger Skin)

③ 흰점(White Spot)　　　　④ 검은 얼룩(Oil Marking)

2 아라비카(Arabica)에 대하여 틀린 것은?

① 에디오피아에서 발견된 오리지널 종으로서 해발 2,000피트(610m)이상에서 재배된다.

② 카페인 함량이 1~17% 정도로 낮으며 전 세계 커피생산의 70%를 차지하고 있다.

③ 해발 600~1,000피트(183~305m)의 고습지대에서 자라며 병충해에 강하다.

④ 원산지의 특징을 그대로 가지고 있는 향기롭고 질 높은 커피종이다.

3 커피 추출에 대한 내용 중 가장 적절하지 않는 것은?

① 추출 수의 온도가 높을수록 쓴 맛이 강해진다.

② 약배전일수록 물의 온도를 높여준다

③ 추출 시간이 길수록 가용 성분이 많아진다.

④ 강배전일수록 추출 성분이 많아진다.

4 피베리(Peaberry)의 또 다른 명칭은?

① Caracolilo   ② Bourbon   ③ Mattari   ④ Typica

5 에스프레소 머신 청소와 거리가 먼 것은?

① 필터 홀더 세척   ② 스팀 밸브 세척
③ 배수 트레이 세척   ④ 그룹 헤드 세척

6 제빙기의 이상 징후 중 얼음이 생성되는 양이 적은 원인이 아닌 것은?

① 정수기 필터가 막혔다.
② 공기의 흐름에 문제가 있다.
③ 냉매가 떨어졌다.
④ 응축기 코일 주변에 여러 물건이 쌓여있다.

7 입안에 머금은 커피의 농도, 점도 등을 의미하며 진한느낌, 연한느낌 등으로 표현된다. 무엇을 말하는 것인가?

① Taste   ② Body   ③ Aroma   ④ Flavor

8 에스프레소 머신의 그룹개스킷에 대한 설명중 거리가 먼 것은?

① 필터 홀더 장착한 후 추출시 그룹주변으로 누수가 발생하면 교체한다
② 필터 홀더를 장착하는 느낌이 물렁물렁하면 교체하는 것이 좋다.
③ 필터 홀더 장착시 탄성을 잃고 딱딱한 느낌이면 교체하는 것이 좋다.
④ 사용횟수에 따라 보통 6개월에서 1년정도 사용이 가능하다.

9 다음의 내용 중 서로 거리가 먼 것은?

① 인도네시아 - 사향고양이 커피   ② 스리랑카 - 족제비 커피
③ 예멘 - 원숭이 커피   ④ 태국 - 코끼리 커피

10 세계에서 유명한 커피인 블루마운틴을 생산하는 나라는?

① 자메이카   ② 케냐   ③ 과테말라   ④ 콜롬비아

11 '에티오피아의 축복'이라고 불리워지는 에티오피아의 최고급 커피는?

① 이르가체페(Yirgacheffe)　　　　② 하라(Hara)

③ 모카(Mocha)　　　　　　　　　④ 시다모(Sidamo)

12 입속에 커피를 머금었을 때 느껴지는 혀와 입속 전체의 맛과 향, 그리고 후각으로 느껴지는 향은 무엇인가?

① Aroma　　② Aftertaste　　③ Fragrance　　④ Flavor

13 커피 생두의 적정 함수율(평균 수분함량)은?

① 1~3%　　② 4~8%　　③ 10~12%　　④ 13~15%

14 공기압을 이용하여 커피를 추출하는 사이폰은 어느 나라에서 고안된 제품인가?

① 영국　　② 미국　　③ 일본　　④ 이탈리아

15 커피의 좋은 향 조건으로 관계가 먼 것은?

① 적정한 배전　　　　　　② 분쇄 커피 레버조절

③ 적정한 물 온도　　　　　④ 커피의 생육환경

16 커핑 시간과 관련된 내용이다 가장 거리가 먼 것은?

① 0~4분: 물을 붓고, 추출하며, 아로마를 평가

② 4~6분: 브레이킹, 아로마 평가

③ 6~8분: 부유물 제거(스키밍)

④ 9~12분: 1차 커핑(hot; 67~73도)

17 커피 체리구조의 순서로 올바른 것은?

① Outer Skin → Pulp → Parchment → Silver Skin

② Outer Skin → Silver Skin → Parchment → Pulp

③ Outer Skin → Parchment → Pulp → Silver Skin

④ Outer Skin → Pulp → Silver Skin → Parchment

18 에스프레소 기계의 추출 온도를 정밀하게 조절, 유지, 관리 할 수 있는 장치는?

① 추출 챔버(Extraction Chamber) ② PID 제어장치

③ 열 교환기(Heat Exchanger) ④ 체크 밸브(Check Valve)

19 로스팅 시 발생하는 현상이라고 볼 수 없는 것은?

① 수분 감소 ② 향기 감소

③ 부피 증가 ④ 무게 감소

20 다음은 커핑에 관한 내용이다 거리가 먼 것은?

① 커핑시 커피 원두는 로스팅한 지 8~24시간 이내의 원두를 사용하여야하며, 진공 포장 시 2주까지 허용한다.

② 로스팅 정도는 미디움 로스트(Medium Roast)이다.

③ 분쇄 후 커핑까지의 한계 시한은 15분이다.

④ 분쇄는 커핑 직전에 한다. 물을 끓이면서 분쇄하는 것은 좋지 않다.

21 추출구가 하나이며 원추형으로 리브(Rib)가 드리퍼의 중간까지만 있는 이 드리퍼의 명칭은?

① Kono ② Hario ③ Kalita ④ Melitta

22 미국 하와이에서 생산되는 커피인 하와이 코나의 '코나'란 무엇을 의미하나?

① 회사이름 ② 품질등급 ③ 지역이름 ④ 농장이름

23 우유의 구성성분이 아닌 것은?

① 아미노산 ② 올리고당

③ 강글리드 ④ 펩타이드

24 커피의 맛과 향에 관한 용어로 잘못 표현 된 것은?

① Carbony(감미로운 맛) ② Bland(싱거운 맛)

③ Bouquet(향기) ④ Acidity(신맛)

25 식품위생법에서 사용하는 용어 설명과 거리가 먼 것은?.

① 식품이란 의약으로 섭취하는 것을 포함한 모든 음식물을 말한다.
② 기구란 식품 또는 식품 첨가물에 직접 닿는 기계·기구나 그 밖의 물건을 말한다.
③ 영양 표시란 식품에 들어있는 영양소의 함량 등 영양에 관한 정보를 표시하는 것
④ 식품 첨가물이란 식품에 넣거나 섞거나 적시는 데에 사용하는 물질

26 핸드 드립에 필요한 준비 도구가 아닌 것은?

① 온도계　　　② 계량스푼　　　③ 에어로프레스　　④ 스톱워치

27 생두를 로스팅한 후 포장 전에 탄산가스를 지연방출(Degassing)해 주는 데 대략 그 시간은?

① 1~7시간　　　② 8~24시간　　　③ 24~30시간　　　④ 32~36시간

28 핸드 드립에 사용되는 드리퍼의 리브(Rib)에 대한 설명 중 틀린 것은?

① 드리퍼 내분의 요철이다.
② 커피를 거르는 역할을 한다.
③ 공기흐름 통로의 역할
④ 페이퍼 필터를 쉽게 제거하게 한다.

29 에스프레소를 응용한 따뜻한 메뉴가 아닌 것은?

① 아메리카노　　　② 카페프레도　　　③ 카페모카　　　④ 카페라떼

30 커핑 평가 항목에 들어가지 않는 것은?

① Flavor　　　② Aftertaste　　　③ Tipping　　　④ Uniformity

31 '한 마리의 말이 끄는 마차와 마부'를 뜻하는 아인슈패너(Einspanner) 커피로 유명한 나라는?

① 프랑스　　　② 오스트리아　　　③ 영국　　　④ 네덜란드

32 다음 중 돌연변이 생두가 아닌 것은?

① 블랙 빈   ② 피베리   ③ 마라고지페   ④ 트라이앵글 빈

33 로스팅을 하기 전에 블렌딩을 하는 것을 선호하는 이유라고 볼 수 없는 것은?

① 일정한 맛과 향을 유지하는데 효율적이므로
② 색깔이 고른 커피가 일단 좋아 보이기 때문에
③ 저급한 생두를 적당히 블렌딩해도 그 맛이 로스팅 과정에서 조금은 중화 될 수 있기 때문에
④ 각각의 생두를 로스팅하여 블렌딩할 경우 커피 원두의 재고 밸런스 등 여 러 가지 관리상의 문제 등이 발생하기 때문에

34 커피등급의 표준인 엑셀소(Excelso)를 사용하는 나라는?

① 코스타리카   ② 브라질
③ 과테말라   ④ 콜롬비아

35 에스프레소의 진한 크레마에 대한 설명이다. 거리가 먼 것은?

① 너무 느리게 추출된 커피에서 생긴다.
② 크레마의 두께가 5mm이상을 말한다.
③ 분쇄 입자가 굵거나 탬핑이 약하다.
④ 가운데 부분에 짙은 갈색과 함께 검은색의 빛깔이 형성된다?

36 식중독 예방의 3대원칙과 거리가 먼 것은?

① 냉각의 원칙(조리 음식은 0℃ 이하에서 보관)
② 신속의 원칙(오래보관하지 않고 가능한 바로 섭취한다)
③ 청결의 원칙(위생적으로 취급하여 세균오염을 방지한다)
④ 가열의 원칙(조리 음식은 60℃ 이상에서 보관)

37 커피를 형성하는 기본적인 대사과정의 커피품질에 영향을 미치는 것은?

① 탄수화물, 지방, 단백질   ② 탄수화물, 철분, 단백질
③ 단백질, 지방, 철분   ④ 단백질. 칼슘, 지방

38 에스프레소의 샷타임이 너무 빠를 때 이를 늦추기 위해 할 수 있는 것 중 잘못 설명한 것은?

① 분쇄굵기를 조금 더 가늘게 한다.
② 탬핑을 조금 더 강하게 한다.
③ 태핑을 조금 더 강하게 한다.
④ 커피의 도징량을 조금 더 늘인다.

39 커피향기의 생성 원인에 따른 향기분류와 관계가 먼 것은?

① 효소작용   ② 탄소반응   ③ 갈변반응   ④ 건류반응

40 다음 생산국과 유명커피 브랜드와 잘못 짝지어진 것은?

① Brazil: Bourbon Santos   ② Colombia: Medhellin
③ Guatemala: Antigua   ④ Jamaica: Mandheling

41 커피 매장 영업중 장비 점검과 거리가 가장 먼 것은?

① 블렌더 점검   ② 에스프레소머신 점검
③ 그라인더 점검   ④ 넉박스 점검

42 로부스타에 대한 설명 중 거리가 먼 것은?

① 달콤하고 구수하다.
② 아라비카 종보다 향미가 떨어진다.
③ 수확량이 많아 블랜딩용으로 사용된다.
④ 구수함이 특징이다.

43 다음 보기 중 아라비카종이 아닌 것은?

① SL34   ② Bourbon   ③ Typica   ④ Icatu

44 카페인(Caffeine)에 대한 설명으로 틀린 것은?

① 인체에 흡수되면 신경계, 호흡계, 심장혈관계에 영향을 주나 일시적이다.
② 혼합성분의 두통약에도 일정량 포함되어 있다.
③ 식약청 권장 성인기준 하루 600mg 섭취를 권장하고 있다.
④ 1819년 독일 화학자 룽게(Runge)가 처음으로 분리 성공했다.

45 로스팅 단계에서 휴지기(Pause)의 의미는?

① 1차 크랙과 2차 크랙의 사이의 단계이다.
② 센터컷이 벌어지면서 크랙 소리가 들리는 단계이다.
③ 갈색에서 진한 갈색으로 바뀌는 단계이다.
④ 생두의 수분함량이 감소되는 단계이다.

46 그라인더 사용 시 미분의 양을 줄일 수 있는 방법과 거리가 먼 것은?

① 보다 날이 잘 선 날(Burr)을 사용한다.
② 보다 약 로스팅 된 원두를 사용한다.
③ 그라인딩 속도를 낮춘다.
④ 수분 함량이 적은 원두를 사용한다.

47 리베리카(Coffea Liberica)에 대한 설명 중 틀린 것은?

① 고온다습한 저지에서 재배가능하며 수확량도 많다.
② 콩의 크기가 크고, 쓴맛이 강하여 품질이 좋지 않다.
③ 외관이 마름모꼴이며 극히 일부지역에서 생산되어 현지에서 소비된다.
④ 로부스타와 함께 3대 원종으로 분류된다.

48 로부스타(Robusta)종에 관한 설명 중 맞지 않는 것은?

① 병충해에 약하다.　　　　　② 카페인 함량이 아라비카보다 높다.
③ 신맛이 비교적 적은편이다　　④ 바디감이 강하다.

49 커피 추출 드리퍼의 재질로 가장 적합하지 않은 것은?

① PC(폴리 카보네이트)　　　　② 도자기
③ PP(폴리 프로필렌)　　　　　④ PA(폴리아미드)

50 원산지 에티오피아로부터 최초로 커피가 전파되어 경작된 나라는?

① 인도네시아　　② 인도　　　③ 브라질　　　④ 예멘

51 커피체리에 대한 설명 중 옳지 않은 것은?

① 과육은 끈적거리며 단맛이 난다.
② 커피체리는 외피, 과육, 점액질, 은피, 생두의 구조로 이루어져 있다.
③ 일반적으로 정상적인 체리 안에는 1개의 생두가 들어 있다.
④ 개화부터 수확까지의 기간은 아라비카보다 로부스타가 길다.

52 생두를 로스팅 할 때 일어나는 현상 중 틀린 것은?

① 온도의 상승으로 원두와 실버 스킨이 분리된다.
② 약배전 시 무게는 19~25% 감소한다.
③ 신맛이 거의 없어지는 시티로스트(City Roast) 단계는 조금씩 기름기가 배어
  나오기 시작한다.
④ 로스팅은 흡열반응, 수분증발, 발열반응, 냉각과정 순으로 진행된다.

53 원두의 신선도에 대한 설명 중 잘못 된 것은?

① 분쇄한 커피는 공기와 접촉이 크므로 커피를 추출하기 직전에 분쇄하여
  사용한다.
② 강하게 로스팅 된 원두는 산화가 더 늦게 진행된다.
③ 신선도 유지를 위한 포장 방법에는 밀폐 용기, 진공 포장, 특수 벨브 등이
  있다.
④ 커피신선도의 가장 큰 적은 시간, 공기, 습기 등이다.

54 리브(Rib)가 촘촘하고 높아 추출이 용이하고, 메리타보다 드리퍼의 각도가 완만
한 것은?

① 고노   ② 하리오   ③ 카리타   ④ 클레브

55 추출된 에스프레소의 크레마에 대한 설명 중 틀린 것은?

① 커피의 향을 함유하고 있는 지방 성분을 많이 가지고 있다.
② 단열층의 역할을 하여 빨리 식는 것을 막아 준다.
③ 크레마의 두께는 5mm이상 두꺼울수록 좋다.
④ 크레마는 지속력과 복원력이 높을수록 좋은 평가를 받는다.

56 에스프레소 추출에 대한 설명 중 틀린 것은?

① 입자가 너무 굵을 경우 과소 추출된다.
② 커피와 물이 접촉하는 시간이 길어지면 과다 추출이 일어난다.
③ 투입량이 적을 경우 과소 추출된다.
④ 과다 추출된 에스프레소는 풍부한 바디감과 단맛과 쓴맛의 조화를 이룬다.

57 다음 중 추출 방식이 다른 콜드 브루 커피 추출 기구는?

① 칼리타 더치(Kalita Dutch) ② 하리오 워터 드립(Hario Water Drip)
③ 모이카 워터 드립(Moica Water Drip) ④ 토디 콜드 브루(Toddy Cold Brew)

58 에스프레소 머신에서 압력이 떨어지거나 높아질 때 압력을 조절하는 장치의 이름은?

① 펌프 모터 ② 전자 밸브 ③ 보일러 ④ 프로우 메타

59 효소가 쓰이지 않는 갈변화 과정으로 환원당이 아미노산과 반응하는 이러한 현상을 무엇이라 하는가?

① 메일라드 반응 ② 카라멜화
③ 유기물질 손실 ④ 휘발성 아로마

60 1727년 프랑스령 기아나(Guiana)에서 커피를 가져와 브라질 아마존 유역의 파라(Para) 지역에 심은 사람은?

① 가브리엘 마시외 드 클루외 ② 프란치스코 드 멜로 팔헤타
③ 바바부단 ④ 아비센나

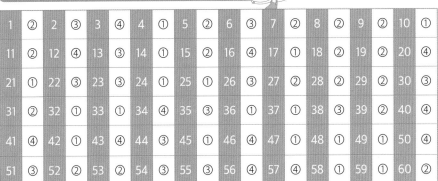

제20회 바리스타 마스터 2급 필기시험문제 정답

1	②	2	③	3	④	4	①	5	②	6	③	7	②	8	②	9	②	10	①
11	②	12	④	13	③	14	①	15	②	16	④	17	①	18	②	19	②	20	④
21	①	22	③	23	③	24	①	25	①	26	③	27	②	28	②	29	②	30	③
31	②	32	①	33	①	34	④	35	③	36	①	37	②	38	②	39	②	40	④
41	④	42	①	43	④	44	④	45	①	46	④	47	①	48	①	49	①	50	④
51	③	52	②	53	②	54	③	55	③	56	④	57	④	58	①	59	①	60	②

참고문헌

고형욱,「파리는 깊다」, 사월의 책, 2010.

관세청, 수출입무역통계, 2021. 6. 16

김윤태, 홍기운, 최주호, 강대훈,「커피학개론」, 광문각, 2010.

김일호, 김종규, 김지웅,「커피의 모든 것」, 백산출판사, 2012.

김진경 역, 가도와키 히로 유키,「에스프레소 만들기」, 주)우듬지, 2007.

김희정 역, Gabriella Baiguera,「Coffee & Coffee」, 도서출판 예경, 2010.

랭킹뉴스, 2017. 5. 30.

서진우,「커피바이블」, 대왕사, 2010.

식품 외식 경제, 2023. 3. 20

식품의약품안전처,「식품공전」

여동완, 현금호,「Coffee」, 가각본, 2004.

연합뉴스, 2021. 6. 16

원융희, 박정리,「영혼의 향기 Coffee」, 백산출판사, 2010.

유대준,「COFFEE INSIDE」, 해밀 & Co., 2010.

이동진,「I Love COFFEE CAFE」, 동아일보사, 2010.

이윤호,「완벽한 한잔의 커피를 위하여」, MJ미디어, 2008.

이재경 역, Nina Luttinger, Gregory Dicum,「The Coffee Book」, 도서출판 사랑플러스, 2010.

이현석 편저,「커피 로스팅 테크닉」, 서울꼬문, 2010.

일본 세계여행카페, cafe.naver.com/easyjapantour.cafe

조영대,「111가지 카페메뉴 레시피」, 한올출판사, 2019.

조재혁,「커피 -기초편-」, 신아출판사, 2006.

최범수,「Espresso coffee Machine」, ㈜아이비라인 월간 Coffee, 2006.

최성일,「커피 트레이닝 바리스타」, 땅에 쓰신 글씨, 2010.

한경닷컴 bnt news, 2012. 2. 29.

한국 커피 교육 연구원 편저,「커피기계관리학」, 한국교육문화원, 2009.

한국경제, 2012. 3. 1.

허영만,「허영만의 커피스쿨」, 팜파스, 2006.

Next Daily, 2017. 6. 7.

저자 소개

조영대

- 경영학박사, 철학박사
- 미국 MARSHALL UNIV. Visiting Professor
- 커피바리스타 마스터 2급, 1급
- 직업능력개발훈련교사(식음료서비스, 2021)
- 핸드 드립마스터, 로스팅마스터, 컨설턴트, 커피명상가
- 벤처전문가(중소기업진흥공단 97-271)
- 호텔·외식산업 & 관광개발연구소 소장
- 노동부 e-Training 심사위원
- KASC 커핑연수(2012)
- KASC 핸드 드립연수(2013)
- KASC 로스팅연수(2013)
- 2014 한국커피학회 일본커피연수
- KASC 로스팅연수(2014)
- KASC 로스팅연수(2015)
- KASC 커핑연수(2016)
- KASC 에스프레소 머신연수(2016)
- KASC 커핑연수(2017)
- K-CREMA 로스팅연수(2018)
- K-CREMA 커피NCS연수(2019)
- K-CREMA 커피교육강사연수(2021)
- 사)대한관광경영학회 19대 회장
- 한국커피학회 초대 회장
- 월드슈퍼바리스타참피온십 심사위원
- 2014 한국학생바리스타대회 대회장
- 2015 대구커피포럼 대회장
- 2015 한국학생 라떼아트 챔피언십 심사위원장 겸 대회장
- 2016 한국학생 라떼아트 챔피언십 심사위원장 겸 대회장
- 2017 한국학생 BREWING대회 심사위원장
- 2017 한국학생 BREWING CHAMPIONSHIP 심사위원장

- 2018 전국 고등학생라떼아트 경연대회 심사위원장
- 2018 International Student Brewers Cup Championship 대회장
- 2019 International Student Brewers Cup Championship 대회장
- 2020 SNS International Brewers Cup Championship 심사위원장 겸 대회장
- 2021, 5. SNS International Brewers Cup Championship 공동심사위원장 겸 대회장
- 2021. 11. Untact Beverage Creator Championship 심사위원장 겸 대회장
- 2022. 5. SNS International Brewers Cup Championship 심사위원장 겸 대회장
- 2022. 11. Untact Beverage Creator Championship 대회장
- 2023. 5. Beverage Contest of Championship 심사위원장 겸 대회장
- 2023. 11. Untact Beverage Creator Championship 심사위원장 겸 대회장
- 포항대학교 바리스타 조리제빵과 교수

  강의과목: 커피 매장고객서비스, 바리스타기초실습, 카페매장경영, 브런치커피음료 실습, 원두선택 및 커피향미 평가, 외식창업경영론, 에스프레소커피음료실습

  현) 사) 대한관광경영학회 고문
  한국카페레스토랑마스터협회 회장
  한국커피학회 명예회장

저서 및 논문

- 커피바리스타 마스터, 11가지 커피메뉴레시피, 서비스 경영, 서비스학개론, 비즈니스컨설팅서비스, 고품위서비스실무, 적정수준의 갈등관리, 명상치료, 글로벌에티켓과 매너 외 3권
- 대학생의 커피전문점 이용형태분석 외 60여편

커피 바리스타 마스터

초판 1쇄 발행 2012년 3월 10일
개정 13쇄 발행 2024년 2월 15일

지은이　　조 영 대
펴낸이　　임 순 재

펴낸곳　　(주) 한올출판사
등 록　　제11-403호
주 소　　서울특별시 마포구 모래내로 83(한올빌딩 3층)
전 화　　(02)376-4298(대표)
팩 스　　(02)302-8073
홈페이지　www.hanol.co.kr
e-메일　　hanol@hanol.co.kr

ISBN 979-11-6647-420-0